A JOURNEY With
Second Edition
RED HOYLE

宇宙を旅する生命
— フレッド・ホイルと歩んだ40年 —

チャンドラ・ウィックラマシンゲ 著
松井孝典 監修　所 源亮 訳

恒星社厚生閣

A JOURNEY WITH FRED HOYLE:SECOND EDITION
by Chandra Wickramasinghe

Copyright © 2013 by World Scientific Publishing Co. Pte. Ltd. All rights reserved. This book, or parts thereof, may not be reproduced in any form or by any means, electronic or mechanical, including photocopying, recording or any information storage and retrieval system now known or to be invented, without written permission from the Publisher.

Japanese translation arranged with World Scientific Publishing Co. Pte. Ltd., Singapore through Tuttle-Mori Agency, Inc., Tokyo
Published in Tokyo by Kouseisha Kouseikaku Co., Ltd. 2018

妻プリヤへ
私が持てる力を最大に発揮できたのは
君がいつでも支えてくれたおかげだ

1932-1966

1.

ケンブリッジ大学のセナート・ハウス前に立つ父．
父は私の人生の旅の励みだ（1932年）．

2.

英国旅行の途中に，兄弟たちと．
ダヤル（左）は，この本にも登場する（1946年）．

3.

コロンボの実家近くの浜辺から見た日没（1960年）．

4.

連邦奨学生のみんなと英国国会議事堂前で．
左が私（1960年）．

5.

ケンブリッジのグランチェスターで，
ジャヤント・ナリカールと（1961年）．

6.

フレッド・ホイルと湖水地方をハイキングしたとき(1961年).

7.

雨雲を見上げるフレッド・ホイル(1961年).

8.

ヴァレンナのサマースクール会場で熱心に話すフレッド・ホイル(1961年).

9.

メイヨ・グリーンバーグには,熱心な聴講者がいた.
ニューヨーク州トロイにて(1965年).

10.

プリヤ.スリランカにて(1966年).

11.

蒸気船「オリアナ号」での夕食(1966年).

1969-1982

12.

バーバラ・ホイル夫人とプリヤ．夫人がスリランカに来てくれたときに，ココナッツを飲んでいるところ（1969年）．

14.

グレギノグ・ホールのフレッド・ホイルの家族と私の子どもたち．左から順に，アニル（私の息子），リズ（フレッド・ホイルの娘），フレッド・ホイル，ジェフ（フレッド・ホイルの息子），サマンサ（フレッド・ホイルの孫），ニーナ・ソロモン，ジャクリーン（フレッド・ホイルの孫），カマラ（私の娘）（1977年）．

13.

バーバラ夫人，ヴィヴ・ハウズ，プリヤの3人．スリランカの「地の果て」にて（1969年）．

15.

私の子どもたちとフレッド・ホイルの孫たち，そして松田（写真提供：アナ・ジョーンズ）．

16.

黒板を前に講義中（1977年）．

17.

カーディフの私のオフィスでフレッド・ホイルと(1978年).

18.

『*Spicy and Delicious*(おいしいスパイス料理)』という著書にサインをするプリヤ(1979年).

19.

『カーディフ大学新聞』創刊記念パーティのフレッド・ホイルとビーヴァン学長(1980年).

20.

フレッド・ホイルとビーヴァン学長.公開講座の質疑応答の後で(1980年).

21.

プリヤと幼いジャナキとともに,アーカンソー州授業時間均等法裁判にて(1982年).

1989-2001

22.

スリランカのJ・R・ジャヤワルダナ大統領に『Lifecloud（生命は星雲からやってきた）』を手渡す私（1989年）.

23.

ダフリン・ガーデンズでの代替的宇宙論ミーティングにて. 左から、ジャヤント・ナリカール、ジェフリー・バービッジ、フレッド・ホイル、チップ・アープ、私（1989年）.

24.

スリランカでアーサー・C・クラークと話す私（1995年頃）.

25.

シーラ・ソロモン作のフレッド・ホイルのブロンズ像の前のジャヤント・ナリカールとフレッド・ホイル（1997年頃）.

26.

『Space Travellers（宇宙を旅するもの）』を読むフレッド・ホイル（2001年4月）.

序文

　本書『*Journey with Fred Hoyle*』の増補第2版が出版されたことで，歴史的に重要な科学に関する物語が最新の内容に改められることになった．アストロバイオロジー（宇宙生物学）は今日，科学的な取り組みという点で最も急速に成長している分野の一つである．近い将来，宇宙探査によって反論の余地のない証拠が発見され，今は亡きフレッド・ホイル卿と，バッキンガム大学の宇宙生物学センター長を務めるチャンドラ・ウィックラマシンゲ博士とが提唱した，地球上の生命体は唯一無二のものではなく，果てしなく広がる宇宙全体のごくわずかな部分を占めているのに過ぎないという革新的な理論が正しかったことが明らかになることだろう．

サイモン・タンロー卿
バッキンガム大学学長

初版のための序文

　本書は，当代最も著名な天文学者であるチャンドラ・ウィックラマシンゲ博士と故フレッド・ホイル卿の二人による輝かしい共同研究について綴った自叙伝である．ウィックラマシンゲ博士は，スリランカで少年時代を過ごしたことが20世紀の科学界に多大な貢献をする素地となった．ウィックラマシンゲ博士とホイル卿は，1960年代から取り組み始めた宇宙塵の成分に関する調査によって，宇宙は微生物で満ちあふれており，このような生命が宇宙の至るところへと運ばれているという思いもよらない結論を下すことになった．このように考えてみると，われわれはつながった存在の鎖の一部なのである．そしてその鎖は，地球からはるか遠い宇宙へと伸びていく．SF作家たちは何十年間も，人類の遺伝子のルーツは宇宙塵にあるという話を語ってきた．そして30年以上にわたり，努力を惜しまず熱心に研究を続けてきたことで，かつては異端とされていた考えが科学の主流となった．SFでの出来事が科学的な事実として認められたのである．

　ホイル卿は自らSF小説『暗黒星雲』を書いて，この考えを発展させていった．それが現実のものとなるのをホイル卿が目にすることができなかったのを，とても残念に思う．

アーサー・C・クラーク卿(1917-2008)

ロンドン大学キングズカレッジ，フェロー

第2版のための序文

　私たちが最初に星間粒子の炭素モデルを提唱する論文を発表してから50年も経った．そして，星間生化学とパンスペルミアの背景についての論文を発表してからまる35年である．私たちが1962年に考案した黒鉛粒子モデルは，当初は猛反発を受けたものだったが，今では部分的ではあるものの天文学の文化となっている．粒子に関する研究を行う天文学者なら必ず黒鉛成分を研究に含めるが，そもそもの始まりのことはすっかり忘れてしまっている．生化学的物質であるとも言える星間有機分子が拡散していることの証拠も今では圧倒的に支持されているが，この有機分子を生物学的な分解生成物と見なすことに対する抵抗は依然として残っている．フレッド・ホイルと私は，これは私たちが持っている，生物学と地質学と天文学とに関するあらゆる情報と一致する唯一の選択肢であると主張してきた．実際，これらの学問が統合されてアストロバイオロジー（Astrobiology）という新しい学科が生まれた．それはもともと1980年代初めにフレッド・ホイルが始めたことだった．私たちが主張したのは，宇宙で最初に生命の起源が誕生するためには，ほとんど克服不可能な確率を克服しなければならない．しかし，その生命がその後も生き延びて，パンスペルミアというプロセスを通じて銀河全体に広がっていくのは，生命の誕生と比べたらささいなことであり必然的な出来事だったということである．パンスペルミアについては依然として正統な科学の一歩手前にとどまっているものの，強力な裏付けとなる証拠がとめどなく発見され続けている．

　今では世界中の多くの大学が，アカデミック・ポートフォリオとしてアストロバイオロジーを教えるようになっている．アストロバイオロジーと関連していくつもの宇宙ミッションが行われ，その他のミッションも間もなく実施されようとしている．欧州宇宙機関（ESA）のロゼッタ計画は，2014年に彗星に着陸して，彗星表面を調査する

ための広範にわたる実験を行うことになっている．NASAの探査機ローバー「キュリオシティ」は，火星のゲール・クレーター内の平原を走り回っているところだ．今後 2, 3 年をかけて，過去にいた生物や現存する生物の痕跡を探す予定である．かつて 1976 年に火星探査機「バイキング」から送られてきたデータを再評価することで，「バイキング」の着陸地点には微生物がすでに発見されていたというギル・レヴィンの主張を裏付ける驚くべき証拠が見つかっている．2012 年 5 月に ESA は，木星を回る三つの氷の衛星に関するアストロバイオロジーのミッションを承認している．そして 2030 年までには，これらの衛星に存在すると思われる微生物が，地表下の海にいることが確認できると大いに期待されている．NASA のケプラー計画では，地球から 600 光年離れた，はくちょう座のケプラー 22b など，生命が生存可能であると思われる地球質量惑星がいくつも発見されている．似たような惑星の探査は現在も忙しく続けられている．

　生命は宇宙の至るところに存在するという考えは，フレッド・ホイルが 1980 年に次のように予言したことが，まさに現実のものになろうとするところまで前進している．

> 「……今の世代の人たちが，太陽が太陽系の中心にあることを当たり前と思っているように，将来の世代の人たちは，微生物学の宇宙的性質を当たり前のことと思うようになるであろう……」

チャンドラ・ウィックラマシンゲ

カーディフにて

訳者まえがき

　本書の著者チャンドラ・ウィックラマシンゲは，1939年1月20日スリランカに生まれ，コロンボ大学数学部を卒業して，第1回の英連邦奨学生としてケンブリッジ大学に留学し，そこで世界的に著名な理論天文学者でナイトの称号を持つフレッド・ホイルと出会い，40年に及ぶ共同研究をスタートすることになった．

　本書に綴られた二人の共同研究の旅は一言でいうと，地球上のあらゆる生物は宇宙に同じ祖先を持っていることを「正統な科学」で証明したことである．この道は決して平坦なものではなく，今でも続いている．著者の言葉を借りると，それは「地図に載っていない危険な荒地を通り抜ける旅だった．至るところで危険に直面し，敵との対立もあった．しかし，挫けることのない登山家精神に従って私たちはゆっくりと歩み続け，障害に立ち向かっては乗り越えてきた」というものだった．

　二人の共同研究は，電波天文学が開始され，その結果，生命と関連する分子が発見された時期に始まっている．フレッド・ホイルは1950年代に，共同研究の先駆けとなる，炭素をはじめとする化学元素が恒星に存在する水素からどのようにして形成されたかという理論（「トリプルアルファ反応」）を確立していた．二人の最初の業績は1960年代に，星間物質（星間微粒子）の組成が炭素であること（星間減光の観測値と直径 $0.1\,\mu m$ の炭素粒子の一致）を証明したことである．これが後に二人がアストロバイオロジーへと向かう第一歩となった．と同時に，それまで主流であった「氷粒子理論」と二人の新しい「炭素粒子理論」との正面衝突であった．1970年代に至り，著者は「炭素粒子理論」に代わり，より観測値（星間微粒子の光学的特性）と一致する「有機重合体理論」を提唱した．この時期，著者は古巣のケンブリッジ大学からカーディフ大学の応用数学・数理物理学科の学科長に迎えられ，フレッド・ホイルは名誉教授に就任していた．カーディフ大学

での最初の成果は，地球上に豊富に存在する前生物的分子であるセルロース（植物の細胞壁の主成分である生体高分子）と星間微粒子との赤外線スペクトルの一致を示したことである．この一致によって，星間微粒子が生物であることを証明するという二人の共同研究の方向は決まった．そして1977年の冬，英国で発生したインフルエンザ調査の実施によって，有機重合体が生物であるという仮説（星間微粒子の「生物モデル」）は決定的になった．二人のこの仮説は，約2,500年前にアリストテレスが唱え，今も主流となっている「自然発生説（生命は地球上で発生した）」に対する壮大な挑戦となった．そして，ここから二人の苦難の研究の道が始まった．

　「正統な科学」を手に，二人は孤独で壮絶な闘いに挑んだ．科学神話にまでなっていた生命の発生と進化に対し，真っ向から四つの異論を唱えた．天動説を否定し，地動説を支持したジョルダーノ・ブルーノは火炙りの刑に処された．それに匹敵する抹殺に近い無視と，時には理不尽と思える反論が二人の前に立ちはだかっていた．その一例が，フレッド・ホイルが確立したトリプルアルファ反応の実証実験を成功（B^2FH論文）させたウィリアム・ファウラーに与えられた1983年のノーベル物理学賞である．不可解なことにフレッド・ホイルは受賞しなかった．パンスペルミア説を嫌ったノーベル賞委員会のバイアスと思える．

　二人の最初の異論は，星間微粒子が氷でも無機化合物でも無生物的有機化合物でもなく，主に生物及びその分解生成物（例えば石炭のような）であるという提唱である．1980年代に入り，著者が可視光線の屈折率による想定から「生物モデル」の中心は凍結乾燥した細菌であると仮定した．これによって，この仮説は飛躍的な進展をみた．そして，「生物モデル」が正しいことは，1980年の2月と4月にアングロオーストラリアン望遠鏡（AAT）による，GC-IRS7と呼ばれる放射源から放出される，天体スペクトルの観測値と凍結乾燥細菌の赤外線吸収との一致によって示された．1986年3月31日に実施されたAATによるハレー彗星の観測結果も，欧州宇宙機関（ESA）の探査機

「ジオット」によるデータも同様の事実を示した．この段階でもはや，星間微粒子や彗星塵の赤外線および紫外線のスペクトル特性が「生物モデル」と一致することに議論の余地がなくなった．宇宙生命論に対する最大の否定は，宇宙環境が生命の生存にとって過酷すぎるというものであるが，これについてはその後の極限環境微生物などの発見などで解決されている．フレッド・ホイルは，1980年にカーディフ大学で行なった講演で，以下のように述べている．

> 「微生物学は，1940年代に始まったと言われます．その後，おどろくほどに複雑な新世界が明らかにされました．振り返ってみて，微生物学者が自分たちが切り開いた世界は宇宙の秩序であったことに，そのときただちに気づかなかったことが驚きです．今の世代の人たちが，太陽が太陽系の中心にあることを当たり前だと思っているように，将来の世代の人たちは微生物の宇宙的性質を当たり前のことと思うようになるでしょう」

余談だが，1986年5月15日に『ネイチャー』誌は，ハレー彗星特集の特別号を出した．その中では，フレッド・ホイルと著者のこれまでの実績は全く無視されていた．逆に，「生物モデル」に反対するメイヨ・グリーンバーグが，暗い色をした有機物を含む彗星の理論を独自に提出したとして英雄扱いされていた．これによって二人と『ネイチャー』誌との今日に至るまでの確執が生じた．

　二つ目の異論は，宇宙から彗星に乗って細菌やウイルスのような微生物が飛来してくるという提唱である．この前提には，最初の異論である，生命が宇宙に存在するという仮説がある．この考えは，まず著者が発想し，後にフレッド・ホイルが同調したという経緯がある．英国で発生したインフルエンザ（1978年と1989年）の詳細な調査を通じて，この考えは確固たるものになった．インフルエンザは，一般に考えられているようなウイルスの「水平感染」による伝播ではなく，緯度40度から60度の地域で冬季に発生する成層圏からの下降

気流によって，そこに溜っていた彗星由来のウイルスが天空から降り注ぐ，「天降感染」(訳者注)による伝播であるという大胆な提唱を綿密な疫学調査(8,800人の症例)を実施した上で行った．フレッド・ホイルは，ウイルスによるインフルエンザの発生を水平感染と決めつけることの矛盾について「サッカー球場に突然の雨が降って，観客がずぶ濡れになったに過ぎないのに，それを観客がお互いにバケツで水を掛け合った結果であると報告しているようなものだ(訳者要約)」と語っている．宇宙から微生物が降下してきたという証拠は，主に地球上の堆積岩で発見される微化石(最も古いものはグリーンランドの堆積岩中のもので約38億年前)と宇宙からやってきた隕石(オルゲイユ炭素質隕石，マーチソン隕石や火星隕石ALH84001など)より発見されている微化石にもよる．未だにこの発見は地球上の汚染という議論によって結論が出されていないが，フレッド・ホイルと著者はさまざまな角度からこれを支持している．珪藻(けいそう)については，1億1,200万年前の白亜紀後期に突如として化石記録に登場することより，この時期に宇宙から降下してきたものであろうと提唱している．

　三つ目の異論は，ダーウィン進化説は地球を閉鎖系としてみる場合はあり得ないという指摘である．地球が宇宙に対し開かれていて，生命が宇宙から継続的に降り注がない限りダーウィン進化説は成立しないとしている．地球を自然選択のふるいに例えると，絶えず宇宙からそのふるいに新しい材料が運び込まれない限り，ふるいにかける材料が枯渇して進化は止まるということである．ちなみに二人の計算では，宇宙から毎日約0.1 tの生体物質(全て細菌とすると年間10^{21}個)が降下している．彗星によって地球に運ばれて来たウイルスが，地球に先に到達した単純な形態をした生命体に遺伝子を挿入(ヒト内在性レトロウイルスなど)した結果，単純な生命体からより複雑な生命体へと生命が分化したという仮説である．「ウイルス進化説」の最初の提唱と言える．新ダーウィン主義が主張する突然変異に基づく小さな変化を大きな進化と見なすという思い込みに対し，フレッド・ホイルは次のように語っている．

「ゴミ捨て場に突然竜巻が通過した後にボーイング747ができていたというようなあり得ないことである（訳者要約）」

　四つ目の異論は，ビッグバン宇宙論に対する定常宇宙論である．これは，基本的に二人の共同研究というより，フレッド・ホイルとボンディとゴールドによる研究である．「ビッグバン」とは，英国のあるラジオ番組でフレッド・ホイルが，ジョージ・ガモフが唱えた宇宙創造の仮説を揶揄して，華々しい登場を形容して名付けたものである．フレッド・ホイルはこの論に対し，宇宙には始まりも終わりもないとする定常宇宙論を提唱した．定常宇宙論は宇宙マイクロ波背景放射の発見によって一時後退したが，2000年には，フレッド・ホイルはジェフリー・バービッジとジャヤント・ナリカールと共に準定常宇宙論を提唱した．フレッド・ホイルの視点は，宇宙で生命が誕生するためには超天文学的な炭素系物質が存在しなければならないが，それを合理的に説明できる宇宙論を提示することにある．ビッグバン宇宙論では，炭素系物質の総質量が10^{40} gしかならないのに対し，定常あるいは準定常宇宙論では，地球1,000億年後には$10^{90,000,000}$ gになると計算される．これであれば，宇宙で生命誕生の可能性があるということになる．

　このようにして，二人は40年に及ぶ苦難の多い共同研究を怯むことなく進めた．現代科学は，彼らが発展させた見解が正しかったと証明する方向に進展しているように思う．広大無辺の宇宙に，地球上の生命が孤立して稀有な存在でいるとはとても思えない．彼らが切り拓いた道の終着点は，人間優位が単に幻想に過ぎないことをわれわれが識ることになる世界である．このことを，われわれが科学を発見する以前から，識っていたことは皮肉である．

　最後になったが，昨年出版された『彗星パンスペルミア』に続き本書の翻訳の機会を与えていただいた松井孝典先生とチャンドラ・ウィックラマシンゲ先生に心よりお礼申し上げる．また，1年に及ぶ長い間，本書の文章のチェックと原文と和文との整合性などについ

て丁寧に根気よくお付き合いいただいた高田由紀子さんに感謝申し上げる.

2018年3月

所 源亮

CONTENTS

序文 —————————————————— ix
初版のための序文 ————————————— xi
第2版のための序文 ———————————— xiii
訳者まえがき ————————————————— xv

プロローグ ———————————————————————————————— 01

[第 1 章] 生命の起源：旅への誘い ———————————————————— 05
　　　　　ダーウィンの進化論／オパーリンとホールデンの原始スープ理論／
　　　　　フレッド・ホイルの登場／故郷スリランカでの子ども時代／
　　　　　1955年の皆既日食が私の未来を決めた／セイロンからケンブリッジへ

[第 2 章] ケンブリッジでの出会い ———————————————————— 15
　　　　　1960年，船出のとき／リトルトン先生／親友ジャヤント・ナリカール／
　　　　　クラークソン・クロース1番のドアをノックする／最初の科学論文

[第 3 章] 湖水地方のハイキング ————————————————————— 23
　　　　　1960年代の幕開け／SF作家としてのフレッド・ホイル／
　　　　　1961年秋，思索の旅へ／長い旅の契機

[第 4 章] 星々に囲まれて ————————————————————————— 33
　　　　　星間雲の組成／星間雲に存在する有機分子／ファン・デ・フルストに挑む

[第 5 章] 炭素塵という発想へ ——————————————————————— 41
　　　　　1962年，黒鉛モデルの提唱／プログラムを使って検証する／
　　　　　1963年，ジーザス・カレッジのフェローに／氷粒子か，炭素粒子か

[第 6 章] 理論を打ち立てる ———————————————————————— 51
　　　　　炭素粒子理論が評価される／1965年，コロンボに帰還／
　　　　　1966年，プリヤが旅に加わる

[第 7 章] 天文学研究所の開設：実り多き年 —————————————— 59
　　　　　宇宙マイクロ波背景放射をめぐる議論／惑星の形成に関する新しい理論

[第 8 章] 変化の風が吹く ————————————————————————— 67
　　　　　1969年，新たな宇宙時代へ／赤外線天文学での相次ぐ発見／
　　　　　1972年，ホイルはケンブリッジを去る

[第 9 章] カーディフでの日々 ——————————————————————— 75
　　　　　ケンブリッジからカーディフへ／1973年，天文学科の創設／宇宙の有機物質

[第10章] 宇宙に生命を探す ———————————————————————— 83
　　　　　1976年，共同研究の始まり／火星探査と生命の可能性／
　　　　　1977年，共同研究が実を結ぶ／セルロースの赤外線スペクトル／
　　　　　私たちは科学界の異端者か？／星間生化学物質の証拠

[第11章] 彗星が運んだ生命，宇宙から来た病原体 ——————————— 101
　　　　　生命は彗星によって運ばれてきた／宇宙から侵入するウイルス／
　　　　　インフルエンザの流行との関係／1978年，「赤いインフルエンザ」の調査／
　　　　　ウイルスは下降気流に乗ってやってくる／太陽の黒点活動とインフルエンザの流行

[第12章] 生命の最初の兆候 ———————————————————————— 115
　　　　　星間塵は細菌で構成されていた！／極限環境を生き延びる細菌／
　　　　　1980年，「彗星と生命の起源」会議での対立者たち

[第13章] 細菌塵の予測は正しかった ── 125
アストロバイオロジーの先駆者／赤外線スペクトルの測定／
1981年,宇宙塵に含まれる細菌のモデルを証明

[第14章] 惑星の生命 ── 139
太陽系の惑星に細菌の痕跡が／もう一人の旅の道連れ／
マーチソン隕石に含まれた微化石

[第15章] 進化は宇宙から ── 147
新ダーウィン主義に反論する／宇宙の進化

[第16章] 試される理論 ── 153
1981年,アーカンソー州の進化論裁判／1982年のスリランカ国際会議／
アーサー・C・クラークに会う／星間粒子は細菌か？

[第17章] 化石をめぐる議論 ── 167
1983年,フレッド・ホイルはノーベル賞を逃す／GC-IRS7のスペクトル／
始祖鳥の化石の真贋／彗星の塵粒子は,地球大気に入り込んでいる／
珪藻は宇宙からやってきた

[第18章] ハレー彗星の遺産 ── 179
フレッド・ホイルとの交流／インフルエンザは水平感染しない／
1986年,ハレー彗星の回帰／『ネイチャー』誌との対峙

[第19章] もう一つの宇宙論 ── 189
1988年,カーディフ大学の再編／新しい宇宙マイクロ波背景放射の理論／
1989年,第2回インフルエンザ調査／弱い人間原理／別の視点からの宇宙論

[第20章] 最後の10年間 ── 199
彗星の破片の衝突と氷河期との関連／氷河期と人種的偏見の起源／
1997年,ヘール・ボップ彗星の最接近／火星の隕石ALH84001／
極限環境で生き延びる細菌／2000年代初頭のBSEの流行／
インドでの気球実験／ヴィルト第2彗星の探査／
2001年,フレッド・ホイルとの別れ

エピローグ ── 2012年から振り返る ── 221
生命の起源を探る／異端者の犠牲／天文学上の予言：彗星と隕石について／
天体分光学／ビッグバン宇宙論／惑星／進化に関する予測／
1982年からの明確な予測／ゲノムのウイルス塩基配列／
パンスペルミアの旅は,さらに続く

初版のための参考文献 ── 241
第2版のための参考文献 ── 249
監修者あとがき ── 253
事項索引 ── 259
人名索引 ── 262

＊本文中の脚注は訳者による.

プロローグ
Prologue

Harmony:	調和
The stars shine	輝く星
I gaze at them	私はそれを見つめる
Among a myriad stars	数えきれないほどの星々の下
I stand alone	私は一人立ちつくす
And wonder	そして思う
How much life	どれだけの生命と
And love	どれだけの愛とが
There was tonight.	この夜空の下にあるのだろうか

チャンドラ・ウィックラマシンゲ（1956年）

フレッド・ホイルは，自叙伝『*Home is where the wind blows*（故郷とは風が吹くところ）』を出版した後でカーディフ大学を最後に訪れたとき，私に話をした．

「君との長い共同研究には，ほんのちょっとしか触れなかった．それは私がカーディフで確立しようとしていた命題とは，直接の接点がないような気がしたからだ．われわれの共同研究はとてつもなく大きな話で，その話を人々に伝えなくてはならない．いつか君に，それを語ってほしい」

この本に綴られた旅は，生命の起源に関する避けることのできない真実へと通じている．すなわち，人類も動物も植物も，地球上のありとあらゆる生物は宇宙に同じ祖先を持っているということだ．われわれの遺伝的遺産は，広大な

宇宙に由来する．われわれの遺伝子は，バクテリアの中にきちんと封じ込められた状態で宇宙からやって来た．

この見解は一両日で形成されたものではない．そのような結論に至るまでに40年以上の時間をかけている．そして最大限の注意を払い，常に何らかの不安に襲われながらも一歩一歩いくつもの段階を踏んできた．型破りな方法をとるときには，まず既存の正統的な方法について注意深く検討してから先に進むこととした．生命の本質は宇宙にあるという一連の発想は，25年前には話にならないほどに異端的と考えられていた．幸い，今ではわずかとはいえ正当な科学の領域へと入り込みつつある．

しかし「パンスペルミア (panspermia)」という，生命は宇宙全体に普遍的に存在するという概念を示す語は，古代ギリシアのソクラテス以前の哲学者アナクサゴラス (BC500頃 - BC428頃) にまで遡るものである．アナクサゴラスは，宇宙の至るところに生命の種子「スペルマタ (spermata)」が存在するという説を提唱した．またインドでは，さらに古い (BC1200頃) 伝統的なヴェーダの中に，宇宙を起源とする生命が至るところに存在するという概念が詳しく述べられている．しかしながら，これらの考えは西洋哲学の発展においてほとんど影響を及ぼしてこなかった．哲学者のアリストテレス (BC384頃 - BC322頃) は経験主義に基づき，地球にそのほかの宇宙空間とは異なる特別な意味を与えた．地球以外の空間は，分析的に研究することができない実体のない抽象的な概念としてとらえていたのである．何世紀にもわたって西洋を支配してきたアリストテレスの思想には，生命は地球上で自然に発生したという自然発生説が含まれている．例えば，ホタルは温かな地面と朝露とが混ざり合って生まれると言われていた．しかし，このような非科学的な説明でさえも反論のできない事実と見なされていたのである．

生命の自然発生説に対して，初めて本格的な反論が示されたのは，1860年代のルイ・パストゥール (1822 - 1895) の研究によってであった．パストゥールは，どんなに単純な既知の生物であっても，親となる生物が存在しなければ発生することはできないと提唱した．この説は，今日見られるあらゆる動植物の前には，それより古い世代の動植物が必ず存在していたという見解を示すものである．それでは，これと同じ因果関係は進化の影響も含めて，最初の微生

物が出現した瞬間からずっと地球上にある化石や微化石の中に保存され続けていなくてはならない．生命誕生の瞬間が38億年から40億年も前の彗星の激しい衝突があった時期にもたらされたとすれば，生命は生命から誕生するという関係は，地球そのものが存在するより前の時間にまで引き伸ばされ得ることを意味するだろう．パストゥールの「生命は生命から」というパラダイムから導き出されたこの論理的結論は，ジョン・ティンダル，ケルヴィン卿ことウィリアム・トムソン，ヘルマン・フォン・ヘルムホルツなどの19世紀後半の著名な科学者たちからも支持された．ヘルムホルツの簡潔明瞭な見解には，その総意が見事に語り尽くされている．

　　私には完全に正確な科学的手法であると思える．すなわち，われわれが無生物から生物を生み出す試みにことごとく失敗した場合には，そもそも生命は発生するものなのか，生命は物質と同じように古いものではないのではないか，種子がある惑星から別の惑星へと運ばれ，肥沃な土壌に落ちたものだけが生育したのではないかという疑問が生じてくる……．
　　(H. von Helmholtz, *Handbuch der Theoretische Phyzsik*, Vol. 1, Braunschweig, 1874)

　このようにパンスペルミアを支持する声は早くから上がっていたものの，その考えを定量的な方法で詳しく論じ，胞子が生存することの証拠を示しつつ星間移動に関する明確なメカニズムを提唱したのは，スヴァンテ・アレニウス（1859‐1927）が最初だった(Svante Arrhenius, *Worlds in the Making*, Harpers, London, 1908：『宇宙発展論』)．
　しかし，アレニウスの説はたちまち不評を得ることになる．それは，微生物は宇宙空間で生存できないだろうと思われたことや，アレニウスの理論が本質的に検証不可能であると見なされたことが原因である．前者の反論については，バクテリアが宇宙環境耐性に優れていることがわかり，おおむね誤りであることが明らかになった．しかし，検証性の欠如は依然としてアレニウスの考えるパンスペルミアにおける問題点の一つとされている．40億年前の地球に存在した生物は，宇宙からやって来た原始的な種子や胞子から進化したものである

という主張は確かに検証することはできない．しかし，今でも生きた種子が宇宙から地球にやって来ていることが実証されれば，アレニウスの理論の本質的な部分は正当化されることになるだろう．アレニウス自身も，自分が説明したプロセスを発見することは，不可能ではないかもしれないが極めて困難であると主張している．科学というものは，検証不可能な仮説に対して好意的な見方をしてくれない．だからパンスペルミアに関するアレニウスの説は，うち捨てられることを運命づけられていた．

　しかし70年後にわれわれが提起した宇宙生命理論は，あらゆる段階で実験が可能であり実証できる説であることを示した．こうして私たちが立てた予想の大半は正しいことが証明され，さらに数多くの実験が現在も進められている．

第 1 章

I 生命の起源：旅への誘い
Origins: Prelude to the Journey

進化という考えはまったくのたわごとと言えます．
カワラバトは，昔からずっとカワラバトのままではありませんか．

サミュエル・ウィルバーフォース主教（1860年）

ダーウィンの進化論

　1860年6月にオックスフォード大学で開かれた英国科学振興協会の会合では，進化に関する議論が戦わされていた．そのときウィルバーフォース主教はトーマス・ハクスリーに向かい，「では，あなたのご祖母様かご祖父様のどちらかがサルの家系だとおっしゃるわけですな」と言った．これに対してハクスリーが，先祖に類人猿がいた方が国教会の教義を受け入れるよりもましだと答えたのは有名な話である．
　ほとんど伝説とも言うべきこの論争は，ダーウィンによる『種の起源』の出版の翌年に始まった．このときの西欧社会ではユダヤ教とキリスト教による創造論が支配的だったため，ダーウィンが新しく提唱した理論の影響は大きく，英国国教会に対する重大な脅威となっただけではなく，科学の自立を促すことにもなったのである．ダーウィンの進化論は20世紀初頭には支持が拡大し，文学，哲学，社会政策の分野でその傾向が顕著であった．キリスト教の会派の中には，教義の中にダーウィンの理論の持つ非宗教的な側面を吸収したところもあったが，忠実に反対を続ける会派もいて，進化論に対する反感は今なお根強く残っている．
　思索を生業とする者にとって，創造論に関して何らかの見解を持つことは必

須条件であった．そして，1920年代から1930年代ごろになっても，ケンブリッジ大学入学を志す学生たちは，「ペイリーの証」と題する論文で面接官を満足させなければならなかった．私はこの論文を父の持っていた文献の中から見つけた．父は，1930年から1933年までケンブリッジ大学のトリニティ・カレッジで数学を専攻する上級研究員だった．ウィリアム・ペイリー(1743－1805)は2世紀以上にわたり，知識階級に対して絶大な影響力を持つ神学者であり哲学者であった．ペイリーは論文「自然神学」の中で，「時計が存在するには，時計職人がいなければならない」という有名な比喩によって，神の存在に関する目的論的証明を説明している．ペイリーの著作はもう少しで完全に科学的であった．少なくとも奇跡による創造という教義とはずいぶんかけ離れたものとなっている．まず自然界の複雑な仕組みを目にし，これほど完全なものは神でなければ作り出せないという推論を立てる．

> 設計の出来栄えは誰にも超えられないくらいすばらしいものだ．設計をするためには設計者が必要である．その設計者とは神である．

ダーウィンはペイリーの説に精通していた．「『自然神学』の……論理は，ユークリッドの原論と同じくらいに私を喜ばせた」と語り，その著作でもペイリーの文体や方法論を模倣しているくらいである．ペイリーもダーウィンも，進化を機械学的な自然のプロセスとして説明しようとしていたが，その目的は違っている．ペイリーは，第一原因を説明するために常に形而上学に立ち戻っていた．それに対して，ダーウィンはその道を避け続けた．確かにこの点については，『種の起源』という題名は誤解を招くかもしれない．ダーウィンは，現在の人類へとつながる進化のプロセスをたどろうとしていたが，生命の最初の誕生の原因探究からそれてしまったように思われる．しかしながら，1871年にダーウィンがフッカーに宛てて書いた手紙は画期的な事件となった．手紙には次のように書かれている．

> かつて存在したかもしれない，最初に生物が誕生したときのあらゆる条件は，今でも至るところに存在するとよく言われている．だがもし(本当

にそんなことがあればいいのだが）小さくて温かな池の中で，アンモニアやリン酸塩や，光，熱，電気など，あらゆるものが混ざり合ってタンパク体が化学的に形成され，そこからさらに複雑な変化が生み出されると想像できたらどうだろう？　今であればこのような物質はあっという間に消滅したり，吸収されたりしてしまう．しかし生命が誕生する前であればこのようなことはないのだが．

　ダーウィンは，反体制的と見なされることを決して好んではいなかった．しかし，生命の起源に関する自説を手紙という身近な媒体を選んで行ったという点が興味深い．この手紙に示されている発想は，生命の起源としての原始スープ理論の始まりである．そして原始スープ理論は，20世紀の大部分を通じて科学的思考を支配するものとなったのである．

オパーリンとホールデンの原始スープ理論

　私が生まれた1939年までに原始スープ理論は支持を得て，生命の起源の問題に取り組む際の唯一の科学的手法と考えられていた．確かに科学はまた一つ問題を解決したと誇らしげであった．オパーリンとホールデンは，この理論について議論するために，地球上の生物は地球上に起源を持つという基本原則を定めた．そして，現代の地球の大気組成では有機分子が生成される可能性は限りなくゼロであると考えて，原始の大気には水素が豊富に含まれており，その中で生命の誕生に必要な有機分子が生成されたと論じた．生成のプロセスの第1段階では，水やメタンやアンモニアなどの無機気体分子が，太陽光の紫外線や放電の作用によって，反応性のフラグメントやラジカルへと分解される必要がある．次にこれらのラジカルが何度も化学反応を起こして再結合し，このプロセスによって有機分子のしずくが形成される．こうしてできた分子は，生命を形作る化学的な構造的基礎として原始の海へとしたたり落ち，やがて海は原始のスープへと変わっていく．まさにこのスープから，数百万年にもわたる数多くの化学反応によって生命が誕生するのである．

　この生命の起源のモデルは，ポスト進化論時代においてすぐに人気を博し，

称賛されることとなった．著名な遺伝学者，生理学者，哲学者であったホールデンも，その偉大なカリスマ性によって自分の理論を普及させるのに成功した．ホールデンの理論は，反論不可能な事実として生物学の教科書に記されるようになったのである．ホールデンの成功の理由はさまざまであっただろう．しかし，それによって人間は地球上の生命の起源と連なる存在であることを再認識することになった．折しも宗教的信仰が衰えつつある時代であったことから，科学者たちは，人類の起源についての「論理的な」説明へと踏み切ろうとしていた．ただ一つの問題は，原始スープ理論は事実による裏付けがまったくなされていないということである．1920年代から1930年代にかけて，原始スープ理論を正当化するための経験的根拠は一切存在しなかった．したがってその判断は，審美的または哲学的な根拠によって下すしかなかったのである．

ソ連の科学者オパーリンは，この理論がマルクス主義的唯物論とほぼ一貫性がある点が特に重要であると考えた．また，ホールデンも1930年代のマルクス主義を支持しており，数年間『デイリー・ワーカー』紙の編集者をしていたことがあった．波瀾万丈の経歴を持つホールデンは，後年，英国の帝国主義的政策に幻滅したのと同様に共産主義にも幻滅して1957年にインドに移住，そこで生涯を終えている．

フレッド・ホイルの登場

今から考えると，フレッド・ホイルはホールデンが共産主義に傾倒していたからこそ，1970年代に私たちの課題としてオパーリン - ホールデンモデルをすぐさま取り上げたのではないだろうか．フレッド・ホイルは労働階級の出身（父親は羊毛を商っていた）で，いつも頑なに英国の保守政治を支持していた．フレッド・ホイルは共産主義とマルクス主義哲学を信用していなかったので，そのような思考体系から導き出された理論に対して一層疑いを持っていたのだろう．とは言うもののフレッド・ホイルの政治的な姿勢は，生命の起源に関して受け入れられている理論に対し，私たちが反駁(はんばく)することに大きな障害とはならなかった．私たちが行った大胆な反論は，天文学に対する強い関心が生んだ当然の帰結であった．

現代の科学者は，自分の活動には偏見など入っていないと思い込みたがるが，実はその逆で真実から最もかけ離れたものである．最も深いレベルで，科学，特に生命の起源のような根源的な問いを文化的な伝統と切り離して考えることは不可能である．当然ながら政治や宗教に関する偏見も含まれている．無意識に無視したり昇華したりしながらも，目に見えない制約として存在する．

　20世紀の科学者の中でも，とりわけ創造性と想像力とにあふれた非凡な科学者と私の歩みの中で，この本の掲げる命題と関わる場合に限って私個人のことを語ることとする．1960年に始まったフレッド・ホイルとの共同研究のおかげで，私はそれから40年もの間，科学の世界で最も慈しまれているパラダイムに対する疑問を抱くことになった．初めてフレッド・ホイルに会ったのは，私が21歳のときだった．今思うとこのときまでに私が故郷スリランカで過ごした歳月は，その後に続くユニークな冒険へと旅立つための準備期間だったと言える．

故郷スリランカでの子ども時代

　スリランカで過ごした子供時代は，その環境を考えれば，ある程度予測できる道であった．スリランカ（当時はセイロンと呼ばれていた）は大英帝国の辺境の地で，いろいろな意味で隣にあるインド亜大陸の陰に隠れた存在だった．スリランカは，かなり狭い境界に囲まれた中に，山地と雨林と海岸を全て取り込むという多様性に優れた肥沃な島である．しかし，後の入植者がこの地にやってきたのは，ほとんどは宝石やスパイスやコーヒーや紅茶などの商売に魅かれたためである．オランダやポルトガルや英国では，こうした産品のほか，極東へ向かう海路の天然の良港が存在するという戦略的な面によって，この植民地を重視していた．スリランカの歴史は2,000年以上も前に遡り，当時の繁栄をしのばせる古代遺跡が各地に点在している．しかし400年にわたる植民地支配によってセイロン全体がすっかり士気を失い，無気力な状態に陥ってしまった．英国からの独立運動は1948年に実を結んだが，それさえも独立を目指して苦闘するインドの影程度に過ぎなかった．

　私のごく幼いころの記憶では，セイロンは貧富の差があからさまな貧しい封

建国家だった．裕福な特権階級の子どもは良い学校に通えるのに，貧しい下層階級では受けられる教育も限られていて，読み書きを覚えるのもやっとのことだった．また，少数の大都市（コロンボ，キャンディやジャフナ）と，国内の大部分を占める村落とでは生活の快適さがまったく違っていた．私の実家は首都コロンボにあった．母校のロイヤル・コロンボ・カレッジは，1838年に英国のパブリックスクールの伝統にのっとって設立された学校である．教師，特に数学と物理の教師は学問に熱心で，その熱意は人格形成期にある私に刺激を与えてくれた．父が優れた数学者だったことも私にとっては幸運だった．父はセイロン大学とケンブリッジ大学の優等卒業試験の両方で最高の成績を収め，1933年にはケンブリッジ大学のBスター・ラングラー[*1]の称号を得ている．私は，家庭で刺激を受けていただけでなく，数学や天文学に関する父の蔵書にも囲まれていた．アーサー・エディントンの『*Mathematical Theory of Relativity*（相対論の数学的理論）』や，アーネスト・ウィリアム・ブラウンの『*Lunar Theory*（月に関する理論）』をはじめとした，必読書と言われる本などがあった．

　1950年代のセイロンでの暮らしの幸運は，環境がまだ良く，汚染の問題がなかった点だ．私は郊外に住んでいたが，まぶしい街灯は立っておらず，自動車やバスによる大気汚染もほとんどなかった．だから夜空を見上げると，星々がきらきらと輝いているのが見えた．私の家は海岸の近くにあって，コロンボと南の小さな町々を繋ぐ鉄道が通っていた．夕方になると，よく海岸に沿った線路を，そこで寝ている人々を横目に歩き，インド洋に沈む夕日を眺めたものだった．子どものころに見た日没を今でもまざまざと思い出す．あれほどすばらしい光景はその後一度も見たことがない．日没から数分も経つと，頭上に掲げられた大きな黒いカンヴァスには，数えきれないほどの星がちりばめられる．銀河に広がる無数の星々を見上げているうちに，必然的に宇宙の人間が存在する場所について思いを巡らすようになった．

　今となっては，現代の都市がもたらした嘆かわしい光害のせいで，こんな光景はなかなか見られなくなった．現代人は，夜空という自然遺産を楽しめなくなって貧しくなった．自分と広大な宇宙とのつながり，われわれの祖先が心深くで感じていたつながりがますます見えなくなっている．

[*1] （ケンブリッジ大学の）数学学位試験の一級学位合格者．

スリランカには仏教の伝統が浸透しており，その影響から逃れることはできない．至るところに古代の寺院が建っていて，二千年の仏教の歴史は文字どおり島に行き渡っている．仏教における宇宙観[*2]は，初期キリスト教時代よりもさらに古いにもかかわらず，明らかにコペルニクス以後の発想である．仏教の経典である『清浄道論』(1世紀にスリランカで書かれた)には，次のように書かれている．

　　……この太陽と月が光りながら回転し空間を照らしているように，宇宙はその何千倍もの広がりを持っている．そこには何千もの太陽や何千もの月が存在する……そして何千ものジャンブードヴィーパ(閻浮提)や何千ものアパラゴヤナ(西牛貨洲)が存在する……．

　後半の部分は，生命が地球外にも存在していることを意味するものとして解釈される．現代の天文学でいう何十億の銀河とは，その他の現代の仏教の経典でも言及されているものと見なして差し支えないかもしれない．そこでは，宇宙全体は「何百万もの世界体系からなるこの世界」と呼ばれている．この一節に，若いころの私は大変な影響を受けた．そして，このような発想と，ジェイムズ・ジーンズが『*Mysterious Universe*(神秘の宇宙)』に綴っていた発想との間には驚くほどの類似点があることに気づいたのである．

1955年の皆既日食が私の未来を決めた

　天文学を研究しようという私の決心は，ある天文学的事象を偶然にも私の故郷で見られたことでさらに強くなった．1955年6月5日[*3]は，スリランカでも皆既日食が観測されることになっていた．そのときの私は16歳で，ようやく科学に真剣に取り組もうと思い始めたころだった．それまでスリランカは科学の世界のずっと外れにあったのに，突如として専門家による科学活動の中心地へと変貌したのである．

[*2] 終わりも始まりもない定常宇宙．静止しているものは何もない．輪廻転生．無私無我．
[*3] 1955年6月20日の皆既日食のことと思われる．

この特殊な日食は，699年以来，最も長く皆既日食の状態が続くというので，重要な科学実験がいくつも予定されていた．英国，米国，フランス，ドイツ，日本から科学者たちがスリランカに押し寄せ，地元の新聞は，この科学界の大事件の話題で持ち切りであった．予定されていた実験の一つに，アインシュタインの一般相対性理論で，恒星が発する光が太陽のように質量の大きな天体の近くを通過するときにわずかながら曲がる（1.75秒角）と予想されていることを検証するというものがあった．プロジェクトでは，1919年の皆既日食の際にエディントン率いる研究チームが行ったのと類似した実験の検証を行うことになっていた．

　私は熱心なアマチュア写真家として，独自の実験のためにごく普通のカメラを手製の望遠鏡に取り付けて，日食の時を待ちかまえていた．もちろん太陽光を直接見るのは危険だと警告されていたので，指定された時間になると誰もが日食観測用の色ガラスや水を張ったたらいを用意した．

　私はかたずを飲んで，月が不気味に太陽の上に重なる瞬間を見守った．一瞬，嵐の前のように周囲は薄暗くなった．それから突然完全な闇となり，永遠に続くかのような7分が過ぎた．それとわかるほどに空気が冷たくなり，あたりの雰囲気が一変したようだった．ハスの花びらは閉じ始め，動物たちはすくみ上がり，カラスが激しく鳴き交わした．やがて伝説のとおりに，太陽のコロナが炎の舌を伸ばすさまが，うっすらとただよう雲の切れ間から時折見えた．やがて日食は終わり，正午の太陽は再び怪しげに姿を現わした．そのとき私は，これまでになく宇宙の底知れない力を感じた．

　天体の観察ではよくあることだが，1955年の日食のときには観測チームのほとんどが，雲にさえぎられたことで落胆していた．しかしその中で観測に成功し，新たな科学への道筋を作ったチームもあった．科学を崇拝する若者にとって，このような事象は感動的な経験をもたらしてくれる．科学は，私の目と鼻の先で起こっていた．そして1955年の出来事は，私が天文学を仕事に選ぶ決意をする上で少なからぬ影響があった．

　最近では天文学を志望する学生のほとんどが，学部生のときに物理学を，あるいは物理学と天文学の両方を専攻している．だが，私が天文学者になるにはどうすればいいかと尋ねたとき，父も含めて事情に詳しい人たちの答えは，数

学を学べということだった．それで私は，1957年にセイロン大学の数学科に奨学生として入学し，その後自分の期待どおりに事が運ぶのであれば，父の母校ケンブリッジ大学に進むつもりだった．

セイロンからケンブリッジへ

　パブリックスクールから大学への進学は，生活環境的にはスムーズだった．私は自宅から大学に通ったからだ．セイロン大学，今のコロンボ大学は，自転車で20分，車なら10分のところにあった．大学での最初の3年は順調にこなし，その後，応用数学を中心に履修した．宇宙を探求するのに最も重要なツールだと思ったからだ．幸いにも素晴らしい教授陣から，私はさらに刺激を受けることになった．大学生活の初めの頃に特に影響を受けたのは，数学のクリスティ・ジャヤラトナム・エリエゼル先生だ．エリエゼル先生はケンブリッジ大学出身の著名な教授で，クライスツ・カレッジの元研究員であり，あのポール・ディラックに学んだこともある．ディラックと言えば，特殊相対性理論と量子力学とを結びつける大きな業績を残した物理学者だ．エリエゼル先生の講義を通じて，私は電磁気学の理論に関するおもしろい洞察を身につけた．その後私は電磁気学を専攻に選んでいる．当時私は，エリエゼル先生とフレッド・ホイルが同じ時期にケンブリッジ大学にいて一緒にディラックの下で学んでいたことを知らなかった．ディラック，エリエゼル先生，フレッド・ホイルという3人のつながりがあったことで，偶然の一致から，私が最終学年の試験を受ける年に，フレッド・ホイルがセイロン大学の数学科で学外試験官を務める予定になっていることがわかった．後になって，フレッド・ホイルが私に注目するずっと以前に私の答案用紙を見ていたと思うと嬉しかった．

　1960年の夏，私は数学科を首席で卒業し，英国政府の連邦奨学金を受けてケンブリッジ大学の大学院で学べることになった．私は，父も学んだトリニティ・カレッジで理論天文学を専攻すべく願書を提出した．願書が受理されたことも嬉しかったが，セントジョンズ・カレッジからフレッド・ホイルが指導教員についてくれることになったのは一層嬉しかった．フレッド・ホイルは，ケンブリッジ大学で天文学と実験哲学を担当するプルミアン教授だったのであ

る.セイロン大学在学時に,私はフレッド・ホイルの2冊の著書,『*Nature of the Universe*(鈴木敬信訳『宇宙の本質——絶え間なき創造』法政大学出版局,1951年)』と『*The frontiers of Astronomy*(桜井邦朋ほか訳『宇宙物理学の最前線』みすず書房,1991年)』を読んでいた.どちらも忘れ難い印象の残る本だった.だから1960年10月に,コロンボの自宅にフレッド・ホイル直筆の手紙が届いたとき,もちろん私は狂喜したのだった.

ケンブリッジでの出会い
Cambridge and a First Meeting

1960年,船出のとき

　1960年9月,私は生まれて初めて実家を出る準備をしていた.当時スリランカから英国へ行くには船に乗るのが普通だった.空の旅は急速に普及してはいたものの料金が高く,利用するのは仕事で出張に行く人や裕福な人などがほとんどだった.9月の暖かな夕方,私はコロンボ港からP&O社のSSオルカデス号に乗り込んだ.ヤシの木が並ぶ海岸線がゆっくりと遠ざかっていくのを,ぼんやりと眺めていた.船は2週間をかけて,スエズ運河を通り,ナポリに立ち寄り,ジブラルタル海峡とマルセイユを経由してサウサンプトンまで行くことになっている.今ではこんな船旅はぜいたくなクルーズ旅行だと思われるだろう.だがこの新しい経験を楽しんでいたのもつかの間のことで,大荒れの海のせいで船酔いになってしまった.旅の間,自分の部屋でしょんぼりとしながらフレッド・ホイルの『宇宙の本質』を何度も読み返していた.この本は,ポピュラー・サイエンスの古典的名著の一つだと思う.

　船がサウサンプトンに入港したのは,曇り空の肌寒い秋の朝だった.船内で,私の英国留学を支援してくれる連邦奨学金委員会の代表を務めているという女性に迎えられた.私たちは連邦奨学金プログラムによる留学生第1号で,委員会当局も,これから何をすべきかはっきりしない,やっと独り歩きを始めたという段階だった.その他の英連邦の国々からやってきた学生たちとともに,首都ロンドンで過ごした最初の一週間のことを思い出す.第三世界の発展を支援するため裕福な西側諸国がスポンサーとなった支援プログラムには,貿易による利益を見込んだものがたくさんあった.また過去の植民地時代の搾取に対す

る良心の呵責を鎮める目的のものも多かった．委員会の人々が英連邦の国々からやってきた人々のニーズをまったく理解していないことに気づいて，私はひどく驚いたものだった．奨学金を受けているのは，全員がアフリカの村やインドやスリランカの農村地帯からやって来ているものだと思い込んでいた．かつての植民地から帝国の中心地にやって来たときにどうすればいいかなど，いろいろアドバイスを受けたけれども，私や，それからたぶん連邦奨学生の大部分は母国では多かれ少なかれ西欧化された社会で生活してきたから，全然役に立たないものばかりだった．

　私は子どものころから青年期に至るまで，イギリス文学をよく読んでいた．そしてブリテン諸島の歴史や文化や風景や詳しい地名は，今では現実のものとなったけれども，当時の私にとっては夢の世界のような親しみを感じさせてくれるものだった．ただそんな私でも，英国の気候は苦手だった．悪天候やどんよりした曇り空は，イギリス人にとって会話のきっかけとなってくれる話題である．あれから40年も経つが，長く暗い冬の夕方には，いまだに熱帯の穏やかな気候が恋しくて仕方がなくなる．

　ロンドンの第一印象は，その歴史と建造物の壮大さや威厳に圧倒されたけれども，何となくよそよそしい場所だという感じである．しかしながらそれは自分がまだ人々や周囲の環境に馴染んでいないことの反映であった．ひしめき合う人々や，せわしない生活ペースや，埋葬所のような地下鉄や大気汚染が，私の疎外感を強くした．最初に感じたこのような印象は，ロンドンを特徴づける劇場や音楽や画廊を知るようになって，ようやく払拭されていった．

　一方ケンブリッジ大学には，すぐに引き付けられた．ケンブリッジ駅に降りたのはよく晴れた秋の朝だった．それからロンドンで受けた指示に従ってタクシーに乗り，トリニティ・カレッジのポーターズ・ロッジへと向かった．ここで私は午前11時にチューター[*1]のロブソン博士と会って，大学院での研究テーマについて話し合うことになっていた．トリニティ・カレッジのグレートコートを横切っているとき，科学と文学の偉人たちの霊に囲まれているような，畏敬の念に襲われていたことを今でも鮮やかに思い出す．ここはアイザック・ニュートンやバートランド・ラッセルやウィリアム・ワーズワースが学んだ大学

[*1] 学部生の個別指導教員．

だ．手にしていたパンフレットには，ポーターズ・ロッジのすぐ上に「ニュートンの部屋」があると書いてあったのに興味を引かれた．ニュートンはここで，プリズムと光の古典的実験を行ったのだそうだ．

ロブソン博士の歓待はとても手際が良かった．博士は，私がリラックスできるようにとシェリー酒を勧めてくれた．そして面接中は，私の父が1930年から1933年まで学生として在籍していて優秀な成績を残していたことなど，私に身近な話をしてくれた．後で私自身がフェロー*2やチューターになってみてわかったことだが，これは身につけておくべき裏ワザの一つだったのだ．カレッジホールで昼食をとり，ジュニア・バルサー*3数人と会った後，バレルズフィールドにあるトリニティ・カレッジの大学院生向けの自分の宿（部屋）に着いた．部屋にはさして重要ではない手紙が積み上げてあったが，その中にセントジョンズ・カレッジのレイ・リトルトン先生の直筆の手紙があった．手紙には，私の指導に関する話をするので部屋まで来てほしいと書いてあった．これにはちょっと驚いた．まだスリランカにいたときに，フレッド・ホイルから指導教員についてくれるという手紙を受け取っていたからだ．

リトルトン先生

指定された時間にリトルトン先生に会いに行くと，フレッド・ホイルは秋季学期の間，米国にいることになっているので，最初は自分が指導すると告げられた．会ったときのリトルトン先生は，私の記憶では手ごわい人だという感じだった．先生は，今後続けたい具体的な研究課題があるかどうか聞いてから，天文学は研究が極めて難しい学問だと言った．容易な課題はほとんど解決されてしまっている．だが，解決されていない課題は，とても解決できないくらいに難しいものなのだ，と．物理学を応用する天文学，今で言う天体物理学を除いた，古典天文学の分野に関心を絞っている人にとっては，先生の言葉はある程度正しかったようだと気がついたのは，ずいぶん後になってからのことだった．初めて会ったときのリトルトン先生は「ポリトロープに関するエムデン方

---

*2 特別研究員．
*3 カレッジの資産の管理者．

程式の解」に関する，恒星内部構造の理論の中の，むしろ抽象的な課題に目を向けてみてはどうかと言ってくれた．そして，彗星に関する自分の著書までくれたのである（その本はまだ持っている）．先生の本には，1940年代に行った研究に基づいた彗星の塵袋理論について書かれていた．実はこの本は，フレッド・ホイルと共同執筆した，太陽による星間塵の集積に関する研究論文をまとめたものだった．これは誰もが気づくべきことだが，リトルトン先生は，1940年代に原子核物理学こそ開拓されるべき研究分野だと考え始めていたフレッド・ホイルの目を天文学に向けた人だったのだ．

　フレッド・ホイルとヘルマン・ボンディを別にすれば，私の知る限りリトルトン先生には，ほかの共同研究者や大学院生はほとんどいなかったようだ．藪下信はケンブリッジでは私の1年後輩で，リトルトン先生についた学生だった．だが藪下は，リトルトン先生からはほとんど，あるいはまったく指導を受けずに独自に研究を続けていたようだった．リトルトン先生からはそれほど指導を受けないだろうということは最初からはっきりしていた．だから，ケンブリッジでの最初の2，3年に先生と再び会うことはなかった．私には本を読む時間が十分にあったので，フレッド・ホイルが米国から戻ってくるまで時間を潰していようと決めた．それから，数学のトライポス[*4]を受ける学生を対象とした講義にも出席した．講義には，ポール・ディラックの量子力学や，メステルの宇宙電気力学も含まれていた．これはみな，フレッド・ホイルが米国から戻ってきたときのための準備である．

親友ジャヤント・ナリカール

　ケンブリッジ大学に入学したての頃，次に起こった出来事は，ジャヤント・ナリカールからお茶に招待されたことだったと思う．フレッド・ホイルの下で1960/61年度に研究を始めるほかの学生に会うのは，これが最初だった．後に親友となるジャヤントは，その夏の数学のトライポスでは優秀な成績を収めている（トライポスで，スター・ラングラーの称号と，タイソン・メダルを獲

[*4] 優等卒業試験．

得).10月に会ったとき,ジャヤントは本格的に天文学の研究課題に着手したところだった.フレッド・ホイルは明らかにジャヤントの類い稀な数学的才能に注目していて,ジャヤントの今後何年も続く天文学との長く厳しい闘いを支援するための道筋をつけてくれたのである.

　ジャヤントと私は,ある小屋を共有していた.そこは,応用数学部と理論物理学部の周辺分野だった理論天文学の仮住まいであった.ジャヤントと話しているうちに,1960年代は天文学にとっての分岐点となる時代となるだろうということがはっきりしてきた.フレッド・ホイルとボンディ,ゴールドの3人が提唱した定常宇宙論と,ライバルであるビッグバン理論との間で大論戦が繰り広げられようとしていた.マーティン・ライルを中心とするケンブリッジ大学の電波天文学者は1950年代の終わりに,自分たちが行っている宇宙に存在する電波を発する銀河の分布の研究によって,定常宇宙論の誤りが立証され得ることを主張していた(電波源計測).一方フレッド・ホイルは,こうした議論は確実なものとは言いがたく,希望的観測に過ぎない可能性が非常に高いと反論している.この問題に関するライルの初期の分析は,限られた調査に基づいたものであり,当然のことながら統計値も不十分なものだったことが明らかになっている.

　ライルの研究チームは,ケンブリッジのマラード電波天文台を使用した電波源に関する連続調査を通じて,定常宇宙論が誤りであることを証明する十分な証拠が得られるまで徹底的に調査を行った.極度に単純化した解釈では,電波源計測に基づいた宇宙は初期の頃はもっと凝縮されていたと考えられ,これはビッグバンによる起源という概念には都合の良いものである.ジャヤント・ナリカールは,嵐の前触れというときにケンブリッジ大学にやって来た.それが一触即発とも言える状態になったときに私が来たわけである.

　フレッド・ホイルは夏の初めに米国に旅立つ前に,ジャヤントにライルの主張する電波源計測について再検証するよう言いつけていた.宇宙論の歴史へと話を逸脱する必要もなく,やがてこの嵐は結着した.電波源計測からは,はっきりしたことは何もわからなかった.しかしその後に別の対立が待ちかまえていた.ジャヤントは,フレッド・ホイルとともに定常宇宙論を擁護するという勇気ある道を歩んでいた.その取り組みは,ジャヤント自身の専門家としての

キャリアの大部分を占めることになった．

　定常宇宙論を，ほとんどは薄っぺらな証拠だけで貶（おとし）めようと躍起になっているというのが1960年代に私が目にした光景だった．あのときのことはいまだに理解不能である．その理由を考えてみると，文化的に深く根ざしたものなのではなかったかと思わずにはいられない．この議論のそれぞれの側が主張する技術的詳細は置いておくとして，私自身の文化的な好みからすると定常宇宙の方がしっくりくる．このような宇宙論には，インド亜大陸に普及する哲学的世界観との一貫性がある．そして特に，スリランカでは一般的な仏教の伝統と調和しているのである．これも私にとって驚きだったケンブリッジの大混乱の別の側面は，嫉妬心という要素が科学的議論へと発展するということだった．私はまだ初心（うぶ）だったから，科学というものは冷静かつ公平な方法で，性格や社会的制約とは無関係に追求されるものだと信じていた．だが，これは事実とはかけ離れている．私が見ていた限りでは，この議論に参加していた2人の反論者は，性格やイデオロギーに関して世界観がまったく違っていることがはっきりしていた．フレッド・ホイルはヨークシャー出身らしい率直で誠実な人柄だった．一方のライルは，パブリックスクール育ちの感情をあまり表に出さないタイプである．2人の間の溝は決して埋めることはできないだろう．

クラークソン・クロース1番のドアをノックする

　いよいよフレッド・ホイルと会うというとき，フレッド・ホイルには非常に重大な問題が心に掛かっていたはずである．凍てつくような12月の午後，私は自分の部屋を出た．カム川沿いの裏道を抜け，人気のないセントジョンズ・カレッジの校庭をはるばる横切りながら，待ち望んでいたフレッド・ホイルとの面接はどんな風だろうか，最終的にどんな結果になるだろうかなどと考えていた．フレッド・ホイルは大変な議論による緊張でやせ細ってしまっているのだろうか．議論のことに気を取られていて，素っ気なくされないだろうか．それとも，私が読んだ中で最も刺激を受けた本の作者らしく活き活きとしたコミュニケーターとしていてくれるだろうか．しかし私の不安はクラークソン・クロース1番の戸口に立った途端に拭い去られた．

バーバラ・ホイル夫人は，愛情と寛容さにあふれた，これまで経験したことのない温かさで私のことを歓迎してくれた．そして，フレッド・ホイルは記者からのインタビューがちょうど終わるところだと言われた．私はダイニングルームに通され，バーバラ夫人と夫人の母親のクラーク夫人と一緒にお茶を飲んだ．2人が温かくもてなしてくれたおかげで，すぐに私はすっかりくつろいだ気分になり，30分後には子どもの頃から知っている人たちだと思うようになった．

　記者が帰った後，広々として一面にカーペットが敷き詰められたオープンプランのリビングルームに通された．この部屋は書庫兼書斎として使われているそうだ．中庭に面した壁の一面は全て窓になっていて，そこから少し起伏のある芝生が見えた．フレッド・ホイルは，その窓際の安楽椅子に座っていた．メモ帳を膝に乗せ，万年筆を走らせて，ものすごい集中力で何か計算をしているようだった．フレッド・ホイルが喜んでいるのか，計算の邪魔をされたくないのか判断しかねていたが，バーバラ夫人がセイロンからの新入生である私を紹介してくれると，フレッド・ホイルはすぐに打ち解けた雰囲気に変わった．椅子から立って私と握手し，「Oh Hellow!(やあ，こんちは)」と挨拶してくれた．それは，学生たちが親しみを込めてまねをするようになった決まり文句だった．

　あのときどんな会話をしたのかはっきりと憶えてはいない．ただ，「詩を書くんだって？」などと聞かれたときには，ずいぶん恥ずかしい思いをした記憶がある．大学に提出する願書にそんなことを書いていたのをフレッド・ホイルは見たのに違いない．そこで，薄い詩集を1冊出版していること，その年にハイネマンズから出版された『*Anthology of Commonwealth Poetry*（英連邦詞華集）』に何編か載せてもらったことを打ち明けると，フレッド・ホイルはとても感心してくれた．フレッド・ホイルと私との間に深いつながりができた．文芸に対する変わることのない情熱と，英語という言語に傾ける愛情とをフレッド・ホイルと共有できたのである．

　私たちは，湖畔詩人のことや詩人のマーロウやエズラ・パウンドのことを話した．また，政治やクリケットやスリランカと学部生のときの教授のことも話した．その教授はフレッド・ホイルとケンブリッジの同期生だったそうだ．天気の話題まで飛び出した．実際私たちは科学以外のあらゆる話をした．たぶん

そのときフレッド・ホイルはほかの仕事に関わることで頭がいっぱいで，私の研究プロジェクトをどうするか考えが固まっていなかったのだと思った．それでもフレッド・ホイルは，自分が書いた太陽物理学の論文やカウリングの磁気流体力学の本について教えてくれた．しかし，それがどのように応用できるかまでは考えていなかったようだ．また，電磁気理論講義IIと恒星内部構造講義IIIを受けるように言われた．これらはいずれも学年の後半にフレッド・ホイルが担当する予定になっている科目だった．その日の夕方にクラークソン・クロースのフレッド・ホイルの家を出たとき，私はほっとしたと同時にとても気分が高揚した．子どもの頃から尊敬していた科学者の一人に会うことができたのだ．

最初の科学論文

それから2カ月の間に，私はフレッド・ホイルの家で5，6回は会ったに違いない．フレッド・ホイルから最初に示された明確な課題は，当時フレッド・ホイルが主として関心を持っていた分野のものではなかった．その課題とは，太陽の極における磁場の起源と，その極性が11年の太陽周期で交替する（北極が南極に，あるいはその逆になる）ことに関するものである．フレッド・ホイルは，極の磁場は外向きの荷電粒子の流れによって運ばれる小規模の磁気ループによって構成されると考えていた．私は，フレッド・ホイルの頭の中には既にモデルが詳細に至るまで出来上がっているのではないか，そして私には，電磁気理論による計算をいくつか行うことで，フレッド・ホイルの直感を確証してもらいたいのではないかと考えた．これを私は比較的容易に済ませてしまった．私の最初の研究プロジェクトが太陽の極の磁場に関するものになるというのは，天文学者を夢見るきっかけが日食だったことを考えると奇妙なほどぴったりだと思われた．そして，フレッド・ホイルと初めて会ってからわずか2，3カ月後に，私の最初の科学論文はフレッド・ホイルとの共同執筆ということで『王立天文学会月報（*Monthly Notices of the Royal Astronomical Society*）』に掲載されたのだった（F. Hoyle and N.C. Wickramasinghe, *Mon. not. R. Astron. Soc.* 123, 51, 1962）．

湖水地方のハイキング
A Hike in the Lake District

1960年代の幕開け

　掲載されたフレッド・ホイルとの共同執筆による論文を目にしたときには，とても感激した．プロジェクトでの私の担当個所は，あまり重要ではない部分ではあった．極の磁場に関する問題は，それ自体は興味深いものではあったものの，この問題をさらに極めるほどの情熱はなかった．そこで私は，対象が限定されているこの問題を，連邦奨学金で学ぶ3年間全てを使って研究できる，より内容の深いプログラムにできないかと考えるようになった．

　私は1961年のイースターの前の学期と夏の学期のほとんどを費やして，自分の研究テーマに関係する本を幅広く読みあさり，さまざまな講義に出席した．試験に追い回されることなく，自由に学ぶことのできる新たな機会を満喫した．これはまた，私にとって初めての国と異なる生活習慣に適応するための時間でもあった．

　西欧社会の生活様式も，全般に急速に変化を遂げているように思われた．飛行機で世界中に行けるようになり，多国籍産業という概念が地球全体に広がりつつあった．インターネットの普及はそれからさらに20年も先の話だが，すぐにコミュニケーションがとれる準備は整っていた．それよりも重要なことは，この本のテーマとも関係するが，当時のわれわれは天文学のあり方を永久に変化させることになる宇宙時代の境目に立っていた．

　はっきりとした形ではないが，社会の態度もやはり変わっていった．ジョン・F・ケネディがアメリカ大統領に選出されたのは新時代の幕開けであった．ひそかな自信と楽観主義とが西欧社会に満ち満ちていた．不景気にあえいだ戦後

の1950年代から未曾有の高度経済成長へと様変わりし，それはわれわれの生活にも影響が及んだ．人々の心理に満足感を与える要因となったことは明らかである．水平線のはるか向こうでは，冷戦，軍備競争，南アフリカで拡大する意見の対立，中東紛争，地球全体で次第に表面化してきたテロリズムなど，さまざまな問題が浮かび上がってきていたが，西欧の人々の日常生活には何ら影響するものではなかった．共産主義と戦えというスローガンとともに，自由と自由主義と放任主義とが叫ばれる時代だ．『チャタレイ夫人の恋人』の刊行は文学の規範に対する痛烈な一撃となり，フェミニズム運動はスリランカで世界初の女性の首相が選出されたことでさらに前進することになった．私にとって目新しかったのは，ケンブリッジの路上にさまざまに表現された性の自由だ．旧植民地でひっそりと，まさしくヴィクトリア朝時代の価値観で育てられた私にはショックな出来事だった．

　1960年代は，科学に関しては穏やかな日々が続いているように見えたかもしれない．ほとんどの研究分野では，社会全体を特徴づけているのと同じように自信に満ちて，着実に成果を収めていた．新たな10年の夜明けは，技術面において注目すべき輝かしい勝利がいくつも続いた．レーザーは，これまでにない強力な光源として1960年に初めて紹介された．クォーク理論は，陽子や中性子などの粒子が物質の基本単位であるという従来の考え方を抜け出し，クォークと呼ばれるさらに基本となる単位から構成されていることを提唱した．人類が月面を歩いた．宇宙探査は順調に進行していた．

　こうした進展は何もかもが自然な流れであり容易に行われたものだと考えられている．しかし，1950年代に数多くの分野で先行した基礎科学のこと，それも特に困難な基礎科学のことを忘れてはならない．電波天文学が始まったのは1950年代半ばのことだったが，この分野によって，後でこの本でも取り上げる疑問と関連する数多くの発見が行われた．例えば，水素ガスが銀河の中でどのように分布しているかについての研究である．また，生命と関連する分子の発見は，いずれも電波天文学の発見が基になったものだ．1950年代半ばにジェフリー・バービッジ，マーガレット・バービッジ，ウィリアム・ファウラーとフレッド・ホイルが共同で完成させた研究は，生命の要素も含む化学元素が，恒星の奥深くに存在する水素からどのように形成されたかに関する理解へとつ

ながるものだった．これとほぼ時を同じくして，ジェイムズ・ワトソンとフランシス・クリックによる記念碑的な発見が行われた．われわれの遺伝子の二重らせん構造，つまりDNAの発見である．それからまもなく，フレデリック・サンガーがタンパク質の性質を分析し（インスリンが特定された），タンパク質を構成するアミノ酸の詳細な配列を示した．そしてハロルド・ユーリーとスタンリー・ミラーは，最も基本となる生命の化学的構造の基礎が，どのようにして無機物から合成された可能性を示す古典的実験を成功させた．

社会における自由主義の伝統が急速に広がったにもかかわらず，科学という場面では，自由で制約されない探求心を促すことに全くならなかったのは皮肉なことのように思われる．科学，特に天文学は大きな発展を続けていた．しかしながら，新たな発想の開発は次第に行われなくなっていた．新たに発明された実験技術によって莫大な量の事実に基づくデータが生成された．しかしそのような中，従来の仮説を批判的に再評価するということはほとんど行われなかった．本当に重要な問題は解決まであと一歩のところに来ているとか，そのような問題は非常に困難だから気にすることさえしなくていいなどという思い込みが広まっていた．実際のところ，同じような実証データを繰り返し生成したり，既存の理論の統合を試みたり，課題として残っていたものの調整をしてばかりであった．活気にあふれる科学文化に必要な広い心が著しく欠如していた．

SF作家としてのフレッド・ホイル

1961年初めに，私が具体的な研究経験を続けていたときの全体的な背景はそのようなものだった．前にも述べたとおり，当時フレッド・ホイルは電波源計測に関するマーティン・ライルとの対立を解決させることで頭がいっぱいだった．2人の争いは悪化の一途をたどるばかりだった．しかしフレッド・ホイルは，定常宇宙論を擁護するという自分の決心を曲げることはなかった．これに代わる考えはとても信頼できるものではなく，相手側が有利なように収集されたデータは不自然か，あいまいなものばかりだとフレッド・ホイルは確信していた．フレッド・ホイルはジャヤント・ナリカールと共同で定常宇宙論の多

くの側面について研究を行ったことで，当時はフレッド・ホイルの説が優位に立っていた．

　フレッド・ホイルは，宇宙論が1960年代を代表する戦場になると思っていたが，フレッド・ホイルの関心は宇宙論に限られることはなかった．天文学と天体物理学全般にわたるフレッド・ホイルの知識と経験は，百科事典そのものだった．このテーマに関する分野で，フレッド・ホイルの想像力と非凡な才能とで美しく飾られていないものは，1961年までにはほとんどないくらいだった．1960年に私が加わって，フレッド・ホイルの下には記録的な数，と言っても4人だが，研究生がついていた．ジャヤント・ナリカールのほかには，恒星進化の課題に取り組むジョン・フォークナーとケン・グリフィス，重力に関するN体問題を研究するスヴェール・オーシェトがいた．

　フレッド・ホイルは，自分の学生を通してさまざまな問題に取り組むことで，宇宙論に関する対立の苦しさをそらそうとしていたのかもしれない．もう一つの気晴らしになったのはSF作家としての経歴だった．1959年，私がケンブリッジ大学に入る前の年にフレッド・ホイルは『暗黒星雲』という小説を出版している．この小説はある意味で，ずっと後になってからの宇宙の生命に関する私との共同研究の先駆けとなるものだった．私は1961年の春に『暗黒星雲』を買い，夢中になって読んだことを憶えている．それは特に，その数カ月のフレッド・ホイルの生活に起きている諸々の意味や頭痛のタネなどを，本の内容と結びつけることができたからだった．難しく科学的な小説の内容も私にはとても印象的だった．複合分子が知的な実体のように集合的に挙動することに関するフレッド・ホイルの議論には，宇宙の有機分子に関する研究に手をつける前だったが興味をそそられた．フレッド・ホイルのSF小説は，ただありそうな物語を書いているのではなく，現実世界に関して明確に知られている（あるいはほぼ明確に知られている）事柄に基づいて，ありそうな世界を完璧に築き上げているのである．

　フレッド・ホイルは，人を冷淡に扱ったり関心を示さなかったりすることが多かった．だが共同研究者や学生と一緒にいるときにはいつでも，その人たちの気質や特別な才能や能力に関して深い洞察を示してくれた．1961年の春から夏にかけて，私は次にどんな課題に取り組むべきか考えあぐねていたが，ふ

と星間物質の性質に関するアイデアが頭に浮かんだ．私はフレッド・ホイルと2度会って，『暗黒星雲』の科学的な内容には一時的な関心以上のものを持ったという話をしたことがあった．すると執筆当時の話をしてくれた．水素やその他の分子が星間空間に豊富にあることを示す自分の計算を発表するのは難しいことを知った．そこで，科学界では受け入れてもらえないような発想を小説の中で表現しようと考えたのだそうだ．

　それから，当時フレッド・ホイルが，TV番組プロデューサーのジョン・エリオットと一緒に，別のSFプロジェクトに取り組んでいたことも知った．2人は共同で『アンドロメダのA』の台本を書き，1961年から1962年にかけてBBCで連続テレビドラマとして放送したところ，これが大当たりとなったのだ．後にこのドラマはSF信者の間でのカルト的な古典作品となったのである．台本では，新たに建造された電波望遠鏡がアンドロメダ星雲からの知的な信号をキャッチする．その内容を翻訳してみると，何と巨大なスーパーコンピュータの設計図であることがわかる．完成したコンピュータはアンドロメダから受信した情報を中継し始め，そのために人類の安全に恐るべき危機が降りかかることになる．宇宙のはるかかなたに知的生命体が存在するという推測は，SFの形に見せかけてはあっても，フレッド・ホイルが早くも1961年に既にアストロバイオロジー（宇宙生物学）にはっきりと何らかの関心を向けていたことを示している．

　私が『暗黒星雲』のテーマに興味を持っていると知って，フレッド・ホイルは当時ウィルソン山天文台とパロマー天文台で仕事をしていたジェシー・グリーンスタインが書いた「星間物質」に関する総説について教えてくれた．グリーンスタインは，星間塵の組成について論じていて，誘電性氷粒子と金属鉄粒子という2種類の異なる塵微粒子に関する議論を好ましい種類として取り上げていた．しかし当時は，これらの粒子が星間雲にどのように存在しているかについて明解な考えが確立していなかった．私は自分が読んだ本から，答える必要があると思われる多くの疑問を導き出した．

　初めてフレッド・ホイルとクラークソン・クロースの自宅で話し合ったときは，フレッド・ホイルが当時提唱されていた理論にまったく満足していないことは明らかだった．しかしフレッド・ホイルが抱いていた気がかりの本当の理

由を知ったのは，後になってからのことだ．当時フレッド・ホイルは，ウィリアム・ファウラーと共同で，恒星の形成に関するフラグメンテーションモデルの研究に取り組んでいて，塵に関する不透明度と蒸発特性を定める必要があった．2人が求めているこの特性は，既存の粒子モデルとまったく一致しないものであった．

1961年秋，思索の旅へ

まさにそのとき，フレッド・ホイルとの40年にわたる旅が始まろうとしていた．1961年の夏も終わろうとするある日の夕方のこと，クラークソン・クロース1番のドアをたたくと，いつものようにバーバラ夫人が出迎えてくれた．そしてフレッド・ホイルと会う前に，夫人はいつものようにホイル家の最近の出来事を話してくれた．夫人はいつになく無邪気な様子で，フレッド・ホイルの湖水地方へのハイキング休暇のお供を私にしてもらうことにしたと話してくれた．湖水地方に行くなら，私が何度も読んだワーズワースのロマンスを初めて体験できる．それに夫人の言うとおり「男同士水入らずで研究の話ができる」だろう．

湖水地方のハイキングは，フレッド・ホイルがこのところ悩みの種となっていた学会での政治的駆け引きという厄介事を忘れる方法だった．湖水地方の山々に囲まれて，フレッド・ホイルは休息と思索のための時間を見出した．この場所でしばらくの間，人生での本当の苦難と言えるもの，登山家ならば必ず向き合うことになる風雨と環境との戦いを体験したのだった．そうするうちに，大学という閉ざされた世界で繰り広げられる的外れの口論は，ほんのつかの間ささいなこととして消えていった．

言うまでもないことだが，フレッド・ホイルの冒険的なハイキングに同行できることになりそうだというので，私は大喜びだった．フレッド・ホイルの二人乗りの飛行機「スプライト」に並んで座り，私たちは5時間の旅へと出発した．山々を後にしながら，フレッド・ホイルは，この素晴らしい景観は氷河期が長い地質時代の間に繰り返されるうちに，氷盤が美しく削り出したものだという話をしてくれた．フレッド・ホイルは，頭に浮かんでいることを全て口に出し

ていた．その場にふさわしい相手がいて，くつろいだ気分になっているときはいつもそうだった．そして，次々と飛び出す考えに耳を傾けていると，いつでも元気が湧いてきたものだった．

　私たちは，リトル・ラングデール（近くにアンブルサイドがある）にあるオールド・ダンジョン・ギル・ホテルのこぢんまりとしたゲストハウスに到着した．ここは今では豪華なホテルに様変わりしてしまったが，当時は本格的なハイカーたちの静養地として，登山家のシド・クロスが夫婦で経営していた．まだ日は暮れきっておらず，クロス夫人が作る豪華な夕食の前に，荷を解くのにまだ十分な時間があった．オールド・ダンジョン・ギルの夕食は一日のハイライトと言ってもいい．どちらかというと質素な部屋と比べるとお釣りがくるくらいの量があった．

　その日の新聞に目を通し，赤々と燃える薪を前にして話をしているうちに，話題はクラークソン・クロスで話し合った科学の話題へと変わっていた．宇宙塵の組成として，氷と鉄以外に何が考えられるだろうか？　ぱちぱちと音を立てて燃えている薪から立ち上る炎に目を奪われながら，私は深く考えたわけでもなく，こんな疑問を投げ掛けた．宇宙塵が，炎から立ち上る煤のような炭素である可能性はないだろうか？　そのときフレッド・ホイルの目が，興奮とも疑いともつかない輝きを見せたように思われた．宇宙に存在する炭素は，結局フレッド・ホイルのあらゆる思想の始まりとなった．そして，天文学に新たな展望をもたらしたのは，フレッド・ホイルが推測した ^{12}C（炭素12）の原子核の 7.65 MeV 共鳴準位だった．フレッド・ホイルとウィリアム・ファウラー，ジェフリーとマーガレットのバービッジ夫妻は，恒星内部で炭素が合成され，超新星爆発によって星間空間に放出されるという説を発表した．

　しかし星間塵に含まれる炭素という説に対するフレッド・ホイルの第一印象は，鉄の粒子ほどには芳しいものではなかった．われわれは，1940年代にオランダの天文学者たちが提案した，大量の星間塵は宇宙空間にある巨大なガス雲の中で生成されなければならないという考えに慣れてしまっていた．そしてもちろん，酸素は炭素の1.6倍も豊富に存在するから，大部分の炭素は結合の強いCO（一酸化炭素）分子に結びつく傾向があると考えられる．宇宙塵の組成が炭素であるというアイデアを聞いて，フレッド・ホイルの頭の中では，この

ような考えがめぐったのではないかと思った．

長い旅の契機

　次の日朝食をとった後で，私はフレッド・ホイルの後について，いつもハイキングしているという丘の向こうのボウフェルというところへ向かうことになった．フレッド・ホイルは，スカフェル・パイクまで登るのは，私のようなハイキング初心者には荷が重いと考えたのだ．私は登山靴を履き，十分な暖かさを確保できるアノラックと帽子を身に着けて完全武装していたが，これからの行程を前に，情けないほどに準備不足だという気がしていた．フレッド・ホイルは使い込んだリュックサックを背負っていた．中にはクロス夫人が用意してくれたサンドウィッチとチョコレートバーが入っている．フレッド・ホイルが，チョコレートバーが1本あればボウフェル・パイクまで行って帰れるだけの体力になる十分なカロリーが摂取できると言ったことを思い出す．

　真っ青な空の下に私たちは座った．はぐれ雲が一つか二つ，頭上をゆっくりと流れているほかには，ほとんど雲は見当たらなかった．最初は渓谷に沿っていくぶんのんびり歩いていたので，私にはちょうどいいペースだった．しかしまもなく本格的な山登りになってくると，フレッド・ホイルのような経験豊富なハイカーについていくのが次第に大変になっていった．私が苦しそうにしているのに気がついて，最初の日はボウフェルよりも低い山へ向かうようにルートを変更してくれたのだろう．

　初めて見る湖水地方のすがすがしい風景を楽しむためなら，のんびり歩くのは歓迎だった．何千マイルも離れたスリランカから，ロマンティックな詩を通じて漠然としか理解していなかった風景が，今やありのままの壮観な全容を現してくれたのである．フレッド・ホイルと一緒にこの地を歩くことに感動した．私は，ワーズワースの『抒情民謡集』の序文にあった，詩人と科学者の熱望するものを比較したくだりを思い出していた．

　　詩人と，科学に携わる者とがどちらも持っている知識とは，喜びである．
　　だが一方の知識は私たちにとって，自分という存在，自分が生まれながら

に持っている，誰にも譲ることのできない遺産という不可欠な部分となっている．そしてもう一方の知識は，個人的に獲得するものである．しかも私たちのところになかなか届かず，私たちと仲間とを，習慣的にも，直接の共感によっても結びつけることのないものである……詩はあらゆる知識の最初であり最後である．人間の中心として，決して滅びることのないものなのだ……．

フレッド・ホイルと知り合って間もなく，私は一人の人間の中に詩人と科学者とが同時に存在するとはどういうことなのかがわかったような気がした．それから3時間ほど経って，私たちは昼食をとることにした．登山家が口を揃えて言っているとおり，湖水地方の天気はとても気まぐれで，何の警告もなしに突然変わることがある．それはこの日のことを言っているようだった．太陽は不吉な黒雲に覆われてしまい，今にもにわか雨が降りそうな感じだった．私たちは座れる平らな岩場を見つけた．フレッド・ホイルは，リュックサックからサンドウィッチを取り出しながら，何か考えごとをしている様子で灰色の空をちらりと見やった．私は何気なく「雨になりますか？」と尋ねた．そのときのフレッド・ホイルの答えが，私の科学者としてのキャリアの中で決定的な瞬間になるだろうとは予想もしていなかった．

「そうとは限らない」とフレッド・ホイルは言った．「雲は水蒸気をたっぷり含んでいるようだが，雨が降るには凝結核が必要だ．凝結核は，帯電した分子の断片（イオン）でも細かい塵でもいいが，雨粒が形成されるためには，そういう凝結核が存在しなければいけないんだ」．しばらく考え込んでから，こう付け加えた．「流星塵が雨の核になるかもしれないという意見もあるよ」．

フレッド・ホイルとの交流は長いが，こうした発想が頭の中だけでとどまっていることはめったにないと，このときから気がついていた．フレッド・ホイルは，広範にわたるさまざまな問題を関連づけようとしていたのだった．私の一言が呼び水となって，星間塵との関連性がすぐに浮かび上がってきたのである．地球の大気密度で水滴を形成するのが困難であるのに，1 cm^{3}当たりの原子の数が10〜100個という，はるかに希薄な星間空間の雲でどうして氷粒子の凝固が起こり得るのだろうか？　核形成の問題は，星間空間の氷粒子の場合

第3章　湖水地方のハイキング　　31

についても本当に解決されたのだろうか？　私たちはこれらの問題について，それから毎晩，オールド・ダンジョン・ギル・ホテルのラウンジにある暖炉のそばであれこれ考えてみた．メモ帳いっぱいにペンで走り書きしながら，この問題はオランダの天文学者によって本当に解決されたわけではないと私たちは判断した．したがって，星間微粒子の核形成問題を解決するために，星間媒質よりも密度の高い場所を発見することが，私たちの義務であると思われた．

星々に囲まれて
Betwixt the Stars

星間雲の組成

　1961年秋にカンブリアの丘を2人で歩き回ったことが,何十年も経ってから,生命の起源に関する新しい理論を打ち立てることになる一連の研究のきっかけになるとは,フレッド・ホイルとケンブリッジに戻ったときにはほとんど気づいていなかった.フレッド・ホイルの小説『暗黒星雲』は,現実となることを運命づけられているかのように思われた.

　しかし,はるか彼方に存在する暗黒星雲は自ら光る訳ではない.したがって,宇宙の中で他のものとの相対的な関連で存在するものとして把握しなくてはならなかった.恒星が銀河系にほぼ均一に分布しているのに対して,暗黒星雲は複雑な形態と構造をとっているという点が際立っている.銀河系,つまりわれわれが存在する天の川そのものは,直径が十万光年もあり,太陽とよく似た恒星が数千億個も集まってできている.そしてそれは観測可能な宇宙空間に存在する互いによく似た何十億もの銀河の一つに過ぎない.

　暗黒星雲は星間雲の一種であり,われわれの銀河系の中だけに存在しているわけではない.銀河系外にある銀河には塵吸収帯域が見えるものが多く,その有名なものとしてNGC 4594(ソンブレロ銀河)がある.NGC 4594は,われわれの銀河系を真横から見た姿と非常によく似ている.銀河の中ほどを横切る暗い線は,いくつもの星間雲が複雑に重なり合っていて,それらが集合して背後にある恒星からの光をぼやけさせている.NGC 4594の星間雲では,われわれの銀河系と同様に恒星や惑星が新たに誕生している.そのため,銀河系の成り立ちについて,ある特別に重要な意味を持っていることは間違いない.星雲は,

恒星との関連で存在している位置や密度によって，温度や特性がさまざまに変わってくる．

星間雲の直径は平均約10光年で，普通，星間雲同士の距離は300光年ほども離れている．しかし，これらの星間雲の大きさや互いの距離は，さまざまに異なっているという点に注意すべきである．お互い，割合に小さくまとまって均一に分布していることもあれば，大きく広がっていて分布も不規則になっていることもある．拡大した星間雲は巨大な複合体に見え，微細な雲構造やフィラメントのような細かな構造を示すようになる．これらのいわゆる「巨大分子雲」は，新たな恒星の形成と関連づけられることが多い．

星間雲のどの場所を見ても，そこに含まれている原子の数は，1 cm^{3}当たり10個から数百万個の範囲になると思われる．密度がこれより高い場合でも，実験室での真空システムによって作り出せる密度と比較したらかなり低い値である．だから，通常の条件の下での気体の挙動に対するわれわれの直感的な考え方をすると，宇宙における希薄な空間という条件下で起こることを理解する場合には，見当違いの結果につながり得るということは忘れてはならない．

水素は，星間雲の中で圧倒的な量を占める物質で，次の三つの形態のうちいずれかをとっている．まず，中性水素原子（電子を失っていないそのままの原子），次にイオン化した水素（外側の電子を奪われた原子），そして水素分子（水素原子が二つで1組となったH_2という分子形態）である．水素分子が紫外分光法によって初めて検出されたのは，私が星間物質に関する自分の研究を始めた1960年代終わりのことである．とは言うものの，その存在についてはフレッド・ホイルが既に1950年代には予想していて，SF小説『暗黒星雲』でその説を採り上げてもいた．水素分子のほとんどは密度の高い星間雲に存在する．これは，星間雲が水素分子を解離することができる恒星光の紫外線を遮るためである．銀河系に存在する全ての水素は，その大部分がH_2という分子の形態をとっている．水素の質量の合計は太陽の質量の数十億倍にもなる．

しかし星間雲には，水素のほかに何が存在するのか？ 太陽や恒星の分光法や，隕石（地球外起源の岩石）の直接調査など，さまざまな情報源から集めた情報は，いずれも星間物質の全体的な組成に関係するものである．水素の次に多く含まれている元素はヘリウムで，星間物質の総質量の4分の1近くを占めて

いる．しかし，われわれの考えでは，この元素は不活性ガスであるから興味深いものとは言えない．この後には，炭素，窒素，酸素などの化学元素群が続く．これらを合計すると，星間物質の質量のうちの数％を占めることになる．もちろん，生命に関して重要であるのはこれらの元素である．確かに生命はその作用に関して，炭素原子が独自に持つ化学反応性の高さや，数百万もの興味深い炭素結合化合物などのさまざまな性質によって左右されるものである．さらにこの後に続くのは，マグネシウム，ケイ素，鉄，アルミニウムなどの元素で，これらは合計で星間物質の総質量の1％程度を占める．その後は，カルシウム，ナトリウム，カリウム，リンなどの元素群，そしてその他のあまり豊富には存在しない多くの原子種が続く．これらの全ての化学元素は，恒星の奥深くで水素から合成されたものである．その過程については，フレッド・ホイルが同僚の研究者とともに1950年代に研究している．合成された元素は，恒星表面からの物質流などさまざまなプロセスを通じて星間空間に放出される．質量が非常に大きい恒星である場合，その進化の最終段階は超新星爆発（恒星進化の最終段階）である．生命を形成する化学元素が星間雲へ放出されるのは，超新星爆発のおかげなのである．

星間雲に存在する有機分子

電波天文学とミリ波天文学の方法による星間分子（原子の集まり）の発見は，フレッド・ホイルと私の旅が始まってから，まる10年もかかってようやく軌道に乗ってきた．水素分子に次いで宇宙空間に広範にわたって豊富に存在するのは，一酸化炭素であることが明らかにされている．われわれの銀河系だけではなく，銀河系外にある銀河にも存在する全ての星間炭素の大部分は，この分子形態に結合していると思われる．星間に広く分布する分子で次に重要なのはホルムアルデヒド（H_2CO）で，これは気体の状態で存在し，高密度の雲となっている場合も比較的低密度の雲となっている場合もある．高密度の星間雲，特に誕生して間もない恒星に伴っている雲には，大量の水蒸気が存在する．水は生命にとって重要な分子であり，水が新たに形成された恒星や惑星系と密接に関連していることは，われわれがここで展開しているシナリオにとっても非常に

関連性が高いことを示すものであろう．

　銀河系内の星間分子の空間分布は，周囲温度や密度などの物理的な条件や，雲が高温星にどれだけ近づいているかによって大きく左右される．概して密度が高く温度が低い雲ほど，より多くの複雑な構造の分子を含むことになり，密度が低く高温星に近いほど，分子の構造は単純になる．特に有機分子（生命と関連があると思われる分子）が豊富に含まれている領域は，銀河系のほぼ中心に位置する，いて座の塵雲の複合体である．星間アミノ酸のグリシン（タンパク質を構成する）らしきものが，酢酸や糖類のグリコールアルデヒドの分子とともに最初に検出されたと（仮に）報告されたのが，まさにこの領域である．これらの分子はいずれも，電波受信機をその分子が吸収または放出する放射線の周波数に正確に調節することで検出された．この技術には元々，特定の分子を特徴づける正確な電波周波数をあらかじめ決定しなければならないという困難な点がある．しかし，それさえ決まれば分子を発見するための技術は比較的単純なものである．だが，検出される分子の実際の数はまさに氷山の一角にすぎない．したがって必然的に膨大な量の複合分子が発見されないままになっているのである．

　星間有機分子は電波天文学以外の方法によって検出されている．特に有名なのは赤外線天文学の方法を使ったものだが，赤外線天文学については後の章でもっと詳しく述べたいと思う．大量に存在することが明らかになった有機分子の中で重要なものの一つは，多環芳香族炭化水素（PAH）である．これらの分子は（COと同様に），例えば自動車のエンジンのように，化石燃料の燃焼によって発生する副産物としてよく知られている．そして，大都市圏を汚染する息のつまるようなスモッグの原因の大部分を占めるものでもある．星間空間であっても，このような分子が生物学的に直結する可能性は非常に高く，おそらく生体物質の分解または分解生成物として現れるだろうという話を後の方で取り上げるつもりである．

　星間雲内に複雑な有機分子が存在することは，現代天文学が抱える特に大きな問題の一つである．従来の視点では，原子やより単純な分子から，気体の状態にあるときに起こる反応によって複雑な分子が形成されると考えられていた．しかし，宇宙空間の気体の密度が著しく低い（前に述べたとおり，実験室

での真空状態よりもはるかに低い）ため，星間に存在する気体分子の間で発生する反応は非常に緩やかに進むものとなり，ほとんどの場合，十分な量の複雑な有機分子を生成することができない．したがって，このような分子が存在していることを何か別の方法によって説明しなければならないだろう．

　有機分子が比較的高密度であるのは，銀河系内の新しい恒星（そしておそらく彗星と惑星）が急速に形成されている領域と関係していることが多い．オリオン大星雲は，数多くの若い恒星が存在する領域として特に壮観なもので，それら恒星の周囲には新たに形成された惑星物質が円盤状に取り巻いているのが見える．大量の有機分子は，オリオン座の星間雲複合体の密度の高い部分と関連しているため，このような分子の形成と，恒星や惑星系や，おそらくは生命そのものの形成と結びつけて考えたいところである．しかしこの問題についてこれ以上の言及はフレッド・ホイルと私との旅の終わりの方に譲る．

　原子と分子のほかに，星間雲の至るところに謎の塵成分が存在しているということは既に述べた．天文学者は，この宇宙塵の正確な性質を理解し，このような粒子が形成される環境を発見することに苦心してきた．私が本格的にこれらの物質について調べ始めた1961年の秋，天文学者の間では星間塵粒子は，おそらく凍った水に加えて微量のアンモニアの氷，メタンの氷そしてごく少量の金属を含む，汚れた氷物質からできているというのがほとんど信条となっていたことがわかった．さらに，これらの粒子は星間雲に存在する気体原子や分子がほぼ継続的に凝固したものに違いないと強く信じられていたのである．

ファン・デ・フルストに挑む

　天文学のこの分野における基本原則は，1940年代半ばにオランダの天文学者H・C・ファン・デ・フルストが執筆した二つの古い論文と博士論文とに端を発するものである．私が調べてみると，星間空間の問題にすぐ適用できる物理学の「均質核形成理論」の分野に関する多くの研究にたどりついた．ファン・デ・フルストとその同僚の主張を，その理論による簡単な予測と照らし合わせるのは容易なことであった．すぐに私は，ファン・デ・フルストの考えにいくつかの重要な点での誤りを発見した．そして，すぐに核形成の問題に関するフレッド・

ホイルの推測が正しいと考えた．フレッド・ホイルの推測では，星間空間の極めて希薄なガス雲の中では塵の形成は非常に困難だとしている．フレッド・ホイルが湖水地方で話した雨雲のたとえは，ここでも，しかもより劇的に当てはまる．私の発見をフレッド・ホイルに知らせたとき，フレッド・ホイルが喜んでいたのは明らかだった．すぐにフレッド・ホイルは私に，ライデン大学のファン・デ・フルストと会って，全ての技術的詳細と，それに関して私たちが発見したことに付帯する難題を示すべきだと言った．

そこで1961年11月，私は船でハーウィッチからフーク・ファン・ホランドに渡り，そこからライデンへ向かった．私は，ライデンがいろいろな点でケンブリッジと似てなくもないと思え，興味を引かれた．ライデンは歴史ある大学都市である．ライデン大学はケンブリッジよりも少しだけ若い16世紀の設立だが，ケンブリッジと雰囲気がとても似ていた．ライデンにもケンブリッジと同じようにたくさんの自転車があった．ただ，ケンブリッジに通じている水路はカム川1本だけだが，ライデンには舟が行き来できる水路が縦横に走っている．レンブラントの故郷ということもあって，町は画廊や美術館であふれかえっていた．

だが私のライデンを訪れた目的は，偉大なるH・C・ファン・デ・フルストと対峙することであった．そしてこれもまた，いささかネガティブな意味で記憶に残る出来事になった．ファン・デ・フルストは根っから友好的な人ではあったが，はじめから私を相手に賢明な科学問答をしようという気がなかったのは明らかである．向こうの立場からすると，自分の見解に私が反論したことを無礼であると思っているらしかった．ずいぶん後になってから知ったことだが，ヨーロッパの学者たちは伝統的に崇め奉られる存在であって，その権威に対して，学生はもちろん若年の研究者から疑問が挟まれることなどまずあり得ないということだ．いずれにしても，1961年に会いに行ったときのファン・デ・フルストは，10年も前に自分が先駆者となった粒子の核形成に関する考えを，擁護することができないか，あるいはその気がないように見えた．おそらくこの問題に対する興味を失っていて，新しい研究分野に取り組もうとしているところだったのだろう．すぐに，同僚のJ・メイヨ・グリーンバーグ教授のところに行くように言った．グリーンバーグ教授はニューヨーク州トロイのレンセラー工科大学

に在任中で，私たちの批判に対して古い氷粒子理論を擁護する立場にあった．

　メイヨ・グリーンバーグとの面会までにはさらに数カ月を要した．この章の締めくくりとして，私が氷粒子モデルについて真剣に取り組むようになってすぐに明らかになった主な反対意見についてまとめておこうと思う．確かに，星間空間に水分子が既に存在しているとしたら，それは以前から存在していた塵粒子の上に凝結する可能性があるかもしれない．だが，氷粒子の核となるような塵粒子が存在しないのであれば，凝結が起こるはずはないだろう．そのため宇宙で氷に凝結するプロセスには必ず，凝結核が星間空間に一定の割合で注入されていなければならないのである．存在する気体の密度が非常に低いことを考えると，これらの核が星間媒質自体から十分な割合で生成されることが可能であるとは思えない．ここでの問題は，地球上の大気に水蒸気の雲が形成するための種に関する問題と類似している．大気中に非常に高い飽和状態にある雲を形成することが可能であっても，凝結核がある程度供給されなければ雨にはならないのである．

炭素塵という発想へ
The Route to Carbon Dust

1962年，黒鉛モデルの提唱

　星間空間で氷粒子がどのように形成されるのかという，ほとんど乗り越えられそうにない困難に直面して，私たちは1962年に塵の形成に関する問題に対して違う角度からこの問題に取り組むことにした．塵は，水の氷ではなくて，オールド・ダンジョン・ギル・ホテルで私たちが眺めていた，薪の火から煙突を上っていった煤のような炭素からできているのではないか？　例えば低温星を取り巻く外圏大気や外殻で，かなりの高温になったときに炭素の塵が形成される可能性があると思われる．このような塵粒子は，かなりの高温となる星間領域で存在し続ける際には有利に働くものと思われる．

　だが，天体観測によって星間塵のどんな性質がわかるだろうか？　星間塵の正しい光学的特性とはどんなものだろうか？　恒星光の拡散や吸収と関連してどんな挙動をするのだろうか？　塵は，遠くの星を覆い隠してしまう，まだら模様として目を引くものである．こうした塵の性質について，より正確に定量的に述べることは既に1960年代には可能だったのである．初期の定量研究は主として，霧が街灯を暗くするように，塵が恒星光を暗くしたり赤く変色させたりするメカニズムに限られていた．星間物質が恒星光を暗くする減光を測定する最初の試みは1930年代に行われた．そして恒星光は，4,500Å付近の単一の波長（色）の場合，星間物質を3,000光年通り抜けてくるごとに約2倍暗くなることが明らかにされた．この情報だけでも，星間減光は光の波長に相当する大きさの固体粒子のみが原因となっている可能性があると推測することは容易であった．もし粒子が観測された量の減光の原因となっているのであれば，そ

れよりかなり小さい粒子や大きい粒子が，あり得ないほど大きな密度で存在していなければならないだろう．宇宙空間の塵粒子は，可能な限り効率的に遠くにある恒星光を遮っているのだと思われる．

　観測天文学に新たな技術が登場したことで，星間減光が光の波長によってどのように異なってくるかを正確に測定することが可能となった．これは本質的に類似した二つの恒星のスペクトルを比較する方法で，星間塵によって一方がもう一方より暗くなっていることによってわかる．例えて言うならば，宇宙に街灯が二つあって，一つは近くにあり，もう一つは霧の向こうにあるので暗く見えているようなものだ．このような比較をすることで，星間塵が原因となる減光の波長依存性に関する情報が得られるのである．減光と光の波長との間にある関係を天文学者は減光曲線と呼んでいるが，これによって星間塵粒子の特性に関連した重要な情報を得ることができる．1961年には，この減光曲線は近赤外線の約9,000Åから紫外線に近い3,300Åまでの波長幅しか知られていなかった．この範囲の波長のほとんどについて，星間塵の不透過度が波長の逆数に比例することが知られている．言い換えると，波長が2倍になると不透過度はおよそ半分に減るのである．そして驚くべきことに，天空全体にわたってまったく同じ関係，まったく同じ減光曲線が見られることが明らかになっている．このような関係が示されるのに必要な条件は，ほとんど同じ大きさと特性をもった塵が宇宙空間全体に存在していることである．3,300〜9,000Åの範囲の波長に関して1961年時点で最も優れたデータは，エジンバラ王立天文台のカシ・ナンディが収集したものである．このデータを図1の上のグラフに点で示す．

　図1に示したような一組のデータ点について考える場合，これを解釈するプロセスには「モデル」あるいは「仮説」の構築が必要となる．この場合の「モデル」は，どのような星間塵であれば図1に示したような減光および波長の間にある関係を正確に引き起こすことができるかに関して，情報に基づいた推測をすることだ．

　その後に，考慮したモデルを基に，減光と波長の曲線がデータと一致しているか，そうではないかを計算することになる．もしデータと一致しているのなら，そのモデルは観察結果と一致していると見なすことができ，モデルによる

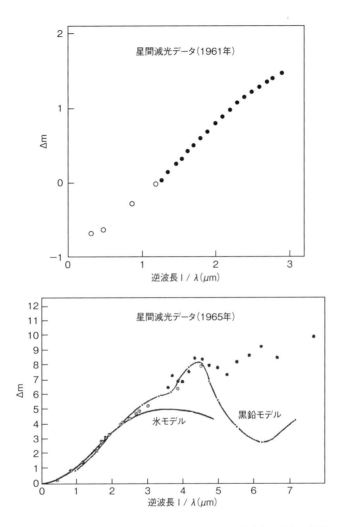

図1 星間塵による恒星光の減光.点は観測された星間減光を示す.上図は1961年のもの,下図は1965年のもので紫外線まで及ぶ.曲線は,氷および黒鉛の粒子それぞれについての計算値である.

データの表現は有効であると言える．またこれと同じモデルによって，まだ収集されていないデータのように，その他の予測を行うことも可能である．そしてその予測が後の観測結果によって正しいことが証明されれば，モデルの事例は裏付けられることになる．その一方で，予測が正しくないことが明らかになれば，そのモデルも誤っているということになる．このようにして科学者は，究極的に真の知識を獲得できることを期待するのである．

1961年に収集された限られた波長範囲の減光データから，氷と鉄も含めて塵に関する広範にわたるモデルを解釈することが可能になった．しかし，いずれの粒子モデルについても，その大きさの定義を狭める必要があった．天文学における減光データを特定の理論モデルに一致させるためには，電磁気理論を用いて，さまざまな半径の粒子の散乱断面積や吸収断面積を算出しなければならない．鉄粒子および氷粒子について，既に行われているこのような計算に基づくと，ある極めて決定的な点で氷粒子が鉄粒子に勝っていることが示唆される．その結果，これらのモデルが星間塵として考え得る候補であることが立証された．特にそのように言えるのは，銀河系には星間塵を形成するのに必要な十分な量の鉄が存在しないと論じることができるからだ．

プログラムを使って検証する

1961年から1962年にかけて，まだPCが普及する前の時代には，新しい粒子モデルの光学的特性を計算するのは大仕事であった．既知の光学定数（屈折率nおよび減衰係数k）を持つ物質で構成される一様な球形の粒子の吸収断面積および散乱断面積は，マクスウェルの電磁方程式から得られる数式を使用して計算することができる．これらの数式はグスタフ・ミーが1908年に数学的に導き出したもので，私の仕事は，これらのいわゆるミー公式を高速電子計算機で使用できるようにプログラム化することであった．これは私が1961年の冬に炭素塵モデルの予備調査のために行ったことだ．炭素（黒鉛）の光学定数は，当時はごくわずかな波長でしか使用できなかったが外挿法によって，観測データが利用できる全ての波長範囲を含めることは可能だった．私は計算を行うため，当時一般に使用されていたFORTRAN言語でコンピュータプログラムを作成

し，ケンブリッジ大学にあったコンピュータEDSAC2で実行した．

　当時のコンピュータは，馬鹿でかくて不器用な機械だった．トランジスタやプリント基板は発明されておらず，大変な数の真空管が使われていたから，コンピュータは大きくて場所をとるだけでなく，大量の空調用のファンを設置して効率良く冷却しなければならなかった．その上，カードリーダーや出力装置が始終カタカタと音を立てていたので，コンピュータセンターというのはひどくやかましい場所だった．EDSAC2はコンピュータセンターの広い部屋をいくつか占領しているのに，計算能力といったら2012年現在使われている平均的なラップトップコンピュータに及ばないのである．私の問題はとても厄介というほどではなかったが，EDSAC2で計算をするにはいちいち事前に使用の予約をしなければならないことだった．したがって，新しいプログラムの開発，特にデバッグの作業は退屈きわまりない仕事だった．1961年12月から1962年1月にかけて何度となくコンピュータセンターに通った末に，私は注目すべき発見をした．炭素粒子の直径がおよそ$0.1\mu m$未満であれば，予測される減光曲線は星間減光の観測値とほとんど識別できないほどの一致をみたのである．

　フレッド・ホイルは，この結果にことのほか喜んでいた．この結果によって，パラメータに依存しないモデルが可能となるからである．$0.1\mu m$未満であれば同じ結果が得られる．氷粒子に関して，観測結果と一致させるために極めて正確な大きさの分布を考えなくてはならない．方向ごとに観測された星間減光曲線が不変であることを考えると，氷粒子の大きさに関するこの制約を解釈することは難しく，モデルの欠陥ではないかとも思われた．また星間媒質の密度はかなり不均質であるため，氷粒子（宇宙空間で大きくなるとして）の大きさは領域ごとにさまざまに変動することが予想された．これは事実に反する．このため，私たちは1961年当時に入手可能であった観測結果の波長帯について，観測された星間減光の挙動を説明する場合に，炭素粒子の方が明らかに氷粒子を上回っていると主張することができた．この場合，炭素粒子の形態をとる物質がどれだけ必要かを計算することが可能だった．その答えから，それが星間雲の総質量の1〜2%になることが明らかになった．すなわち私たちのモデルによれば，星間空間に存在する水素の質量の1〜2%に相当する量は，炭素の形態をとっていなければならないことになる．この結果は星間空間に炭素が存

在する可能性と一致する.

　黒鉛の形態をとっている炭素は非常に安定性が高く, 昇華温度は2,500 Kを超える, 熱に強い物質である. フレッド・ホイルは, 炭素粒子が形成されると思われる場所を探す過程で, 一般に表面温度が3,000 K未満となる巨大な低温星に目を向けた方がいいと提案した. しかしミラ型変光星として知られる豊富に酸素を含む巨星の大部分は適切なものではなかった. ミラ型変光星では酸素が炭素の量を上回っているので, 大気中の炭素のほとんどは結合力の強いCOの形態をとることになり, 黒鉛になるものはないと考えられる. しかし, 炭素星として知られる赤色巨星のR型変光星やN型変光星と呼ばれるものがある. N型変光星の表面温度は, 1年間で1,800 K〜2,500 Kまでの間を周期的に変化し, 大気中には炭素の方が酸素よりも多く含まれていることが知られている. このため酸素が再びCOになっても, 温度が臨界値を下回ったときに固体粒子に凝縮されるだけのCが過剰に存在すると思われる. 再度コンピュータプログラムを実行して, 温度が1,800 K〜2,500 Kの間のときに過剰な炭素がどのような物理的状態になるかを判断しなければならなくなった. 私たちは, 等質の飽和気体における核形成の標準理論を使用して, 温度が2,000 Kに降下するとすぐに, その恒星の大気中で炭素粒子が核形成され成長することを示した. さらに私たちは, 半径が数百Åの黒鉛粒子が最初の核から成長し, 母星からの光の圧力によって星間空間に放出されることも示した. 炭素星の周囲に塵が存在することを強く指摘する観測証拠もある. 強く輝く炭素星の, かんむり座R型変光星がその注目すべき実例である. また, 星間媒質に炭素煤の雲を気まぐれに吐き出す恒星が存在する直接の証拠がみられる. ごく最近のことだが, 天文学者たちも炭素星から放出される熱赤外線を検出しているのだ. このことは熱を持った黒鉛粒子が存在することに合致するものである.

　フレッド・ホイルは1962年のほとんどの間, ウィリアム・ファウラーとケンブリッジを訪れ, 元素合成という大掛かりなプロジェクトに取り組むのに忙しかった. しかしそれでも, ようやく物語が展開し始めたばかりの炭素粒子に関する私たちの研究に, フレッド・ホイルは積極的に関わった. 湖水地方から戻って5カ月と経たないうちに, 私たちは『王立天文学会月報』で発表するために「星間微粒子としての黒鉛粒子について」と題する論文をまとめた. 論文は1962

年5月に提出され，その年の終わりに『王立天文学会月報』に掲載された（F. Hoyle and N.C. Wickramasinghe, *Mon. not. R. Astron. Soc.* 124, 417, 1962）．論文の発表は，私たちがアストロバイオロジーへ向かう第一歩となった．だが当時はそのことにまだ気がついていなかった．フレッド・ホイルと共同執筆した論文の後，すぐに私は『王立天文学会月報』に続けて論文を発表した．星間雲にある炭素粒子の周囲に氷が凝固する可能性も含めた，炭素粒子の特性に関する詳細な計算について説明したものである．また私は，新たに測定した黒鉛の光学定数に基づいて星間微粒子の特性の予測を行った．この方面に私が関心を向けたのは，ベルギーの天文学者C・ギョームのおかげである．その予測とは，もし減光曲線が紫外線まで伸びていれば，2,200Åを中心として強い吸収特性が見られるだろうというものである（N.C. Wickramasinghe and C. Guillaume, *Nature* 207, 366, 1965）．

1963年，ジーザス・カレッジのフェローに

　1963年の大部分のフレッド・ホイルとの交流は，炭素粒子の話のさらなる展開の進捗状況に関する報告に終始した．これは私にとって，熱心な研究者として独り立ちする機会となった．1963年初めには博士論文の執筆に取り掛かるとともに，連邦奨学金の支給期間が満了する1963年9月にはどうすべきかと真剣に考えるようになった．炭素粒子と炭素の形態に関する私たちの研究は，この分野に新たな展望をもたらすものであった．そこで，セイロンに戻って大学で職に就くことは，自分の研究を続けられなくなる可能性があるので興味がなかった．

　フレッド・ホイルの助言もあって，ケンブリッジ大学のカレッジのフェローに志願することにした．ここのフェローになるための競争は恐ろしいほどに厳しい．競争にはあらゆる学問分野から若い研究者が集まってくるので，各分野の第一人者が互いに比較されることになる．選考する者にとってこれがどんなに大変な仕事であるかは，後で思い知らされることになる．ともあれ嬉しいことに，私は1963年にジーザス・カレッジのフェローに迎えられることになった．これで私は研究者として，そしてケンブリッジ大学のフェローとして，人生の

新たな一章を始めることになった．フェローに対しては給与が支給され，カレッジ内に無料の部屋と食事が提供される．ノースコートの新しい建物の部屋に移って，博士論文を仕上げるかたわら，カレッジの学部生を対象とする講義もある程度担当した．

　トリニティ・カレッジのときには，やや孤立した大学院生生活を送っていたのと比べて，ジーザス・カレッジではさまざまな分野からやってきた同僚たちとともにフェローの生活を楽しんだ．当時のジーザス・カレッジの学長は数学者のアラン・パースで，1930年代にフレッド・ホイルや私の父を教えてくれたことがある．アラン・パース学長は私のことをとても目にかけてくれて，おかげで私は新しい環境でも快適に過ごすことができた．ジーザス・カレッジはこれまで天文学での偉大な伝統を築いてはいなかったが，歴史に名を残す優秀な卒業生がいる．初代イングランド王室天文官に任命されたジョン・フラムスティード（1646 - 1719）だ．フラムスティードが刊行した最初の大規模な星表は，記念碑的事業として後に続く観測天文学者にとっての最高の標準となるものである．またフラムスティードは，海上での位置を正確に決定する基準を示して，航海術の分野でも功績を残している．ジーザス・カレッジの私の部屋はとても快適で，私は星間微粒子のさまざまな側面に関する自分の研究を追求することができた．パラダイムの大きな変化がすぐそこまで来ているのを私は感じていた．揮発性の氷粒子から耐熱性の粒子への変化，大部分が炭素原子からなる粒子への変化である．そしてまた，拡散した星間雲の中での粒子の形成から，より密度の高い星間環境での塵の凝縮という発想の変化でもあった．しかしながらその移り変わりは，私が思っていたほど苦もなくスムーズに行われたわけではなかった．

氷粒子か，炭素粒子か

　星間空間の黒鉛に関する私たちの論文が出版されたことで，J・メイヨ・グリーンバーグとその協力研究者をはじめとする米国の氷粒子理論の支持者たちと正面衝突することになった．観測天文学の新しい技術によって，可視域の外にある波長，つまり赤色よりも長い波長（赤外線）および青色よりも短い波長（紫外

線)での星間塵の挙動に関する研究が可能になろうとしていた．赤外線の波長帯の観測は，粒子モデル間の比較のためにすぐに実施された．R・E・ダニエルソン，N・J・ウルフ，J・E・ゴースタッドは初めて，非常に暗い恒星からのスペクトルの$3.1\mu m$の赤外線波長での水の氷が持つ特徴的な吸収特性を探し求めた．1965年までには，いくつかの恒星のスペクトルで水氷の$3.1\mu m$の波長帯が観測されないことが明らかになった．この結果，氷粒子がたとえ存在するとしても，どんなに多く見積もっても星間塵に対する寄与はごくわずかにすぎないという結論に至った．その後，いくつかの天体から$3.1\mu m$の波長帯でも放出されていることが明らかにされた．しかし，これらは一般的な星間媒質に含まれる塵からではなく，高密度の星周雲放出源そのものに局所的に存在する物質から放出されている可能性が高い．

　T・P・シュテッヒャー，R・C・ブレス，A・D・コードは，ロケットや人工衛星に機器を搭載して，$3,000Å$よりも短い波長の電磁スペクトラムの紫外線領域の分光データを最初に収集した．T・P・シュテッヒャーが観測した紫外線の星間減光曲線で最も際立った特徴は，$2,175Å$の波長を中心として幅広く隆起が発生しているところである．これは，図1の下の図で比較を示したとおり，私たちが半径$0.02\mu m$の球形をした黒鉛粒子について計算した結果とまったく同じものである．氷粒子モデルでは，このような紫外線特性を生み出すことは不可能だと思われるため，それが観測結果に矛盾していると言わざるを得ない．

　赤外線および紫外線に関する新たなデータが得られたことは，星間微粒子に関する会合を招集するための十分な理由となった．すぐにJ・メイヨ・グリーンバーグが中心となって，1965年8月24日から26日までニューヨーク州トロイのレンセラー工科大学で会合が開かれることになった．

　私にとってはこれが初めての渡米である．そして当時の記憶は今でも私の頭の中に残っている．ニューヨークのラガーディア空港に降り立つと，私はまる一日かけてタイムズスクエアの高層ビル街の暗い中を歩き回った．しかし最初の驚嘆もつかの間，米国社会の厳しい現実を思い知ることになる．米国の美的感覚と荘厳さに関する概念は，旧世界のものとは著しく異なっている．

　次の日，私は初めての科学会議のためトロイに到着した．フレッド・ホイルと私が提唱した黒鉛粒子理論を擁護する責任が私に大きくのしかかってくる．

私はフレッド・ホイルにも今回の会合に来てもらうように説得したものの，結局出席することができなかった．グリーンバーグは，この会合の司会役であり，ファン・デ・フルストが紹介した人物であり，われわれにとっての宿命のライバルであった．グリーンバーグは利用できるあらゆる手段を使い，断固として氷粒子モデルを擁護する姿勢である．「氷でできた無限円柱の三軸方向の粒度分布」を使って，2,200Åでの減光特性を生み出そうという勇気ある試みは，今回の会合では話にならないほど笑えるものだった．会合で提示されたその他の論文には，NASAのゴダード宇宙飛行センターのバートラム・ドンとテッド・ステッヒャーによる黒鉛モデルに関するものが含まれていたが，このモデルは私たちのものと似ていないこともなかった．この会合全体を通じて最も注目されたのは，おそらくフレッド・M・ジョンソンが数十年も前に発表していた，恒星が発する可視波長のスペクトルには多くの未確認の吸収帯が広く含まれていて，これは葉緑素の派生物（ポルフィリン．植物に含まれる緑色の色素）が原因になっていると主張した論文だったろう．

　1965年から1967年にかけての期間は，フレッド・ホイルにとって特に困難な時期だった．理論天文学研究所の設立を求めてケンブリッジ大学や英国政府と交渉を行ったものの，いたずらに時間が過ぎていくだけでまったく進展が見られなかった．しかし，宇宙科学におけるある重要な発展もあった．それにフレッド・ホイルの競争相手がすぐさま飛びついたのである．1965年，アーノ・ペンジアスとロバート・ウィルソンは偶然に，温度2.7Kで天空の全方向から均一に放出されるマイクロ波背景放射を発見した．ペンジアスとウィルソンは，この放射の原因となり得る全ての要素を検討した結果，この信号をビッグバン宇宙からの残存する放射であると考えた．このいわゆる宇宙マイクロ波背景放射は，定常宇宙論にとどめを刺すものとして説明されている．この発見は大々的に宣伝された．フレッド・ホイルは敗北を受け入れようとしているように見えた．しかしそれは長くは続かなかった．

第6章

理論を打ち立てる
A Theory Takes Shape

炭素粒子理論が評価される

　博士号を取得し，星間微粒子の研究者（ポスドク）として勤務した2年が過ぎ，その間の成果について評価を受けるときが来た．私が1960年に研究を始めたときには，宇宙の塵の研究は不毛な分野であると見なされていた．ほとんどの天文学者は，塵の存在は厄介なものであり，それは遠くの恒星を観測する妨げにしかならないと考えていた．天文学者に必要なのは，塵の存在を埋め合わせることを目的として，測定された恒星光の強度を修正するための単純な規則である．それ以外には塵に対する関心などほとんどなかった．しかし私が研究を始めてから2, 3年経ったとき，この状況が変わり始めているように思われた．星間微粒子は新たな観測機会と技術とともに，新しい発想と野心的な研究プログラムへの道を開く当時の流行となっていった．この分野にフレッド・ホイルと私が踏み込んでいったことが，こうした状況の変化に一役買ったことは否定できないことである．

　1965年8月の会合に出席した世界中の天文学者が，黒鉛粒子に関する私の研究に注目し，そのおかげで新たな道が開けたのである．炭素粒子という考えは多くの共感を得て，氷粒子という勢いのないパラダイムに対する一過性のものにとどまらない反論が示された．特にNASAのゴダード宇宙飛行センターのバートラム・ドンは，炭素粒子理論における核形成の側面をさらに追求することを希望していた．炭素原子の気体がどのようにして凝結核を形成し，その後粒子になるかについて理解することがドンの狙いである．それより何年も前に，ドンとジョン・R・プラットは星間空間における巨大不飽和有機分子の核形成に

関する事例を主張していた．そして今は，炭素星であれば，これと同じプロセスがより容易に起こるのではないかと感じているようだ．いわゆる「プラット粒子」では，恒星光の減光（吸収と再放射）は，電子が離散的エネルギー準位において遷移することによって起こる．私はドンに対して，このプロセスによって観測された星間減光の詳細について説明することは難しいと指摘していた．しかし，炭素粒子の形成について入念に研究することに価値があることは確かだった．1960年のプラットとドンの研究は，宇宙空間で巨大有機分子がどうなるかについて最初の手がかりを示すものだったと思う．したがって，ドンが炭素粒子理論に関する私たちの考え方をさらに調べることには価値があると考えていることにも驚かなかった．そこでドンは，メリーランド大学の物理学・天文学科に呼びかけて，1966年の夏と秋に私を客員教授に迎えるよう手はずを整えてくれた．こうして私は，グリーンベルトにあるゴダード宇宙飛行センターのドンの宇宙化学研究グループと関係を築くことができたのである．センターは，高速道路沿いにあるメリーランド大学カレッジパーク校からほんの数マイルしか離れていなかったのだ．

1965年，コロンボに帰還

ところが，私がドンと会うよりもずっと前に，フレッド・ホイルは友人のウィリアム・ファウラーを通じて，パサディナにあるカリフォルニア工科大学のケロッグ放射線研究所での1965年の秋学期に参加できるように手配していたのである．これらの事態に対応するため，私はジーザス・カレッジの1965年から1966年までの全期間を休学して米国での仕事の時間に充て，残りの時間はスリランカで過ごすことにした．スリランカでの仕事というのは，ケラニヤに新設されたヴィジョダヤ大学での数学の客員教授の職である．ここで私は，最終的にスリランカに戻るという長期的な選択肢について評価できるかもしれないと考えていた．スリランカにいる間に私が自分に課した研究活動は，「星間微粒子」に関する技術論文を完成させることだった．これは，出版社のチャップマン・アンド・ホール（ロンドン）が出している世界の天体物理学シリーズのために依頼されたものである．私はこの仕事が，粒子に関する私たちの新たな考

えを科学の地図の上にはっきり書き込むための重要なステップになると感じていた．

　1965年から1966年にかけての私の計画の第一段階は，期待していたほどの成功を収めることはできなかった．実際，カリフォルニア工科大学のケロッグ放射線研究所での学期のスタートは芳しくなかった．私は初日の夕方に，キャンパスのすぐ外を走る，木の多い通りを散歩しようと決めていた．数分後，私の脇にパトカーが止まると，頭の回転の鈍そうなずんぐりした警官が飛び降りてきて，何で通りを歩いているのか職務質問を始めた．警官は，ここでは誰でも車を利用するから，通りを歩くのは法律違反だと説明した．この事件は私の市民としての自由を侵害するものであり，米国での生活は最初からけちが付いてしまった．

　私は，カリフォルニア工科大学の科学的な雰囲気から大いに刺激を受けるものだと期待していた．何しろこの大学は，世界でも屈指の科学研究の中心地である．だがその期待はかなわなかった．ケロッグでの第1週目は，天文学者たちに粒子に関する問題に関心を持ってもらおうと試みたものの，あまり成功したとは言えなかった．これにはいささか期待外れだった．ここの天文学者はたいてい宇宙論と元素合成というずっと大きな課題に夢中になっていた．最近発見された宇宙マイクロ波背景放射は，このような狭い焦点に対してさらに弾みを与えることになった．星間微粒子に関連する問題に対する冷めた態度は，35年経った今では奇妙に聞こえるかもしれない．後にカリフォルニア工科大学では，赤外線天文学の発展で中心となる役割を果たしている．これは，もちろん星間微粒子の性質に直接関係のある分野である．赤外線天文学は1968年頃には成熟期を迎えることになるが，私が大学を訪れた1965年は，2,3年ほど時期尚早だったのかもしれない．私は予定より少し早く1965年11月にカリフォルニア工科大学を去って，ハワイから東京を経由して故郷コロンボに向かった．

　カトゥナヤケ空港に到着した私は，これからまる5カ月故郷で過ごせることがうれしかった．ついこの間までいたロサンジェルスの迷路のような高速道路と比べると，空港からコロンボの我が家までの道は何だか古くさく思われた．歩行者や自転車や雄牛が引く荷車や自動車やバスが，狭く曲がりくねった道でひしめき合っている．粗野な人たちが混雑した道路を縫うように通っていく．

25マイル（約40 km）ほどの道のりなのに，1時間半もかかってしまった．

5年が経ってみて，コロンボも実家のすぐ周辺も変わっていた．首都コロンボの混雑は激しくなり，汚染もひどくなっていた．私ががっかりしたのは，昔はいつも前庭から見上げていたすばらしい夜空がなかなか見られなくなっていたことだ．我が家の真ん前に街灯が立ち，光害のためにますます視界がかすんでしまい，われわれが宇宙の美しさを享受することは永遠に損なわれてしまった．

新しいスリランカの大学に教授として着任するという経験は，想像していたよりも圧倒されるものであった．すぐに厄介な運営業務に巻き込まれてしまった．これはたぶん，新しい大学組織であれば予想できたことだったろう．だが私は，自分の仕事のこの部分については，おもしろみもやりがいも特に見出せなかった．蔵書の不十分な大学図書館では，私の非常に専門的な分野で第一線の研究を続けるチャンスも遠ざかってしまう．もしインターネットの登場が40年早かったら事情はまったく違っていただろうに！　幸いなことに，私は星間微粒子に関する本を執筆するのに必要な資料を全て持ってきていた．これが，その他の義務の合間に残された時間を使って私にできることだった．後は，ケンブリッジ大学に戻ってジーザス・カレッジのフェローに復帰し，ゆくゆくはフレッド・ホイルの新しい理論天文学研究所の職に就く時をひたすらじっと待つしかなかった．フレッド・ホイルの研究所自体は，1966年7月には制度上も現実のものとなっていた．そして翌年にはマディングリー・ロードに校舎が完成する予定であった．

1966年，プリヤが旅に加わる

フレッド・ホイルとの旅に大きな影響を及ぼすことになる，私の人生で最も重大な出来事はスリランカ滞在時に起こった．私はプリヤ・ペレイラという名のセイロン大学の法学生と出会ったのだ．その後1966年4月に結婚することになる．美しく，聡明で，才能あふれる20歳の女学生が私の人生の物語に登場したのである．プリヤは今でも，私と結婚したことで家族から引き離され，輝かしい法律家としてのキャリア（プリヤの父親は有能な弁護士だった）を捨て

ることになったと冗談半分に不平を漏らす．粒子に関する私の研究が，より一層の物議を醸し出すようになったとき，プリヤは断固として私を支持し励ましてくれた．そしてその闘争的な気質の大部分が，私たちを前進させる重要な要因となってくれた．プリヤは，フレッド・ホイルと私が細心の注意を払って練り上げた考えだから正しいに違いないという直感的な信念に従って，私が待ち受ける悲惨な運命からの激しい批判に耐えられるように助けてくれたと言うこともできるだろう．1966年当時のプリヤは，私と一緒にライオンの住み家に足を踏み入れて，その後何年にもわたって辛辣な攻撃にさらされることになるだろうとは，ほとんど気がついていなかった．

　だが最悪の事態となるのは，まる10年も先のことである．1966年4月，私は人生で2度目の船旅に出た．今度はプリヤというすばらしい女性を伴って，コロンボからサウサンプトンに向かった．私は，家族や友人や生まれた国に別れを告げた．2人でケンブリッジ大学に到着すると，ジーザス・カレッジがジーザス・レーンに用意してくれた共同住宅が私たちの新居になった．私はたった2カ月で再びケンブリッジに落ち着き，友人たちやフレッド・ホイルにプリヤを紹介して回った．

　それから私たちはまたスクリュー蒸気船に乗って，フランスからニューヨークに渡り，さらにメリーランド大学カレッジパーク校に着いた．私たちはここで3カ月滞在することになっていた．プリヤと私は話し合って米国に定住はしないことに決めていたが，このときの滞在では毎週末に50ドルで買った中古のシボレーに乗って，メリーランド州の国立公園やボルティモアやワシントンを見て回った．

　キャンパス内の私のオフィスは，当時オランダ人の電波天文学者ガルト・ウェスタフルトが長を務める物理学・天文学科の中にあった．私は客員教授としてメリーランド大学に迎えられたが，私の役職に対して資金を提供しているのはNASAだったので，私の共同研究者のほとんどはグリーンベルトのゴダード宇宙飛行センターにあるバートラム・ドンの宇宙化学グループ関係者だった．新しい環境，特にそこに定着している職場の倫理観に慣れるのにはしばらく時間がかかった．私はケンブリッジ式の個人主義的な研究に慣れっこになっていた．それはフレッド・ホイルとの共同研究のときでもそうだった．それがゴダー

ドに来てからは，もっと制約の多い共同研究の雰囲気に引き込まれることになった．とにかく話し合うことや，大人数のチームを作って研究すること，あるいは研究しているように見えることが好きなのである．いつも一つの問題に大勢の人間が必死に取り組んでいるという，非常な勤勉さが印象に残った．とは言うものの，そこから得られる成果は必ずしもそこに費やされた人的資源と労力に見合ったものとは言えない．

バートラム・ドンと取り決めていたとおり，メリーランドでの3カ月間に私がすることは黒鉛粒子の形成に関する問題をさらに研究することだった．このテーマについて，フレッド・ホイルと私との共同という形で『月報』に発表されている初期の研究は，バートラム・ドンを中心とする4人の執筆チームが注意深く再検証し，結果を詳述することになっていた．その作業では，いやになるほどミーティングや会議が続き，多くの時間をとられたことを憶えている．しかも，私の滞在期間が終わる頃になっても最終稿がまとまっていなかった．多くの手紙や草案が大西洋の間でやりとりされなければならなかった．そして最終結果となる論文が『アストロフィジカルジャーナル』誌に掲載されるのにはさらに2年もかかった（B. Donn *et al.*, *Astrophys. J.* 153, 451, 1968）．

1966年当時，米国の科学者は英国の科学者よりも普段から研究論文や引用の数をよく数えていた．それは，自分たちの存在を正当化し，自分たちのプロジェクトのために継続して公的資金を獲得できるようにするためである．だが，このプロセスによって感じるストレスが，科学者の健康と福祉の両面でも，また科学の進歩という面でも有害であることは目に見えて明らかだった．今の科学者はほとんど全員が当然のようにこの習慣を見習っており，大学や研究グループはどれだけ短期間でできる限り多くの論文を，いわゆる影響力のある学術雑誌に発表できるかを競い合っている．

1962年から1968年までと，それ以降とに出版された星間微粒子に関する私たちの論文は，いずれも影響力のある雑誌に掲載されている．その影響力が，天文学の流行を揮発性の氷粒子のモデルから耐熱性粒子のモデルへと変える助けとなったのは確かである．私は，粒子と有機物質との間にある関係について次第に考えるようになった．それは，低温星の大気組成の熱力学平衡の詳細に注目したのがきっかけだった．例えば炭素星では，私が米国にいるときに行っ

た平衡計算によると，必然的に大量の炭化水素分子が粒子とともに星間空間に排出されることになる．私は，星間雲から検出されたいくつかの有機分子は恒星を起源とすると提唱していたが，粒子と生物化学と生命との明確なつながりが見えてくるのは，さらに数年を待たなければならなかった．

天文学研究所の開設：実り多き年
The Institute of Astronomy: The Vintage Years

宇宙マイクロ波背景放射をめぐる議論

　1967年の夏，ケンブリッジ大学の理論天文学研究所が完成し形となった．十分に設備が整った開放式設計の校舎が，マディングリー・ロードから入った牧草地の真ん中に建てられた．ケンブリッジ大学天文台と地球物理学科という二つの友好的な組織の間に建てられたのには，戦略的な意味合いがあったと思われる．フレッド・ホイルと対立するマラード電波天文台は，マディングリー・ロードからほんの2マイル（約3.2 km）ほどしか離れていない．だが互いの交流は，地球と月くらい疎遠であったかもしれない．マーティン・ライルとその研究チームは，相変わらず定常宇宙論の誤りを証明するために躍起になっていた．ライルは，さまざまな強度レベルでの電波源計測に関する研究を基に，電波を放射する銀河は宇宙の歴史を遡るともっとお互いに近くにあったように思われるが，これは定常宇宙があり得ないことを示すものであると主張していた．

　しかし定常宇宙論にとっての本当の危機は電波源計測ではなく，絶対零度より2.7度高い温度（2.7 K）の宇宙マイクロ波背景放射が新たに発見されたことだった．定常宇宙論を確かに擁護するためには，ビッグバン宇宙の初期の高温段階と無関係なプロセスによってこの背景放射を説明することが不可欠である．

　私は米国から戻った後，フレッド・ホイルと宇宙マイクロ波背景放射は宇宙マイクロ波ではないという解釈が可能かどうか何度も話し合った．粒子が何らかの役割を果たすかという疑問が当然浮かび上がってきたものの，筋道の通ったモデルを構築するまではなかなか行かなかった．私たちは，等方性の塵雲が太陽系全体を包み込んでしまえば，3度にまで太陽エネルギーを何とか低下さ

せられるのではないかという可能性まで検討した．だがどの案もうまくいかなかった．フレッド・ホイルは，この問題と関係のありそうな奇妙な一致をいくつか挙げて私に注意を促した．銀河に存在する恒星の光エネルギーの密度は，宇宙マイクロ波背景放射のエネルギー密度と非常に近い値になっている．またフレッド・ホイルは，水素がヘリウムに変換されるときに放出されるエネルギーの密度は，宇宙全体（観測可能な宇宙全体の大部分）で平均した場合にも，宇宙マイクロ波背景放射のエネルギー密度と似た値になることも指摘した．こうしたことは全て，星間空間か銀河間空間のいずれかに存在する，完全に吸収し放射する物体（それを黒体という）の温度が，宇宙マイクロ波背景放射の温度である2.7 Kに近いということを示唆している．これを奇跡的な偶然の一致として片付けていいものだろうか？　違う，と私は思った．だがここでの大きな問題は，黒体の吸収量と宇宙空間への放射量の近似値を求めることだった．もし恒星光エネルギーを熱化するための何らかのメカニズムが発見されれば，定常宇宙の中で進行する天体物理学的プロセスに関して，マイクロ波背景放射について説明する希望が見えてくるだろう．とは言え，状況は決して楽なものではない．半径$0.1\mu m$の固形星間微粒子について考えた場合，目で見える恒星光に対しては極めて効率的な吸収体になる．しかし，長波長はほとんど放射しないものと思われる．その理由は次のようなことだ．そのような微粒子は非常に効率の悪いアンテナのようなもので，非常に長い波長，つまり微粒子自体の大きさをはるかに超える長さの波長の恒星光を吸収して，再度放射することには不適なのである．このため，普通の星間塵の微粒子は内部の温室効果によって加熱され15〜30 Kまで温度が上昇し，黒体の温度に近い3 Kを大きく上回ることになるのである．

　しかし，もし微粒子の中に10〜100 MHzのマイクロ波周波数で振動する振動子（発振子）があるならば，状況が変わるかもしれない．その場合微粒子は，あるマイクロ波周波数帯でかなりの放射量を生み出すことになる可能性があると思われる．これはまさしく，われわれが1967年に不純物を含む原子がごく弱く結合した固体の場合に発見したことなのである．フレッド・ホイルと私は『ネイチャー』誌（214, 969-971, 1967）に発表した論文の中で，宇宙マイクロ波背景放射波には，これらの種類の微粒子によって寄与が生じる可能性がある

と思われると論じた．これに続いてジャヤント・ナリカールと私は，スペクトルを詳細に分析し，このようなプロセスによって生じる背景放射の等方性を評価する（天空の全方向に対してどれくらい均質に放射されているか）という二つの試みを行ってみた（*Nature* 216, 43-44, 1967; *Nature* 217, 1235-1236, 1968）．

一方で当時エジンバラ王立天文台を何度も訪れていたときに，宇宙マイクロ波背景放射を非宇宙論的に説明するという別の試みをヴィンセント・レディッシュと共同で行った．私たちは，当時入手することができた固体および液体の水素に関して公表されているデータを見つけた．その中には，水素は星間雲が3Kに近い温度のとき，つまり宇宙マイクロ波背景放射の温度に極めて近い温度で微粒子上に凝固して固相となる可能性がある，と書かれていた（N. C. Wickramasinghe and V.C. Reddish, *Nature* 217, 1235-1236, 1968）．そしてフレッド・ホイルにとっては，これは定常宇宙論に対する情熱を取り戻すチャンスであった．非常にエレガントな論理的議論が展開されることが期待された．宇宙に最も豊富に存在する化学元素である水素が3Kの温度で凝固するというのであれば，重要な結果が得られる可能性がある．厚い雲の中で水素が凝固すると雲の中の気圧が下がり，それによって雲は崩壊する．その後で恒星や銀河が形成されると，宇宙空間により多くの放射を行うために恒星光のエネルギー密度が増加する．そして今度は，局所的な温度が水素の凝固点を上回るとすぐにプロセスが中断される．サーモスタットに似たこのような作用によって，フィードバックを繰り返すことで背景温度が3Kちょうどに保たれるのではないだろうか．この印象的な議論は1968年に発表されている（F. Hoyle, N.C. Wickramasinghe and V.C. Reddish, *Nature* 218, 1124-1126, 1968）．私たちにとって不運だったのは，1967年に私たちが使った熱化学データが不正確で，修正されるとわかったことだ．その後新しく提出されたデータは私たちの旧友J・メイヨ・グリーンバーグによるもので，星間雲で水素が凝固する温度は2.7Kよりも2.3Kに近いことが示されていた．これはもちろん，凝固した水素による宇宙マイクロ波背景放射の説明に致命的な打撃を与えるものだった．私たちは振り出しに戻った．

惑星の形成に関する新しい理論

　だが私たちは，より緊急を要する問題に注意を向ける必要があった．研究所の運営が本格的になり，フレッド・ホイルは私に，われわれの仕事にとって核となる文献を集める仕事を任せてくれた．仕事には数週間を要することになった．そしてもちろん，その他の注目すべき興味深い天体物理学に関する課題もあった．IBMの最先端のコンピュータが研究所のメイン棟近くの建物に設置されたことで，これまで私たちには太刀打ちできなかった計算を要する課題に取り組めるようになったのだ．私は，赤外線の放射特性と吸収特性など，星間微粒子のさまざまな側面についてモデル化する試みを続ける一方で，コンピュータを使用した別の興味深いプログラムについて考えるようにもなっていた．それは惑星の形成に関する問題である．

　この問題自体はそれほど新しいものではなく，イマヌエル・カントが最初に提唱した星雲に関する古い仮説にまで遡る．そしてそれを1796年にフランスの数学者ピエール・シモン・ド・ラプラスが科学的枠組みにまとめた．今では一般的に，太陽と惑星の原材料物質は，かつては星間ガスや塵として希薄な単一の雲を構成していたと考えられている．私たちは，似たような雲がこの銀河に存在する恒星の間に広がっていると考えており，前にも指摘したとおり，このような雲から恒星が集積したことは明らかである．しかし，このようなガス雲や塵雲がどのように分離して太陽や惑星を形成したかについてははっきりしていない．初期の理論として，まず太陽と，それよりもずっと小さい伴星が互いに軌道を描く二重星系が形成され，その後小さい恒星は爆発して物質を円盤状に拡散させ，その物質が凝集して惑星になったと考えられた．別の理論では，雲が凝縮して太陽のような恒星が一つだけ形成され，残ったガスや塵がその後集積して惑星になると説明されていた．そしてさらに，進化の初期段階で恒星から惑星が分離したという可能性もある．

　フレッド・ホイルと私は，この最後の可能性に注目し，ほかの説はいずれにしても理論として成り立たないと考えた．重要な手がかりは，太陽はその軸を中心にしておよそ26日で1回自転するという極めて単純な事実の中にある．もし太陽がガスや塵の雲が集積したもので，星間で見られる雲と同じくらいの

大きさと速度であるなら，太陽は今より数百倍も早く回転していたのに違いないと非常にはっきりと予測できる．実際，太陽は一日の何分の1かの時間で1回自転しているはずである．これは，質量の大きな物体の角運動量は，外からの力によって影響を受けない限り変わらないという物理法則によるものである．その結果，集積したより小さな物体は元の拡散した雲の回転運動量を完全に維持しているために，より速く回転しなければならないことになる．この状況は，バレリーナが腕を体に引き寄せると，より速く回転するのと同じことである．では太陽の角運動量に何が影響を及ぼしたのだろうか？ もし惑星の公転角運動量を全て加えたとしたら，太陽の自転角運動量は無視できる程度である．つまり何らかの方法によって，集積した太陽がはるかに質量の小さい惑星物質に角運動量のほとんどを奪われたものと思われる．

このような角運動量の移動は非常に単純な方法で起こっている．太陽を形成するガスや塵の雲は集積するにつれ，角運動量をためこみ始める．そのため雲は，集積が進むのにつれてますます速く回転するようになるだろう．雲の重力が，特に赤道地域付近で遠心力に耐えられなくなり，平らになり始めるほどの大きな回転力になったときに臨界段階に達することになる．その結果，後に惑星を形成する物質が円盤上に赤道のところで絞り出されるようになる．

この段階で，若い太陽は現在の約10倍の大きさであり，その表面温度は現在のほぼ半分に相当する約3,000 Kであったと私たちは推定した．この時点で放出された惑星物質はわずかにイオン化され（すなわち，原子核と電子とに分かれ），そのために，ハンネス・アルヴェーンの論じたとおりの方法で，親である太陽の磁場に引きつけられることになる．それがこの，太陽から惑星物質への角運動量の移動を実際に引き起こす力（自転車の車輪のスポークのように作用する）であり，その結果として太陽の回転が遅くなるのである．物質が放出される速度は，惑星系円盤が天王星や海王星など，最も外側に位置する惑星の距離まで到達するほどの大きさがあったのに違いない．まさにこのような距離まで，水素やヘリウムなどの最も軽い気体が大量に宇宙空間に放出されたはずである．実際，惑星系円盤の総質量の7分の6は，このようにして太陽系外に失われたのに違いないと思われる．

そこで私は，研究所のコンピュータを使って，円盤が太陽の赤道面に形成さ

れた段階から惑星が形作られたときまでの，惑星物質の化学的な歴史を解き明かすことにした．実際の計算をするのに，研究所のコンピュータだと約25時間もかかった．しかし今では自宅にあるラップトップコンピュータで同じ計算をしてもほんの数分しかかからない．

惑星物質が太陽から分離するときの温度は約3,000 Kである．その中には，水素，ヘリウム，酸素，炭素，窒素，ケイ素，マグネシウム，鉄，硫黄などが，気体原子とイオンとに分離した遊離状態で存在している．太陽から放出される過程で，この物質の温度と密度と組成が変化するが，その変化はよく知られた物理的および化学的な理論に基づいて計算することが可能である．太陽から遠ざかり温度が下がるのにつれて，さまざまな種類の分子種が形成され始める．太陽からどのくらい離れたら，どんな種類の固体粒子や液滴が混合気体から凝縮するかを計算することは可能である．私たちの計算では，このような凝縮は最も内側の惑星までの距離，つまり，水星，金星，地球，火星の軌道内でほぼ正確に起こるはずであるということが示された．この段階での気体の温度は約1,500 Kだが，私たちは，鉄，酸化マグネシウムおよびさまざまなケイ酸塩といった，まさに地球型惑星の構成要素となる物質の微粒子が形成され始めることに気がついた．このような高温では，鉄の粒子は非常に延性的になる傾向があり，このような粒子が互いに衝突することで，大きさが1 m〜10 mのかなり大きな物体が形成されることになる．微粒子の煙は気体とともに吹き払われてしまうが，大きさ1 m〜10 mの物体はそれぞれの惑星が形成される距離まで円盤状に拡散していく．この大きさの鉄とケイ酸マグネシウムの塊はさらに集まり，最終的には地球などの内惑星を形成することになる．

この理論が特に大きな成功を収めたのは，私たちが，なぜ地球などの内惑星が主として鉄やケイ酸マグネシウムからできているか，なぜ太陽から現在ある距離まで離れているのかについて，考え得る説明をすることができたためである．これらの特徴は，惑星物質が太陽から放出されたときの太陽の密度と表面温度，そして含まれているさまざまな気体の熱化学によってほぼ完全に決定されていると思われる．水と二酸化炭素は，地球の距離だとかなり少量しかとらえられず，水和ケイ酸塩や炭酸塩の形態をとっていたと考えられる．これもまた，地球上に見られるこれらの物質の量と関連性がある．

惑星系円盤が天王星や海王星などの外惑星の現在の軌道まで膨張したところで，ようやく二酸化炭素や水の氷が凝集し，まず固体粒子が形成され，次に1 m 〜 10 mの大きさになり，それから何千億もの彗星の大きさの氷結した物体になった．これらの氷結した物体が，何億年もの間に衝突を続けているうちに次の三つの結果が生じた．

1. 氷彗星の中には，軌道が外れて地球やその他の地球型惑星と衝突する軌道に入り込んだものがある．水や二酸化炭素などの揮発性物質は，主にこのようにして地球にやってきた．これが地球上の海洋や大気の成り立ちである．
2. 彗星物体は外にはじき出され，太陽を取り巻く彗星の殻となった．
3. 氷結した物体のほぼ半分が集積して，現在われわれが天王星や海王星として認知している惑星になった．

　この理論が魅力的に思えるのは，太陽系のさまざまな惑星の観測された化学組成と距離とが簡単に説明できるためである．

　外惑星が集積したとき，太陽系全体はまだ太陽系が形成される元になった分子雲の残存物の中をただよっていた．そして彗星の殻が雲の中を通過するときに，私たちが前の章で説明した大量の有機分子や塵を拭い去ってしまう．彗星に初期の星間物質が含まれるようになったのはこのためである．

　惑星の形成に関する私たちの新しい理論は1968年2月の『ネイチャー』誌で発表された（*Nature* 217, 415-418, 1968）．その理論はその後，宇宙空間の星間微粒子や生命の存在に関連する考えに影響を及ぼしたが，それはやがて当時の私たちの想像をはるかに超えるものとなった．星間微粒子の発生源としての惑星の形成プロセスは，巨大な低温星を発生源とする論ほどではないにしても，それくらい重要な理論であった．内惑星が集積したとき，必ずしも鉄やケイ酸の塵だけが，重力のために太陽系から逃げられずに集積して大きな天体になったわけではなかっただろう．かなりの部分が，初期の太陽光の強力な放射圧の作用によって星間物質へと放出されたものと思われる．これは，星間物質に含まれる耐熱性の金属やケイ素の塵の発生源の一つとして考えられる．この後の

章で，われわれの太陽系のように，彗星も含む惑星系がどのようにして有機性の星間塵や生命までも生み出すようになったのかについて取り上げる．

　当時フレッド・ホイルはウィリアム・ファウラーと共同で，銀河系の中心に存在する，まもなく爆発しようとする超高質量星の元素合成に関する研究を行っていた．当然のことながら，そのような爆発する超高質量星から流出する重元素を豊富に含む気体が直接凝縮して塵ができるのかという疑問が起こった．この問題に取り組むために，私はもう一度自分の化学平衡プログラムに基づく計算を実行しなければならなくなった．前に惑星系円盤について説明したのと非常によく似た計算によって，私は，太陽元素組成のガスから，酸化マグネシウムやケイ酸の粒子が超新星の膨張殻の温度が約1,200K未満まで下がったときに再び形成されるはずだということを明らかにすることができた．そこで私たちは，鉄も含めたこれら三つの成分からなる球形の塵粒子に絞って考えることにした．後に，鉄が長いウィスカ[*1]状になる可能性が非常に高いことが明らかにされる．この特徴は，この章の前の方で述べたマイクロ波背景放射の問題と関連すると思われるものである．

[*1] ひげ状の結晶．

変化の風が吹く
Winds of Change

1969年，新たな宇宙時代へ

　英国での生活がようやく落ち着いてきたと自分が感じ始めたときに，人種間の緊張が大西洋の両側で高まりつつあった．1968年4月11日，公民権運動の先頭に立って闘っていたマーティン・ルーサー・キング牧師がメンフィスで凶弾に倒れ，人種暴動の波は米国国内の大都市へと広がっていった．そして驚くほど短い期間で，人種に関する不安のさざ波が英国にも打ち寄せてきた．4月21日，イーノック・パウェルは歴史に残る「血の川」の演説を行った．パウェルは著名な古典学者で，自分の思うところをよどみなく語る．「将来を思うとき，私は不吉な予感に心が満たされる．ローマ人が目にしたように，私には血に染まったテヴェレ川が見える」．そしてさらに，英国は「どうかしてしまったのか．毎年5万人もの移民を迎え入れるなど，まったく正気の沙汰とは思われない」と続ける．そしてパウェルは英国の現状を「自分を火葬するためにせっせと薪を積み上げている」と結論づけた．保守党党首のエドワード・ヒースはすかさずパウェルの演説を非難し，影の内閣から追放した．だが英国に居を構えようとするわれわれは，こうした成り行きに不安を募らせていた．

　私にとって，仕事は慰めだった．フレッド・ホイルと私は，星間塵に寄与する非炭素系物質に関する研究を続けていた．膨張する原始太陽系星雲および超高質量星における固体の凝縮シークエンスに関する論文（*Nature* 217, 415-418; *Nature* 218, 1126-1127, 1968）は，当時の私たちの見解を詳細に示したものである．それから私たちは，星間空間に，黒鉛とともに鉄とシリカによって粒子が構成される可能性について検討していた．しかしながら，ケイ素や鉄

などの元素は，炭素や酸素よりも量が少なく10分の1ほどしか存在しないため，私たちはそのような微粒子を星間塵の減光挙動全体から検出するのは容易な仕事ではないと考えていた．

　この研究を進めている間，フレッド・ホイルはオーストラリアと共同で望遠鏡を建設する政府のプロジェクトに参加していた．フレッド・ホイルは，南半球に天文台を建設する場所の選定のほか，英国から資金を確保するための交渉もしなければならなかった．実際，英国に対してこのような資金提供の約束をとりつけるためには，まず当時の教育科学省長官マーガレット・サッチャーという手ごわい相手を説得する必要があった．フレッド・ホイルはさまざま手を尽した後で，最近テレビで放映された天文学関連の番組は，その他の事実に基づく番組よりもずっと多い数百万人が見たという話をした．それですぐさまサッチャーからの支援を得られた，とフレッド・ホイルは言った．

　1969年の夏は，プリヤと私にとって特別な意味を持つ夏になった．フレッド・ホイル夫人のバーバラが友人のヴィヴ・ハウズと一緒にスリランカを訪れてくれたのだ．私たちは滞在中の2人の世話をすることができて楽しかった．2人には，首都コロンボ4の郊外の心地よい住宅地にある私の実家に泊まってもらい，毎日スリランカのあちらこちらを観光して回った．バーバラ夫人たちに同行した私たちは，今まで見たこともないものや場所を目にした．スリランカで生まれて21年を過ごした私たちでも，この豊かな島にあるすばらしい場所を全部見ているわけではないのである．古都アヌラーダプラやポロンナルワの史跡，高地にある州都キャンディ，茶畑，島の西側の海岸など，いろいろ見て回った．エラ駅で降りた私たちは，「地の果て」にとても強く心を引かれた．最初の朝，泊まっていたゲストハウスが霧で覆われて，私たちは，地球というわれわれの住みかが天空と永遠の宇宙の中に消えていくような奇妙な無限の感覚に襲われた．巨大な石の仏像がスリランカ中部の乾いた地面に立っている光景を目にして，その思いはさらに強くなった．「アニータ（無限）」とは，仏教哲学の中心となるものである．世界には終わりも境界もなく，最後は一人一人がその中へと昇華されていくのである．

　1969年は，空の旅と宇宙の旅という人類の技術文明社会における二つの輝かしい瞬間を目撃した年だった．ライト兄弟がペダル式の旧式の飛行機で空を

飛んだ1903年から66年後，コンコルドが処女飛行のために離陸した．そして宇宙旅行の領域では，初めて人類が月面に降り立った．7月21日の深夜，ニール・アームストロングが月の土の上に第一歩を降ろした瞬間のちらちらする画面がテレビに映し出され，世界中が興奮と驚異とに包まれた．月面での最初の歩行は間違いなくNASAが成し遂げた技術面での偉大な業績であり，称賛に値する成功である．確かに現在に至るまで，科学が最も人々から注目された場面であるし，人類は宇宙最高の支配者であると強く印象づけるものではある．しかしながら，それで天文学に関する知識に前進があったかと言えば，議論はさまざまであった．

それにもかかわらず，1969年に起こったこの二つの出来事は宇宙で行う天体観測という新たな時代への道を開くことになったのである．人工衛星に搭載された新世代の望遠鏡や機器が始動した．例えば，NASAの天体観測衛星2号（OAO2）によって，星間塵の組成に直接関係のある恒星の紫外線スペクトルに関する大量のデータが得られるようになった．2,175Å周辺で際立った紫外線吸収特性が見られることが確認され，紫外線になっても星間減光がさらに続くことが明らかになった．当時フレッド・ホイルと私は，黒鉛粒子が中紫外線領域の減光曲線隆起の原因であり，その他の粒子は，可視光の減光と，極端紫外線のさらなる減光を引き起こすという発想をまだ捨てきれずにいた．しかしOAO2のデータから，どの恒星にも共通して波長の位置が2,175Åでの吸収曲線隆起の中心で変わらないという驚くべき結果が得られた．このためには，私たちのモデルによれば，ほぼ正確に0.02 μmの半径を持つ球形の黒鉛粒子が存在していなければならない．フレッド・ホイルと私は早くも1969年には，これらの仮説の不自然さにいささかの不安を感じ始めていた．とは言うものの，黒鉛に代わるのにふさわしい説が考え出されるのは2,3年先のことであった．

赤外線天文学での相次ぐ発見

また1967年から1970年には，赤外線天文学に新たな分野が登場している．ウィルソン山天文台とパロマー天文台に，液体窒素で冷却した2.2μm検出器が初めて配備され，低温星をはじめとする2万近くの赤外線源カタログが作成

された.赤外線検出技術がさらに洗練されるとともに,標高の高い乾燥した山地に設置された望遠鏡を使用することで宇宙に関する新たな情報が大量に得られることになった.

電磁スペクトルの新たな道が天体放射源の観測のために開かれた.フレッド・ホイルと私の物語に直接関係のある赤外線天文学の最初の発見は,ジョン・E・ゴースタッドとその同僚による研究で,特に赤色の強い恒星からの赤外線スペクトルによっては水氷の存在は認められないことが明らかにされた (*Astrophys. J.* 158, 151, 1969). その後,8～12 μm の中赤外線波長にわたる塵のスペクトル特性を示すその他の発見が相次いだ.この特性は,酸素を豊富に含む低温星や,オリオン大星雲のトラペジウム領域などさまざまな天体からの放射によって観測されている(図2を参照のこと). 結果については,1969年の『アストロフィジカルジャーナル・レターズ』誌の同じ号に数編の論文とし

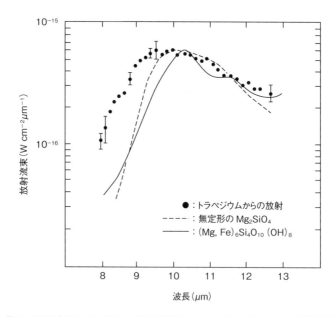

図2 1969年にトラペジウム星団で観測された,加熱した塵からの赤外線放射(点で示したもの).曲線は,無定形ケイ酸塩および水和ケイ酸塩の挙動を示している.8～9 μm の周波数帯にわたって不一致が見られたため,別の可能性として,塵の有機組成物について検討することになった.

て掲載されている．論文を執筆した，E・P・ナイ，F・C・ジレット，J・E・ゴースタッド，W・A・スタイン，N・J・ウルフ，R・F・クナッケ，D・A・アレン，R・C・オイルマンは，カリフォルニア大学とミネソタ大学が運営するさまざまな望遠鏡によって研究を行った．この号に掲載された論文の中には，地球の岩石にも見られるような，マグネシウム，ケイ素，酸素からなるケイ酸塩の混合物で塵ができていることの証拠ととり得る新たな結果が示されていた．だがその結論は早計であった．

『アストロフィジカルジャーナル・レターズ』誌の論文にすぐ続いて，ニック・ウルフとその同僚によって，銀河系の中心にある広範囲の赤外線源にも同じ$10\,\mu m$の吸収特性があることを示す報告が発表された．これはもちろん，問題となっていた特性について，恒星周囲の塵という局所的な発生源に限定されるものではなく，銀河系の中心から10 kpcの距離までに存在する星間塵の特性についてもはっきりと示すものであった．

私は，フレッド・ホイルは友人のエド・ナイからこのような論文が出版されることを2，3週間前には知らされていたと思う．当時ナイは，ミネソタ大学の天文学科長の職に就いていた．ナイは私に，ケイ酸塩粒子は私たちが何年もかけてモデル化した物質データに適合する可能性があると思うかと尋ねた．『アストロフィジカルジャーナル・レターズ』誌の論文をすぐ読んで，私は驚いた．それは，新たに観測された$10\,\mu m$における天文学的特性が，既に知られているケイ酸塩またはケイ酸塩混合物の挙動に十分に適合していなかったためである．鉱物ケイ酸塩も$8\sim13\,\mu m$までの波長を吸収する．言うまでもなく，これではいい加減にしか適合していない．トラペジウムのデータに「最も適合する」ケイ酸塩は，図2に曲線で示した無定形ケイ酸塩と水和ケイ酸塩である．しかしこの特性に一致するのは，ケイ酸塩に限られたものではまったくない．炭素を含むものなど，その他の化学系も候補に挙げることが可能である．ある特性を持ったケイ酸塩の塵が宇宙空間に存在することには異論はないだろうが，宇宙にはるかに豊富に存在する炭素元素と比較したら，どれだけ寄与していると言えるだろうか？

私たちは，$10\,\mu m$の星間物質の特性について炭素に基づいて解釈する研究を1969年には開始していた．分光に関する文献を調べてみて，水素混合物を含

む煤は，この観点からすると適合するスペクトルを持っている可能性があることがわかった．次にフレッド・ホイルと私は，ケイ酸塩と不純な黒鉛粒子からなる二成分混合物の挙動を計算し，少なくとも大体の点で，当時天体観測が可能であった範囲全体に適合する可能性があることを示した．この研究に関する説明は『ネイチャー』誌に論文として発表された (*Nature* 223, 459-462, 1970)．

しかし私たちは少し不十分であることに気づいていた．私たちの合成モデルのスペクトルは，ケイ酸塩の場合よりも波長 10 μm の新しい中赤外線データと適合しているものの，まだ改善すべき点は残されていた．今回利用することができた観測データの信頼性，特に可視光線から赤外線の波長にわたる減光曲線に関する信頼性を考えると，より完璧な形でモデルと一致していることが求められる．また私たちが以前に取り上げた，同サイズの完全な球形をした黒鉛粒子に関する理論上の要件を正当化するという問題もまだ残っている．そして最終的には，可視減光曲線の形状がほとんど不変であることをどうやって説明するか？ 少なくともこれらの問題のいくつかを解決するという観点から，私たちは，二組成ではなく，黒鉛，ケイ酸塩，そして鉄の粒子からなる三組成粒子モデルについて考慮することにした．これによって結果は改善されたが，まだ完璧とまでは言えなかった (Wickramasinghe and Nandy, *Mon. not. R. Astron. Soc.* 153, 205-227, 1971)．固定する必要がある組成比に従って任意でモデルの組成を増やすことも懸念される原因だった．

1972年，ホイルはケンブリッジを去る

しかしそれから数年間，フレッド・ホイルはそれまで熱心に携わっていた多くの活動のために，この研究プログラムに直接関わることが難しくなった．かつての宇宙論に関する論争はまだ続いていたし，天文学に関する国策に関わる立場になっていた．これに関する委員会での調査活動の時間があまりにも長くて，研究のための時間を奪われただけではなく，その膨大な独創性も削られてしまった．しかし何より退屈な仕事は，ケンブリッジ大学と政府から理論天文学研究所への再支援を取り付けるための交渉だった．フレッド・ホイルには，この研究所をどうやって次の5年間につなげていくかに関して非常にはっきり

した見通しを持っていたが，フレッド・ホイルの敵対者には違う見解を持っている者もいた．研究所はわずか4年の間に大きな成功を収めていたものの，早くも1971年の夏にはその存続が危うくなっていると告げられたのである．フレッド・ホイルは自叙伝『故郷とは風が吹くところ』の中で，このときの話を詳細に書き記している．だからあえて繰り返すことはしないが，事態は堪え難いほどに悪化し，結局1972年1月にフレッド・ホイルはケンブリッジ大学に辞表を提出した．

　まだ春先だったが，そのニュースを聞いて私たちは愕然とした．その頃のケンブリッジは，一年で最も素晴らしい時期を迎える．冬の緊張感と荘厳さは薄れ始め，穏やかな裏庭にはスノードロップやクロッカスやラッパスイセンが咲き乱れていた．灰色に長く続く中庭の石畳は日に当たってかすかに光り，赤や紫の深い輝きを見せた．こんなにも美しい世界に不吉な風が吹き抜けるとは，何て現実は残酷なのだろうか．それから数週間，私は大きな変化が起こりつつあるという感覚にとらわれていた．1972年4月にジーザス・カレッジで開かれた「レディース・ナイト」の晩餐会の席に妻と座っていて，こんな経験ももうできなくなるのだろうかと考えていた．ケンブリッジ大学で開かれるこのような晩餐会(毎年数回は開かれる)はユニークな社交の場で，それ相応な豪華さがある．ほかの目的で使用することのできない寄付金で大部分が賄われているという．晩餐はともかくも，私はフェローだった10年間に多くの特権を享受してきた．しかし何よりもフレッド・ホイルの近くで研究できたことこそが私の特権だった．

カーディフでの日々
The Cardiff Era

ケンブリッジからカーディフへ

　私は妻や家族と一緒に，1972年の夏のほとんどをスリランカで過ごした．高速通信の時代がやって来るのはまだ先のことだった．ファクスや電子メールやインターネットの登場まではまだ20年もあり，国際電話は高額だった．だからインド洋にポツリと浮かぶ島で気ままに過ごしていると，ありがたいほど，そして奇妙なほどに遠くまで来たものだという気分になった．

　私は子どもの頃から，どうしようもなく海に心を引かれた．そういう人は数多くいるはずだ．生命は海から誕生したという理論が起こったのは人間が海に魅力を感じているためだが，私は後になってその理論に反論することになる．反省と瞑想とをする手段として，フレッド・ホイルはいつでも険しい地形を前にして思考をすすめることを好んだものだった．だが私は，一瞬のうちに心を通わせることができる浜辺と海を選んだ．海の彼方から次から次へと波が押し寄せてくる．ほかには後ろでときどき汽車が通りすぎる轟音しか聞こえない．そして，いらだちはほんの一瞬薄らいで，大きくうねる海へと消え去っていったものだ．太陽はいつも午後6時半頃に沈んだ．赤道にとても近いスリランカでは日没の時間は短い．日没の空の色は雲の配置によって大きく左右される．時として日没はすばらしい光景を見せてくれる．期待外れに終わるときもある．まるで人生そのものの浮き沈みを反映しているようだ．

　この夏，私はケンブリッジで過ごした日々を懐かしく振り返りながら，それが今終わろうとしていることを恐れていた．そしてまた，当然のようにフレッド・ホイルとの共同研究も終わってしまったかのように思われた．私はどうやっ

て自分のキャリアを形作っていけばいいのだろうか．プリヤは2人目の子どもを身籠もっていて，そのことも将来への思いに大きく反映されていた．

10月にケンブリッジに戻ってみると，実際の状況はますますはっきりとし始めていた．研究所に足を踏み入れたとき私は悲しみに襲われた．葬儀のために実家に帰った気持ちになった．そこはまるで生命と霊魂が去った後に残された抜け殻だった．フレッド・ホイルは8月の半ばに研究所の仕事を辞めていて，もうここには戻ってこない．クラークソン・ロードの家も辞職後すぐに売ってしまっていた．フレッド・ホイルとバーバラ夫人は人生の次の段階に入ってしまったのだ．今はカンブリアのペンリス近くにあるコックリー・モアに落ち着こうとしていた．フレッド・ホイルが愛してやまない湖水地方の土地だった．

私の研究所での任期は学年度の終わりまで残っていた．その後どうするかについてはフレッド・ホイルの後任の所長が決めることになっていた．フレッド・ホイルのいない研究所には何の興味もわかなかった．だから研究所に残してもらったとしても，そこで何をすればいいのか想像もできなかった．スリランカの大学に空きを探すという手も考えていたものの，そこに長居するのもあまりおもしろいことではない．自分が取りかかっていた一連の有望な研究を先に進めたいという熱意は残っていたが，スリランカの科学文化ではそのような冒険に資金を提供してくれそうになかった．そもそも国自体が経済問題に早急に対処すべき状況にあったのだ．

そこで私は英国の大学で仕事をさがすことにした．最初に目に留まったのは，カーディフ大学の応用数学・数理物理学科の学科長の仕事だった．フレッド・ホイルは英国の天文学界から退いてしまったわけではなかったので，私はこの仕事についてフレッド・ホイルのところに相談に行った．フレッド・ホイルは是非応募するようにと助言してくれた．私はそれに従い，そして願書は受理された．採用面接のとき，カーディフ大学のビル・ビーヴァン学長は私に向かって，カーディフに天文学科を開設したいと強く願っていること，将来的にはフレッド・ホイルにもこの計画に参加してもらいたいことを明言した．私はそんな魅力的な提案があっていいものかと思った．そこでカーディフでの職に就き，1973年の夏から仕事を始めることで同意した．

ケンブリッジ大学での残り数カ月は，その年早くから取りかかっていた

『*Light Scattering Particles for Small Particles with Applications in Astronomy*(微小粒子に対する光散乱粒子の天文学への応用)』と題した本の執筆に専念した．この本の大部分が表とグラフで占められているのは，天文学者が問題解決に必要になったときに，光学粒子の断面をいちいち計算するという退屈な仕事をしなくてすむようにと意図してのことだった．そして，本は1973年に出版された(*Light Scattering Particles for Small Particles with Applications in Astronomy*, John Wiley, 1973)．その後数年間は，関連するプログラムや高速の電子計算機をすぐに利用できない多くの星間塵の研究者によく読まれていた．しかし1980年代に入ると状況は劇的に変化した．手頃な価格でパーソナルコンピュータが入手できるようになり，さらにインターネットが登場したためである．今ではこのような情報はインターネットを通じてすぐに利用できる．それでも私の本は今でも一部では読まれていて，時折参照されているようだ．私の「赤い表紙の大きな本」を熱烈に支持してくれた一人はフレッド・ホイルだった．フレッド・ホイルはたとえ勧められてもPCを使おうとはしなかったし，言うまでもなくインターネットも利用しなかった．1980年代初めになってようやく，必要に迫られてヒューレットパッカードが発表したプログラム可能なハンドヘルド計算機とファクスを導入したくらいである．

1973年，天文学科の創設

　1973年の夏の初め，私たちはケンブリッジシャーのバートンにある家を引き払い，幼い子ども2人を連れてカーディフに引っ越した．私たちが新居を構えたリスヴェインはカーディフ郊外の町で，穏やかにうねる山々を見晴らす場所にあった．ケンブリッジ周辺の平坦な沼地とはすっかり景色が変わった．私がカーディフで任された職務にはいささか圧倒された．仕事は決して楽なものではない．学科に以前からいる職員からの嫉妬や敵意と闘わなければならなかった．あきらかによそ者である私が学科のかじ取りをするのだから，なおさらのことだった．しかしながらビル・ビーヴァン学長と大学の評議会の上級委員からの惜しみない支援のおかげで，私は大きな改革を成し遂げることができた．任期の1年間で，学科の名称を「応用数学・数理物理学科」から「応用数学・

天文学科」へと変えた．そしてすぐに天文学の講師を4人任命した．新任の講師を選定する際，どの研究分野から招くべきかで板挟みの立場を味わった．もし4人とも星間塵の分野から招いていたなら，私の専門で世界に誇れる強力な研究グループを編成することができただろう．だが恩師フレッド・ホイルの例とケンブリッジの研究所での経験にならい，できる限りさまざまな分野から講師を任命することにした．まずプラズマ物理学，次に銀河における化学進化，それから星形成論，最後に相対論的天体物理学である．1年後，私は観測天文学科長として皆から支持されることになった．おかげで研究グループは，より多様性に富み，バランスのとれたものとなった．1973年の私の選択は，1カ所にいろいろな花の種を蒔くか1種類の花の種を蒔くかの違いだった．いろいろな種を蒔けば，すばらしい花畑になるだろう．これはカーディフで起こっていることだ．カーディフは英国でも屈指の天文学研究の中心地へと発展したのである．このような多様性は今日ではほとんど目にすることがなくなった．それは研究分野があまりにも専門的になりすぎて，さまざまな分野から人がやってきても互いに共通の言語で話すことができなくなり，同じ課題に取り組もうとしていることさえ理解できないためだ．

　1974年の春が終わるまでには，私は移転に伴う整理を終え，ちょっと一息つくために再び北米に向かった．今度の行き先はカナダのオンタリオ州ロンドンにあるウェスタン・オンタリオ大学だ．プリヤと私はすぐにカナダのことが気に入った．お隣の米国よりもずっといい関係を結ぶことができた．カナダは，文化や価値観などについてヨーロッパとよく似たところがあったので，この国のことをよく理解できたのである．この物語の決定的な瞬間となるに違いないブレイクスルーを私が経験したのは，カナダでの3カ月間の仕事をしているときだった．前の章で$8 \sim 13\,\mu m$の天体スペクトルのためのケイ酸塩モデルの適合性に満足していないという話をした．そこで私はもっと良い解答を探していたのである．

宇宙の有機物質

　私たちは既に，煤に含まれる水素不純物によってモデルを部分的に改善でき

ることはわかっていた．しかし，このような波長帯での吸収の強度はあまりにも弱すぎた．いずれにしても，当時関心が集まっていたケイ酸塩による説明に代わる説を主張するのであれば，データへの適合をより完全なものに近づけた方がいいことは明らかであった．私は，頭の中ではこうした発想を駆け巡らせながら，ケイ酸塩モデルが8～13 μmの波長帯に適合しないということは，何かもっと大きな発見が隠されているのに違いないという気がしてきた．私たちが1969年に発表した論文に説明されている炭素と水素のモデルは，ある意味，有機粒子モデルの可能性を避けて通るものだった．しかし組成が炭素である塵が，単なる黒鉛ではなくて実は有機物や有機ポリマーなどであったら，一体どうなるだろうか？　ファン・デ・フルストの氷粒子モデルがありそうな組成と考えられているのは，原則として少なくとも酸素は水素と化合して安定した水分子を形成する可能性があると思われるためである．それと同様に，星間空間に存在する炭素原子は，水素や酸素と化合して驚くほどに多様な有機化合物を形成するかもしれない．そのための基本的な化学元素ならば，少なくとも星間塵の特性を説明するのに十分すぎるくらいの質量が存在していると思われる．

　今では星間雲の中に分子ホルムアルデヒド（H_2CO）が遍在していることがわかっている．密度の高い分子雲の中だけではなく，密度の薄い星間媒質の中にも存在するのである．もしこのような分子が，それ以前に恒星から放出されていた黒鉛やケイ酸塩の粒子の表面で凝集したり重合したりしたら一体どうなるだろうか？　ウェスタン・オンタリオ大学の図書館でホルムアルデヒドの特性に関する本を調べていて，まもなく私はホルムアルデヒドがケイ酸塩の表面で簡単に重合する可能性があることを発見した．また思いがけない幸運によって，大学の化学科にホルムアルデヒド重合体の第一人者という人がいることがわかり，私はその人との話から多くの収穫を得た．そして単純な計算によって，星間雲という条件の下でもホルムアルデヒド重合体がかなりの量まで形成されることがわかった．次に私は，さまざまなホルムアルデヒド重合体の光学的特性と赤外線特性に注目した．すると，こうした重合体は，観測が必要な可視波長では誘電体（つまり，吸収体ではない）であることがわかった．そして最も驚いたことには，ポリホルムアルデヒド（ポリオキシメチレン）は8～12 μmおよび16～22 μmの吸収帯を持っていたのである．これは図3に示すとおり，

既知のケイ酸塩の場合と比べてはるかに天体データに適合するものであった．これこそがブレイクスルーの瞬間だった．そして2週間以内で「星間微粒子に含まれるホルムアルデヒド重合体」と題した論文を『ネイチャー』誌に提出した．論文は掲載され（Nature 252, 462, 1974），一般紙の科学コラムで大々的に取り上げられもした．これは銀河系の至るところに有機重合体が存在することを最初に提唱する論文であり，カーディフに新しく編成された応用数学・天文学科から発表された最初の論文でもあった．

論文が出版されて数日経った頃，プラハのカレル大学のV・ヴァニセク教授が検討すべき意見を携えて私を訪ねてきた．重合したホルムアルデヒドやその他の有機重合体は，彗星の塵の主な組成となる可能性もあるというのである．当時，彗星は汚れた雪玉であると考えられていた．つまり，大部分は無機物の氷で，そこにケイ質や金属の塵が少量の不純物として付着しているというのである．彗星が太陽系の内側に入ってくるとき，大きくなる彗星のコマに含まれ

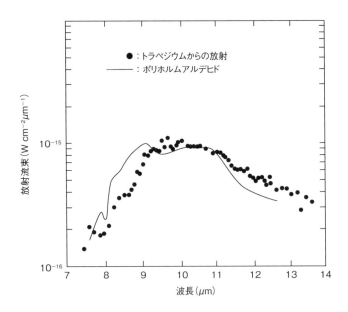

図3　トラペジウム星団からの赤外線放射（点）と，300 Kまで加熱されたポリホルムアルデヒドの塵（曲線）との挙動と比較したもの．これは1974年に，星間塵として有機高分子の塵を支持する最初の論拠となった．

る分子種は，氷が溶けてできた生成物が「親分子」と考えられていた．重合したホルムアルデヒドを含む彗星では，OH（ヒドロキシルラジカル），CN（シアンラジカル），C_2（C_2ラジカル）などのコマのラジカルは，このような重合体が分解してできたものと考えられる．私たちは協力してこの着想をさらに調べていった．そのうちに，この可能性が次第にありそうなことであると思われてきた．ホルムアルデヒド重合体は500 Kの温度では安定した状態であるため，新たに発見されたコホーテク彗星（1973f）が太陽の0.5 au（天文単位）以内に接近したときの10 μmのスペクトルの変化は，このモデルでは一貫性があることが示されたのである．こうして有機物の彗星という発想が生まれ，その根拠を示す論文を共同で執筆して『天文物理学と宇宙科学』誌で発表した（V. Vanysek and N.C. Wickramasinghe, *Astrophys. Space Sci.* 33, L19-28, 1975）．論文の発表によって，星間塵と彗星塵の両方が有機重合体からできているという可能性が確かなものとなった．

　私の物語はこの時点まで，天文学の主流となる考えと特に対立しているということはなかった．それは確かに，このような革新的な意見を提唱する私たちをしぶしぶ称賛しているという節はあった．まもなく私のところにアラン・クックという研究生がやってきて，ホルムアルデヒド粒子のより詳細なモデル作成に取り掛かってくれた．また，SERC（英国科学工学評議会）からの助成金を獲得できたことで，有機重合体の光学的特性に関する実験研究を行えるようになった．1975年から1977年まで，私はSERCから多くの助成金を受けたことで，カーディフに共同研究のために外部から何人もの人材を招くことができた．

宇宙に生命を探す
The Search for Cosmic Life

1976年，共同研究の始まり

　カーディフ大学に着任してから2年経ち，私はフレッド・ホイルを名誉教授に任命することに成功した．これはつまり名目上ではあるが，フレッド・ホイルに私の研究メンバーに加わってもらうことである．その結果，大学を通じてフレッド・ホイルの論文を紹介できるようになった．一方で大学も，フレッド・ホイルとのつながりができたことで多くの栄誉を得ることになった．1975年から77年までの間，フレッド・ホイルは大部分の時間を米国で過ごしていたため，カーディフに姿を現わすことはめったになかった．そうではあっても，私はフレッド・ホイルの動向を追いながら，何とかして有機重合体に関する私たちの研究について最新の情報を知らせるようにしていた．

　カーディフでの私たちの取り組みのほとんどは，ある特定の天文学的放射源からの8～13 μmの放射特性にわれわれの微粒子モデルを最適な形で適合させることに向けられていた．その放射源がつまり，オリオン大星雲のトラペジウム領域である（図2と図3を参照のこと）．私たちはこの放射源を，容認され得る微粒子モデルの試金石になると考え始めていた（この放射源のモデル化はとりわけ単純なものとなった．それは，150～300 Kまでの範囲内の温度で粒子が放射するという状態で，赤外線において光学的に薄いものだったためである）．ケイ酸塩スペクトルに関して特に目立つ不整合性は，8～9 μmまでの波長でのケイ酸塩の放射率が欠けていることに現れている．ここで難しいのは，これが無定形ケイ酸塩や水和ケイ酸塩など，あらゆるケイ酸塩に対して特有だという点だ．宇宙空間の条件をシミュレートすることを目的として，月の石も

実験室内で照射されたケイ酸塩も同様に比較のために考慮された．しかしうまくいかなかった！

　ケイ酸塩の仮説にこだわる必要があった天文学者たちは，あるトリックを思いついた．分光法による特定という標準的な論理を覆したのである．そのためにトラペジウム星団の天体スペクトルが，放射源の不透明性について推論を立てるために使用された．このような不透明性を持つ仮説上の物質は，現実世界に対応するものが存在せず「天体ケイ酸塩」と名づけられた．私たちはこの方法にまったく納得がいかず，「ごまかし」だとして公然と非難した．この未知のケイ酸塩であっても最後の章で取り上げた有機重合体モデルであっても，トラペジウム星団のデータに整合することは今日に至るまでない．私たちは，銀河系全体という巨大な規模で有機重合体が存在するという明白な証拠があるように思っていた．ホルムアルデヒドやその他の分子だけではなく，タールに似た重合体混合物の混合鎖といった共重合体を含むモデルは，明らかに一つのゴール，つまり生命へとつながっている．もし私が1960年に研究を始めた星間微粒子が生物学と確かに関係があるとしたら，生命そのものとも関係があるのではないだろうか？　この疑問は，いろいろと深い意味で従来の発想に対する正面攻撃を意味するものだったので，この段階でフレッド・ホイルにも加わってもらいたいという衝動に駆られた．

　まず1976年初めに，フレッド・ホイルに宛てて，分子雲に含まれる重合体粒子は生命誕生のプロセスの始まりを示すもので，だからこれまでに考えられてきたのとは比べ物にならないほど大きなスケールで生命は出現し，進化したのだということを初めて論じた手紙を出した．フレッド・ホイルの最初の反応は，予想していたよりもはるかに慎重なものだった．この点については特に強調しておきたい．フレッド・ホイルは私との共同プロジェクトに対して，せっかちなくらいに批判もせず取り掛かるものだと誰もが認識していた．だが真実はまったく違う．フレッド・ホイルは，私たちの共同研究の各段階で出された急進的な意見に対して非常に批判的だった．裏付けとなる圧倒的な論拠が出たと確信するまでは，急進的な意見に対して徹底的に反対の立場を取り続けた．これぞまさしく真の科学者としてのあり方である．

　手紙や論文をかなりやり取りしてから，1976年8月にフレッド・ホイルと私

は，粒子に含まれる有機重合体は分子雲が崩壊するときの粒子同士の衝突によって，ダーウィン説にのっとった生命誕生以前の前生物的な進化を遂げる可能性があるということで意見が一致した．有機タール粒子は粘性が高く，衝突してくっつき合うことで粒子の塊が形成されると考えられる．このような粒子の塊は気体中のその他の有機分子も取り込んで，時には紫外線の働きにより化学変化を起こし，凝集状態になる．生物学についても遠回しに言及した私たちの最初の論文「炭素質コンドライトに含まれる原始粒子塊と有機化合物」(*Nature* 264, 45-46, 1976)では，このようなことを述べた．

単純なアミノ酸(グリシンなど)は，生命のゆりかごとも言える濃密な分子雲の中で形成されると思われる．

1976年当時，このような仮説はとんでもない異端と見なされたが，2004年の今は明白なことと思われている．

火星探査と生命の可能性

1976年後半には，私たちの物語のずっと後になってから関係してくる，ほかの出来事があった．私の主張の本筋から外れる恐れはあるものの，年代順に話を進めていくというだけの理由で，その出来事についてここで報告しておきたい．

宇宙探査が勢いを増してくるのにつれて，太陽系に生命が存在するかどうかにも注目が集まっていた．火星で二つのミッションが無人で実行された．1976年7月20日には「バイキング1号」が，1976年9月3日には「バイキング2号」があの赤い惑星に着陸したのである．各ミッションは，火星の周囲を回る「オービター」と，選ばれた地点に実際に着陸する「ランダー」とで構成されている．2機のランダーは無事に目的地に着陸した．ランダーには，微生物の存在を現地で確認するための機器が装備されている．この実験は極めて重要なものであり，あらゆる意味でその後考えられた以上に生命の検出をはっきりと示すものだった．

ある実験(指定されたLR[*1]の是非を調べる実験)では，地球上のさまざまな微生物の培養に普通に使用されているニュートリエントブロス[*2](炭素の同位体標識のついた)が消毒されたフラスコに入れられ，そこに自動で火星の土壌が加えられた．そしてバクテリアが存在する場合として予想されたとおり，土壌によって栄養分が消費され，フラスコから気体(CO_2)が排気されていることがわかった．別の実験では，土壌サンプルを75℃まで3時間加熱し，それから栄養分を追加した．すると90％も気体の放出が減少したが，重要なことに反応が完全に止まることはなかったのである．75℃の温度でも生存できるバクテリアや真菌胞子がいたため，第2の実験の結果も，特に時間の経過につれて活動は以前の高い値へと次第に回復するなど，生物学的に説明のつくものとなった．バクテリアによる説明は，土壌を十分に加熱して微生物を完全に殺すことで全ての活動が停止したという3番目の実験結果によってさらに裏付けられることになった．しかしながら，「バイキング」の一連のミッションに含まれていた別の実験は当初，生物学との折り合いをつけるのが困難であった．この実験は指定されたGCMS(ガスクロマトグラフ質量分析計)によるもので，質量分析計を使用して火星の土壌の有機含有量を分析する実験である．この実験では残念なことに有機物は認められず，そのような物質が存在しているとしても，ごく少量に過ぎないという結果が示された．

　LR実験では間違いなくポジティブの結果だったのに，GCMS実験ではネガティブの結果が出たためにNASAは困難に直面することになった．結果は不確定のものとして一般に公開されるべきであった．しかしNASAでは1976年から1977年にかけて，「バイキング」の実験は生命の存在を裏付けることができなかったと発表する方を選んだ．火星はまったく生命の存在しない惑星であるというNASAの声明は1976年に大々的に報じられた．ほかの非生物学的説明を求める必要があり，結局それがいずれ発見されるであろうというのがNASAの見解であった．その後，これに関する説明も発見もない．したがって先に示した三つの証拠により，「バイキング」のランダーが生命を発見したという根拠は今でも有効である．しかし今でも当時を振り返ってみても，このこ

[*1]　Labeled Release(標識放出)．
[*2]　nutrient broth(栄養培地)．

とを認めるのに非常に大きな抵抗がある．その後のNASAによる広報は，かつて川が火星の地表を流れていたとき，生命が存在していたことに関連するものばかりである．おそらく，正しくない理論を支持したという事実を隠すために覆い隠されてしまったのだろう．大きな政府の科学とメディアとがともに間違いを犯したとき，それを正そうとする真剣な努力は払われることはない．世間が注目する中で，公的資金によって行われた科学から大した成果はあまり期待できない．科学は静かで，思慮深い活動である．だから現代の平等主義的な，あるいは全体主義的な社会の中ではそのような科学は繁栄することはできない．

　1976年の「バイキング」の生物学的実験の主任研究員だったギル・レヴィンは私の友人である．そのギルが，一般には公表されていない多くのことを打ち明けてくれた．例えば，火星での一年間にわたってバイキングのカメラで撮影した連続写真を調べたところ，春になると岩山の上がかすかに緑色で覆われているのが見えたそうだ．この色合いは冬になると見えなくなったため，地衣類[*3]のような微生物が成育しているものと考えられる．しかし，こうした発見に対するレヴィンの見解はNASAの上層部に受け入れられなかった．それから間もなく，レヴィンは独自に研究を進めるためにNASAを退職している．そして数十年にわたって実験を続けた結果，非生物学的モデルではLR実験のポジティブな結果を説明することはまったく不可能であるだけでなく，GCMS実験で明らかにされたとおり遊離した有機物が大量に存在しないと，この検査方法では土壌の有機含有量の検出はできないことが判明した．それは，生命に苛酷な条件となっている火星上では微生物の増殖が制限されていることで説明できることを示している．

　2001年4月，火星探査機「オデッセイ」は，火星の周囲を回って地表面の水素，水，鉱物の分布を調べるために打ち上げられた．アーサー・C・クラークの大作『2001年宇宙の旅（*2001: A Space Odyssey*）』にちなんで命名された「オデッセイ」は，「バイキング」の着陸地点も含めた多くの場所で霜か雪が厚く積もっていることをはっきりと示す写真を撮影した．霜や雪の堆積は季節的なもので，これは火星でも何らかの形で水が循環していることを示すものである．ところが

[*3] コケのようなもの．

NASAは，地球上でも地表に8 kmもの厚さの氷が張っている極地など多くの場所で生命が発見されていて，これは疑いもなく火星とよく似た条件であるという事実があるのに，現に生命が存在することはまったくあり得ないと依然として主張していた．2004年には火星探査機「マーズ・エクスプレス」が大気中にメタンと酸素の痕跡を発見しているが，これは普通，生物活動を示すものとして解釈されるものである．しかしNASAは，このような発見を公表することを毛嫌いしているようだ．おそらく結果を小出しにしていれば，地球外生命発見の排他的優先権を主張できると期待しているのだろう．ところでアーサー・C・クラークは，新しい発想が科学界の主流として受け入れられるまでの4段階を次のようにまとめている．

・これらの考えは，ばかげているので関わり合いになるのは時間の無駄だ．
・これらの考えには可能性があるが，大して重要なものではない．
・これらの考えは，私たちが最初から正しいと言っていたものだ．
・これらの考えは，私たちが最初に考えついたものだ．

1977年，共同研究が実を結ぶ

ここで，星間塵の組成に関する話に戻ることにする．私は黒鉛粒子を考えたことで，ある程度の評価を得た．しかし，それでは2,175Åの星間吸収帯に対する合理的な説明とはなり得ない．このことに頭を悩ませていた．球形の黒鉛粒子の半径$0.02\mu m$という要件を擁護することは，不可能ではないまでも困難なことであった．黒鉛によって吸収される波長の中央は，フレーク状またはウィスカ状の粒子，すなわち球形の半径が$0.02\mu m$から大きく外れている場合に，天体観測によって判明した波長から外れることになる．さまざまな有機重合体について，$8 \sim 30\mu m$の赤外線帯の天体スペクトルに関する調和的モデルの微調整を続ける一方で，紫外線スペクトルについても検討を行った．1976年の夏に私は，C = Cの二重結合構造を持つかなりの種類の有機物が，必要な波長の近くにピークがある紫外線スペクトルを持っていることを発見した．さらに実施可能な紫外線の実験室測定から，観測された強度の2,175Å波長を得るた

めには，宇宙空間にある炭素のわずか10％がこの構造をしていればよいことを算出した．これがフレッド・ホイルとの往復書簡の次のテーマになった．それからまもなく，彼は『天文物理学と宇宙科学』誌に論文を発表することに同意してくれた (47, L9-L13, 1977)．執筆者はフレッド・ホイルと私のほかに，星間減光曲線の観測に参加したエジンバラ王立天文台のカシ・ナンディが加わった．この論文は，紫外線の減光帯は複合有機分子が原因であるという考えを初めて公表したものである．

1977年は私たちの共同研究が最も実を結んだ年だった．何と『ネイチャー』誌に6回も論文が掲載されたのである．私たちはアストロバイオロジーの分野では，競争相手たちよりもおそらく20年先を着実に進んでいた．自分たちの論文の大部分を，いわゆる「影響力のある」学術雑誌を通じて発表できたことは特に強調しておきたい．徹底的な検閲活動といったことはまだ行われていなかった．

だが科学界の外では，重大な事件がひたひたと近づいていたのである．英国ではエリザベス2世の在位50周年が祝われ，ハリウッド映画の『スター・ウォーズ』や『未知との遭遇』によって興味本位の宇宙ブームが沸き起こっていた．誰もが何らかの形でE. T.の出現の準備を整えつつあるようなありさまだった．一方，私の母国スリランカでは，ジュニウス・ジャヤワルダナが首相になった．

1977年1月，フレッド・ホイルは名誉教授として初めてカーディフに長期滞在することになった．1週間の滞在中，フレッド・ホイルはリスヴェインの我が家に泊まったが，その後も15年にわたって数えきれないほどフレッド・ホイルは我が家に滞在した．フレッド・ホイルをもてなすのはいつも楽しいことだった．そして年を重ねるごとに，私たちはフレッド・ホイルとますます打ち解けてきた．プリヤはチャーミングで比類のないホスト役を務めてくれた．料理をはじめとして，プリヤのもてなしぶりをことのほか喜んでいた．実際プリヤは，自分が人間と科学とにどれだけ尽くしているかと冗談を言うほどだった．フレッド・ホイルがカーディフにいる間は，当然のことながら私たちの友人や同僚，その他いろいろな人たちがフレッド・ホイルに会いたがった．だから我が家の食卓は大人気だった．少人数のグループを夕食に招くと，そういうときのフレッド・ホイルは魅力いっぱいだった．打ち明け話はバラエティに富んだ意

外なものばかりだった．フレッド・ホイルが『アンドロメダのA』の台本を書き終えたときに，主役を務める「男の子みたいな女の子」を探して，どれだけレパートリーシアターの芝居を見て回ったかを屈託なく話してくれたことがあった．フレッド・ホイルはまだ無名だったジュリー・クリスティに目を奪われたそうだ．そして結局ジュリーが主役になってくれた．だが第2シーズンが制作されるときには，ジュリー・クリスティは再出演を頼むのには値の張る有名女優になっていた．

　私たちの共同研究はというと，フレッド・ホイルの滞在があった1977年1月は，実験室での有機重合体の赤外線スペクトルに関する膨大な量の資料を詳細に調べるのにほとんどの時間を費やした．そして，オリオン大星雲の通称BN（ベックリン・ノイゲバウアー）天体のスペクトルとの比較を行った（図4を参照のこと）．有機重合体を決定づける特徴の一つとしてC-H結合の持つ$3.4\mu m$特性が挙げられるだろう．これまで研究されてきた天体源では，この特徴は非常に目立つ$3\mu m$の吸収帯の両側に弱いショルダーとしてしか現れないものである．当時$3\mu m$帯については，BN天体をとりまく濃密な分子雲に含まれる粒子にH_2Oの氷が凝結したことが原因だと考えられていた．利用可能な中で最適な天体スペクトルを調べていたフレッド・ホイルと私は，CHの吸収効果

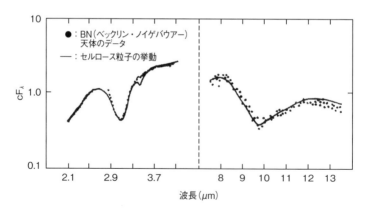

図4　1977年の星間生体高分子に関する最初の主張．オリオン大星雲のBN天体からの赤外線放射（点で示したもの）は，セルロースを含むモデル（曲線で示したもの）と一致している．

にいち早く注目した．それは「氷」の吸収帯より長い波長のショルダーとして現れていたものだった．そこで私たちは，BN天体スペクトルを生み出す2.9〜3.1μm，3.4μm，8〜13μmに吸収帯のある有機重合体の発見を目指した．

これは以下の理由で簡単なことではなかった．すなわち私たちがこれまでに見てきた有機物の大部分に関して，3.4μmでのCH伸縮帯は，3μmでのOH伸縮帯よりもはるかに高い強度を示していたからである．しかしながら私たちは，水氷および有機重合体の両方がBN天体と関係があると主張することはできた．3.1μmでの水氷の質量吸収係数は，ほとんどの有機重合体3.4μmでの質量吸収係数の1,000倍にもなる．このため氷と有機物との質量比1:1,000は，天体観測で得られたのとまったく同じ3.1μm吸収帯の長波側のショルダーについての手がかりとなると思われる．言い換えれば，圧倒的に有機物が多いはずのBN天体をとりまく塵状物質には，水の痕跡さえ見つかればいいのである．これらの全ての問題は1977年1月にフレッド・ホイルがカーディフを訪れていたときに解決した．

セルロースの赤外線スペクトル

また私たちは，マーチソン隕石に含まれていた有機分子を抽出して新しく得られた紫外線スペクトルにも注目した．東京の坂田朗が提供してくれたデータにより，そのスペクトルが2,175Å近くでの中紫外線吸収特性を持っており，私たちが前に言及している観測された星間減光特性とよく似ていることを，私たちはすぐに確かめることができた．私たちは『ネイチャー』誌に，2,175Åの星間帯に対する有機物キャリアに関する私たちの以前の主張が確認されたという点をまとめた短い手紙を送った(A. Sakata et al., Nature 266, 241, 1977)．

私たちの共同研究は急速に勢いを増してきていた．コックリー・モアとリスヴェインとの間で電話や手紙やグラフが頻繁に行き来した．そしてついに，私たちが注目する有機物を偶然発見することになった．それはセルロースの赤外線スペクトルである．2.5〜30μmの波長での綿セルロースの実験室スペクトルは，ざっと見た感じででさえも，BN天体（図4を参照のこと）やトラペジウム星団の天体スペクトルについて説明するために必要な特性のほとんどを示し

ていた．例えば私たちが発見した新しい一致は，図3で示すとおり以前にポリホルムアルデヒドに関して得られたものよりもいくらか適切なものだった．セルロースと言えば，もちろん植物の細胞壁の主たる成分である．そして，地球上に極めて豊富に存在する生体高分子でもある．しかしながら理論的には一応，ポリホルムアルデヒドとよく似た実験式 $(H_2CO)_n$ という非常に単純な生体高分子である．これは，多糖類として知られる非常に安定した一連の重合体に含まれるもので，熱分解（熱崩壊）温度が800 Kの多様な糖鎖からなる．セルロースの長所は，例えばオリオン大星雲など，HⅡ（電離水素）領域のような比較的高温の領域でも存在することが可能である点だ．

私はこの段階で直感的に，星間ポリホルムアルデヒドは生命が起源となっていて，銀河系に微生物が厳然として存在することを示すものであると考えた．しかしフレッド・ホイルは依然として慎重な道を選んでいた．フレッド・ホイルは，星間空間に多糖類とそれに類似した分子が存在することを認めていたが，その形成のための非生物学的あるいは非生物的なプロセスを探し求めていた．

フレッド・ホイルと私は，セルロースの不透明度測定を使った $2 \sim 4 \mu m$ および $8 \sim 14 \mu m$ の波長についての広範にわたる天体観測結果のモデル化に多くの時間を費やした．これらの取り組みにより一連の論文を発表することができた（*Nature* 268, 610-612, 1977, *Mon. not. R. Astron. Soc.* 181, 51-55P, 1977など）．天体観測とセルロースとの適合性に関して特に決定的であったのは $2 \sim 40 \mu m$ での超長波区間でデータが入手できる赤外線源OH26.5＋0.6について算出されたものである（図5）．フレッド・ホイルは，この一致を1977年に私たちが示した見解の正当性を示す最も決定的な証拠であると見なした．

これら全ての放射源をモデル化するには，放射輸送方程式として知られる式を解く簡単な作業が必要であった．この方程式は，カーディフにあるコンピュータなら朝飯前の仕事である．しかしフレッド・ホイルは，自分で何もかも確認すると言い張った．フレッド・ホイルは，どこにでも持ち歩いていたヒューレットパッカードの単純な，プログラム可能なハンドヘルド計算機でどんな計算もした．それによって，つまり計算の論理に近づくことで，得られた解決策の重要性を評価する際に，何が起こるかについて優れた洞察を得られるというのがフレッド・ホイルの言葉だった．今日，学校に通う子どもたちは，ちょっとし

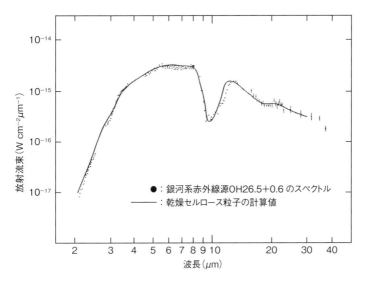

図5　超長波帯（2〜40μm）にわたる銀河系赤外線源 OH26.5 + 0.6 のスペクトルと，セルロースモデル（曲線で示したもの）との比較.

た算術演算をするのにも計算機やコンピュータを使っているが，こんなことをしていると間違いなく数量的思考能力の水準は低下し，かけ算表も過去の遺物となってしまうことだろう．

私たちは科学界の異端者か？

赤外線スペクトルをモデル化するためのセルロースの研究と並行して，私たちは星間紫外線吸収を理解するという別の試みに取り組んでいた．これは前に言及した，マーチソン隕石からの抽出物に関する研究の延長である．私たちは，実験式 $C_8H_6N_2$（キナゾリン，キノキサリン）の二重リング構造（二環式）の芳香族化合物によって，2,175Åの星間吸収帯に対する代わりの説明ができると主張した（*Nature* 270, 323-324, 1977）．天体データとこれらの化合物の平均吸収特性との比較を図6に示す．私たちの論文には，星間芳香族化合物に関する文献での初めての提言がなされている．それとともに，今では当然のこととされている星間多環芳香族炭化水素の存在という発想を，フレッド・ホイルと私

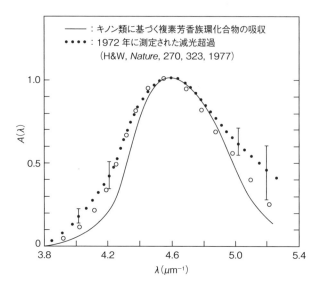

図6　1977年の,宇宙空間に多環芳香族炭化水素が存在するという最初の主張.キノン類に基づく化合物の平均スペクトル(曲線で示したもの)と,1970年代には知られていた2,200Åの星間吸収特性(点で示したもの)との比較.

がはっきり最優先の可能性として発表していることも合わせて指摘しておく.この研究は入手可能な信頼性の高い学術雑誌で発表されているので,それ以降の研究でこのことに言及しないのは,倫理的な礼儀作法の標準に照らしても許し難いことだと私たちは考えている.これと類似の問題について後の章で取り上げることにする.

　私の考えでは,星間空間にある多環芳香族炭化水素やセルロースのような重合体を特定することは,生物学にとって貴重な発見であった.それでもフレッド・ホイルは非生物学的な説明を求めて,年間の質量損失率が太陽質量のおよそ100分の1である高質量O型星からの質量流のモデルについて論じた.その流出物質は,ある距離に至り,5,000〜1万Kの範囲の効果的な光球(恒星よりはるかに低温)になるまで,恒星からの放射を吸収し再放出する.気体の温度が下がって,この点を超えると,環状分子や多糖鎖などの分子が形成されると言うことができると思われる.このモデルはフレッド・ホイルの独創的なアイデアで,生体高分子の無機起源説を正当化する試みとして綿密に検討された.

このテーマに関して共同執筆した論文は審査員との不必要な言い争いが何度かあった末に,『ネイチャー』誌に掲載されることになった．ついでに言っておくと，はじめて保守的な敵意に満ちた天文学の権威から抵抗を受けるようになったのは，このときからだった．私たちの方向性に気づいた審査員たちは，私たちの論文に対して次第にあざ笑うような内容の報告書を書くようになった．フレッド・ホイルは，宇宙空間に有機重合体が存在するわけがないとほのめかす返答を耐え忍んでいた．有機重合体は紫外線放射によって破壊されると言われたし，確かにそのような見解を多くの著名な天文学者が発表していた．

　このとき先見の明を持った2人の人物が，私たちの研究成果を急速に普及する手助けをしてくれた．1人目は，カーディフ大学学長のC・W・L(ビル)・ビーヴァン博士．博士は私たちの道は間違っていないと信じて，私たちの研究を全面的に支援してくれた．そして2人目はズデネク・コパル．『天体物理学と宇宙科学』誌の創設者兼編集長で，当時はマンチェスター大学の天文学教授だった．ビーヴァン博士はカーディフ大学から「ブループレプリントシリーズ」への助成金を承認し，コパル教授は自分の雑誌に私たちの論文を発表してもいいと申し出てくれた．私たちのテーマに関する前刷り論文や専攻論文の出版のために，今では廃刊となっている『カーディフ大学新聞』を基本的に自由に使うことができた．このようにして，私たちと科学界とをつなぐチャンネルは途切れることはなかった．そしてその結果，やがて私たちの研究は思わぬ方向に展開していくことになる．

　星間空間に存在する多糖類の調査は続いていた．私たちは少しあとに，ケン・ドジソンが学科長を務めるカーディフ大学生物化学科に，多糖類研究の第一人者であるトニー・オラヴェセンが講師として着任していることを知った．早速私たちはオラヴェセンの助けを借りて，天文学との比較に適切と思われる条件下で大量のさまざまな多糖類のスペクトル測定を行うことにした．この研究はすぐに，以前に私たちが公表済みの綿セルロースのスペクトルのみに基づいて出した結論を裏付けることになった．そこで，さらに『ネイチャー』誌に論文を発表した(F. Hoyle, A.H. Olavesen and N.C. Wickramasinghe, *Nature* 271, 229-231, 1978).

　この頃にはもう，科学界が私たちのことを無礼者と見なしているのは明らか

であった.私たちは科学界から追放されたようなものだと思われた.宇宙空間の前生物的分子の研究は着々と進んでいたが,科学界の怒りは今にも噴き出しそうな勢いであった.フレッド・ホイルの小さなハンドヘルド計算機は,フレッド・ホイルが目論む野心的な計算を片づけるのにはもはや力不足だ.そこでフレッド・ホイルと私は科学研究評議会(SRC)に対して,この目的のため,コックリー・モアに小規模のコンピュータ設備を購入する申請をすることに決めた.1977年11月4日,SRCのS・T・G・ジェイムズからこんな返事が届いた.

　ホイル教授

　　貴殿とウィックラマシンゲ教授が行っている共同研究に関連して,銀河系の赤外線源での多糖類および関連する有機重合体の特定に関するコンピュータの使用に対する1万540ポンドの助成金について,10月25日に天文学Ⅱ委員会において検討会が行われました.
　　その結果,残念ながら委員会では貴殿から概要が示された提案の申請を支援する準備が整っていないことをお知らせいたします.今回の決定に至るなかで,委員会では申請に示されていた内容はコンピュータを使用した取り組みへの対応が十分ではないと指摘しております…….

この返事は,星間空間における前生物的重合体に関する私たちの研究が,1977年の天文学界から断固として拒絶されていたことを示すものだった.ほとんど支持されていなかった私たちの考えが,今では完全に主流となっているとは何とも皮肉な話である.助成金の申請が拒絶されたという不公正さに対して私たちは非常手段に踏み切った.私たちはカーディフの下院議員だったこともあるジェイムズ・キャラハン首相に直訴した.そして,2月7日に教育科学省秘書官から返信を受け取った.

　　　貴殿の申請はSRCによって適切に評価されており,申請の却下は妥当であると思われます…….

星間生化学物質の証拠

　こんなことがあっても，私たちが始めた研究の前進を妨げられることは決してなかった．当時フレッド・ホイルは，恒星からの物質流出と有機分子を生み出す星間空間での化学反応という発想に完全に熱中していた．これら有機分子は，オパーリン・ホールデンモデルの方法によって生命の起源が発生したという，初期の太陽系の彗星に含まれるはずの複雑に組み合わされた生命の構造的基礎である．しかしながら私自身は，星間空間に存在する微生物，つまり星間重合体は生物学的起源を持っているという急進的な考えに一層自信を持ち，それを検討してみたい気になっていた．

　私たちの旅が次の重要な節目を迎えようとしていたとき，フレッド・ホイルはまた米国にいた．私はブラッドフォード大学化学部のJ・ブルックス博士から手紙を受け取った．花粉や多くの胞子壁の主成分を形成するスポロポレニンとして知られている複合有機重合体のスペクトルに関する内容だった．このスペクトルには，一つの事実を除いて銀河系の赤外線源について説明するのに必要な多くの特性があった．CH伸縮帯が原因となる$3.4\mu m$特性は，私たちが見てきた銀河系の放射源と比較すると余りにも顕著であった．しかしながら，薄い氷の層がスポロポレニンを含む粒子の表面に凝結していれば，この難題を修正して，氷に覆われたバクテリアの胞子を星間塵のための筋の通ったモデルとして認めることができる．私はすぐさま米国にいるフレッド・ホイルに手紙を書き，この提案に対する見解と，可能であれば支援とを求めた．さらに私は『ネイチャー』誌に提出するための共同論文の草案に取り掛かった．コーネル大学から届いた1977年5月5日付のフレッド・ホイルの手紙にはこのように書かれていた．

　　スポロポレニンとの関連は，最後のパラグラフ(胞子の可能性であるとする推測)の裏付けとするほどに特定されているのか？　銀河の中心または銀河の放射源に対して求められた赤外線吸収とスポロポレニンの赤外線曲線との関係(一致)は興味深いと思うが，その関係はスポロポレニンそのもののような生物学的に複雑なものである必要はないかもしれない……．

数日後の手紙でも，フレッド・ホイルは同じ点を繰り返していた．5月9日付のコーネル大学からの手紙にはこう書いてあった．

しかしながら，状況をひっくり返して，スポロポレニンのような特定の複雑な生物学的構造を支持する結果を出すことはできないのではないだろうか．つまり，

重合体→赤外線吸収　　　O.K.（これはいいが）
赤外線吸収→星間生物学　Not O.K.（これはいいとは言えない）

フレッド・ホイルに送った最初の草案（星間生物学に関する言及を含む）から大幅にトーンダウンして，私たちの論文は10月の『ネイチャー』誌に掲載された (Wickramasinghe, Hoyle, J. Books and G. Shaw, *Nature* 269, 674-676, 1977)．

その年の夏の終わり，フレッド・ホイルはようやくカンブリアに戻ってきた．そしていつものようにハンドヘルド計算機を使って，多糖類に関する不透明度データから大量の銀河系の赤外線源のスペクトルを計算した．その結果は，モデルと観測データの適合性に関する近さという点で極めて印象的なものだった．私たちは「カーディフ・ブループレプリントシリーズ」に前刷り論文として計算結果を発表し，その後2本の論文を書いて，短縮版を『ネイチャー』誌 (*Nature* 268, 610-612, 1977) に，完全版を『天体物理学と宇宙科学』誌 (*Astrophys. Space Sci.* 53, 489-505, 1978) にそれぞれ発表した．

この年の7月，ミリ波による星間分子検出のパイオニアであるフィル・ソロモンがカーディフ大学の私を訪ねてきた．ソロモンはカーディフでも，私が中央ウェールズで組織した「銀河系の巨大分子雲」と題するワークショップでもフレッド・ホイルに会っている．シンポジウムの開催場所はウェールズ大学に所属する会議場のグレギノグ・ホールだった．グレギノグ・ホールの歴史は12世紀まで遡るという．堂々たる19世紀の領主の館で，広さ750エーカーの庭と山林と農地の中に建っている．1960年代に，熱心な美術収集家であり気前の良い芸術への後援者でもあったデイヴィス姉妹によってウェールズ大学に寄贈

された．フレッド・ホイルとバーバラ夫人は2人の孫と一緒に敷地内にいくつもあるコテージの一つを借りた．私もプリヤと幼い2人の子どものために同じようにコテージを借りた．子どもたちはみんな同じくらいの年だったので自由気ままに広々とした土地を駆け回っていた．会議そのものは，少人数の科学者たちをそれぞれ引き合わせたことで良い評判を得て成功であった．フレッド・ホイルと私には，セッションの間に私たちの考えをさらに進展させるための戦略を話し合う十分な時間があった．私たちの共同発表「星間生化学物質の証拠」は『*Giant Molecular Clouds in the Galaxy*(銀河系の巨大分子雲)』に掲載された(eds. P.M. Solomon and M.G. Edmunds, Pergamon Press, 1980).

　1977年9月，私たちは再び英国を出てカナダのウェスタン・オンタリオ大学天文学科を訪れた．フレッド・ホイルの行き先はカリフォルニア工科大学だった．フレッド・ホイルはたぶん，宇宙の生命に関する激しい議論が続いたので休息が必要だったのだろう．フレッド・ホイルと私は，この前年にオタワのカナダ自然史博物館から出版されていた『白亜紀から古第三紀における絶滅と地球および地球外の考え得る原因』をすみずみまで調べ始めた．およそ6,500万年前に，恐竜ばかりか体重が25kgを超えるあらゆる動物が突如絶滅した．私たちは，これは拡大した彗星のコマから多孔質の彗星塵の雲が地球と相互作用したためではないかと話し合った．地球の成層圏が塵で覆われたら，太陽からの光と入射エネルギーの3分の2が数年にわたって遮られるとともに，赤外線が放射されるままになるだろう．その結果，10年間は薄暗がりの世界になり，木の葉は枯れて食物連鎖が著しく損なわれることになると思われる．恐竜を含む草食動物はすぐに絶滅するだろう．そして草食動物を食べる肉食動物もその後を追うことになる．川はまだ流れ続け湖も凍らない状態ならば，淡水に生息する生物は生き残るだろう．そこでの食物連鎖は植物の腐食質に依存しているので，植物プランクトンに依存する海洋生物よりは長続きするからである．陸地の植物の種や木の実も生き残るから，これらを餌とする小型哺乳類を含む小動物も，暗く荒れ果てた数年間を生き長らえると思われる．われわれ人類は，これらの小型哺乳類がこの生態の危機を乗り切ってくれたから存在する．こうした考えは全て『天文物理学と宇宙科学』誌の論文として発表した(*Astrophys. Space Sci.* 53, 523-526, 1978).

白亜紀から古第三紀における絶滅に対する私たちの考えは，私たちからおよそ2年遅れて発表されたアルバレス親子の説とよく似ており（まったく同じというわけではないが），その大筋は一般に受け入れられていった．彗星が直接衝突したのは6,500万年前と推定され，その結果できたクレーターがユカタン半島の海底で発見されている．

　私たちは，より長い期間にわたって彗星塵に覆われていたことが，種の絶滅の原因だけではなく氷河期が始まるきっかけになった可能性もあるという話もした．このプロセスについては1990年の終わり頃に，より詳しい研究を行っている．

彗星が運んだ生命，宇宙から来た病原体
Life from Comets and Pathogens from Space

生命は彗星によって運ばれてきた

「セレンディップ」とは大昔のスリランカの呼び名で，4世紀頃から使われていた．ホーレス・ウォルポール（1717-1797）が書いたお伽話の中にある『セレンディップの三人の王子たち』では，主人公が思ってもみなかった洞察に満ちた発見を次々としてみせる．これは，『オックスフォード英語辞典』によれば「serendipity（セレンディピティ）」という単語の語源である[*1]．

セレンディピティ，つまり予想外の幸運な出来事が，私たちの共同研究が進展する重要な段階で何らかの役割を果たしたとしても驚くには当たらないことだと思う．これは確かに，特別の迂回路へとつながる出来事だった．その道に，私たちはまる30年間ほとんど取りつかれたようになっていた．奇妙な話と言えば，1977年の夏の終わりカナダに発つ少し前に，私は鼻をぐずぐずさせていた．私はインフルエンザに似た季節外れの病気にかかっていた．その出来事の始まりは，フレッド・ホイルと私が彗星に含まれる生命の起源について電話で活発にやり取りしていたときである．私は子どもの頃に母親から「雨の日や夜霧のときに外に出たら病気になりますよ」と注意されたことを思い出していた．もちろん，西洋でも広く同じように信じられている．そしてまた，世界中の多くの文化の中で彗星は病気と死の凶兆と考えられてきた．時間を掛けて神聖化された信念というのは，厳然たる事実が基礎となっているのではないだろうか？

[*1] ウォルポールが『セレンディップの三人の王子たち』を書いたというのは間違い．『セレンディップの三人の王子たち』にちなんでウォルポールが生み出した造語が「セレンディピティ」である．

夏の終わりの憂うつな曇り空の午後，コックリー・モアのフレッド・ホイルに電話をしていて，私はたぶんこれまでしたこともないような途方もない意見を口にしていた．母親の教えで病気が雨と結びついているのは，もしかしたら的を射た話なのではないだろうか？　彗星の中にウイルスが存在していて，その彗星起源のウイルスが地球に病気をもたらした可能性はないだろうか？　だしぬけのことでフレッド・ホイルは驚いていたようだったが，そのまま電話の向こうで黙っていたのは私の発想を歓迎しているしるしだった．やがてフレッド・ホイルは自分の思うところを言った．数時間後，折り返し電話をかけてきて，私の考えに賛成すると言ってくれたときには本当に驚いてしまった．フレッド・ホイルは，それより何年か前にオーストラリアの物理学者E・G・(タフィ)ボウエンと話したことを思い出していた．ボウエンは雨雲の凍結した核と地球外の粒子の出現率との間に驚くべき関連性を発見していた．

　ボウエンが明らかにしたのは，対流圏の雲での凍結核の出現頻度と流星群の発生との間につながりがあるということだった．流星群は一年の決まったときに発生する．それは必ず，地球の軌道が短周期彗星から放出されたデブリの跡を横切るときである．もしバクテリアやウイルスが流星群とともにやって来て，突入時に生き残っていたとしたら，雨の凝結核の役割を果たす可能性がある．とすれば，バクテリアやウイルスを大量に含んだ雨粒の可能性は明らかだ．ボウエンは入手できる全てのデータを分析して，『ネイチャー』誌に流星群から発生した塵が対流圏に落ちると大雨になる可能性があると思われるという報告を行った (177, 1121, 1956)．これは，流星の塵がかなり上層の大気に突入してから30日ほど経ったときに起こることがわかっている．バクテリアや真菌胞子が水の凍結温度まで冷却されて雨の凝結核の役割を果たすことは，ずっと後になって明らかにされた．

　1977年当時のフレッド・ホイルは，星間空間にバクテリアのような微粒子が存在する可能性を認めるのをまだためらっていた．したがって，病気の原因となるバクテリアやウイルスが彗星由来であるという発想にすぐに転じたことに私は驚いた．すぐさま私たちは，その時点で考えていた彗星に生命の起源が存在すること，そしてそれが病気に影響を及ぼしていることの両方を詳細にまとめた前刷り論文を発表した．

私たちは，太陽系内にある彗星は天王星や海王星などの外惑星が形成されたときの副産物であるという，一般に認められている前提から説明を始めた．前にも述べたとおり，急速に回転する高輝度状態の太陽の赤道付近から放出された気体物質の円盤［後の惑星軌道］は，全ての惑星が形成されるためのもととなった．内惑星は，円盤が1,400 Kまで温度が下がったときに集積し，膨張した惑星系円盤から金属やケイ酸塩を奪い取った．太陽から離れた遠くの外惑星領域では，何千億もの彗星の元になる氷粒子が形成された．彗星系円盤はその後何億年もかけて惑星へと集積するが，しばらくは太陽系を取り囲む濃密な分子雲の中に浸されたままであった．太陽系全体はこの雲の中でランダムに運動しているため，地球質量の何十倍もの星間空間の前生物的分子がその中（彗星）に取り込まれていった．

　外惑星が集積するには，内惑星が天体に集積した後でおよそ3億年かかっている．この間に彗星はランダムにはじき出されて，内惑星の軌道と交差する細長い軌道を持つことになった．地球が誕生して間もない頃，彗星が何度も直接衝突した結果，地球の原始大気と海洋が形成されることになった．

　彗星が太陽へ最も近づく近日点を通過する間は，核に含まれる揮発性物質がまず蒸発しやすくなる．彗星の表面温度は，近日点で300 K，遠日点（太陽から最も遠い）で100 Kと揺れ動き，核の表面近くでは溶融と凍結とを周期的に繰り返していたと思われる．私たちは，このようなプロセスによって数百万年をかけて星間前生物的分子がより複雑な構造となり，最終的に生命が誕生することになったと論じた．その後，約40億年前に彗星が地球に軟着陸した．そのときが地球上の生命の始まりになったのである．これが，1978年にJ・M・デント・アンド・サンズから出版された私たちの最初の共著書『*Lifecloud: The Origin of Life in the Universe*（生命は星雲からやってきた）』のテーマとなった．

宇宙から侵入するウイルス

　私たちは，彗星の表面での前生物的分子からの新たな生命の誕生に関して，特に太陽の周囲を長期間かけて回る彗星の表面についても引き続き議論した．地球は不規則な間隔で，このような彗星から流星群となって降り注ぐ塵を取り

込んでいるのに違いない．そしてより定期的かつ頻繁に短周期彗星からも物質を取り込んでいるはずだ．しかし当然のことだが，このような物質との接触が生命の起源に関し新たな可能性を示唆する一方で，地球固有の生態に長期的には有害な影響を及ぼした可能性があるのではないかという疑問が生じる．この質問に対する回答として，まず私たちは，このような地球外物質との接触が病原体となるバクテリアやウイルスを注入する結果をもたらしたかもしれないと考えた．

　私たちは，過去に起こった病気のパターンを調べてみることにした．そしてすぐに，私たちの主張の強力な裏付けとなる証拠を発見した．特定の病気に関する文献によると，病気の発生がかなり突発的であることを示している．つまり，それがおそらく具体的な「侵入」の時点であることを示しているという意味で重要である．インフルエンザに似た病気が初めて文献に登場するのは17世紀初頭となっている．普通の風邪は15世紀頃までまったく言及されていない．天然痘やはしかに関する記述は，9世紀頃まではっきりとは認められない．そしてさらに，初期の伝染病，例えば紀元前429年のアテネの疫病は，ギリシアの歴史家トゥキディデスがあざやかに詳述しているが，それに相当するような病気は現代では見当たらない．

　私たちは，過去であってもごく最近であっても，新しい病気の伝染や大流行は，ほぼ例外なく突発的な出来事であり驚くほどの早さで蔓延するものだということに気がついた．1889年から1890年および1918年から1919年のインフルエンザの大流行は，いずれもほんの数週間で地球上の広大な地域を覆い尽くしてしまった．これほどの早さで蔓延するのは，とりわけ航空機を使った旅行が一般的になる以前の時代では，人と人の間でしか感染しないとしたら，とても理解できないことである．むしろ，地球外からの侵入が地球規模で行われたことを示しているのではないかと思えてならない．そこで私たちは，最も致命的なのは彗星塵による一次感染であり，人から人への二次感染は次第に毒性が衰えるものだから，結果的に限られた時間の枠内では病気の発生は減少していくことになると話し合った．

　この考えに基づくと，いかなる侵入による発生率と伝播であってもその様式はいささか複雑な問題になる．これは特に，侵入する極小流星物質の大きさ，

大気の局所的な物理的特性,そして地球全体の気流の分布によって左右される.この場合,地球上のある緯度地帯では比較的病気が発生しない.一方,ある緯度地帯では宇宙から病原体が運び込まれやすく,病気が発生しやすいのではないかと考えもした.他にも理由があるが,特に粒子の大きさによって伝染病は地理的に局所的なものになったり,地球全体に広がったりすることがあるかもしれない.いかなる場合であっても,新しい伝染病は感染源である彗星粒子の軌道を地球が横切ったときに突然発生することになる.

　フレッド・ホイルと私は,これらの考えはかなりもっともらしいものだとはっきり確信するようになった.私たちはウイルス学や伝染病についてできる限り多くのことを学ぼうと努力した.教科書を読んだり,医学微生物学のジョン・ワトキンズ教授や,薬学のロバート・マーラー教授をはじめとする大学病院の医療関係者から話を聞いたりした.フレッド・ホイルがカーディフ大学を訪れたのは,過去や現在の病気に関する事実について私たちを啓蒙してくれるウイルス学者や細菌学者,あるいは歴史学者と知己(ちき)になるためであった.私たちはまた,ロンドンのコリンデイルにある中央ウイルス・レフレンス研究所を何度も訪れた.特に印象深かったのは,ソールズベリーの風邪研究センターでのクリストファー・アンドルーズ卿(風邪型ウイルスの分離に尽力したウイルス学者)との面会だった.ここで,管理された,しかも大流行するような条件下で,通常の風邪のウイルスを被験者に感染させるあらゆる試みが失敗に終わっていることを知った.

インフルエンザの流行との関係

　私たちはすぐに,ある病気,特にインフルエンザに関心を向けるようになった.それは,インフルエンザの疫学(伝染挙動)と関連して不可解な面が数多くあることがわかったためである.加えて,大気からのウイルスの発生,あるいは少なくともそのきっかけを示すと思われる病気の存在を知った.著名な疫学者であるチャールズ・クレイトンは,遅くとも19世紀の最後の10年間まではインフルエンザが伝染性の病気ではないと主張していたのだ.クレイトンの著書『*History of Epidemics in Britain*(英国疫学史)』(Cambridge University Press,

1891）によると，インフルエンザの流行は1833年，1837年，1847年に見られたが，医師の所見によると，かなり広い地域にわたって住民がほぼ同時に発病したとされていることに注目している．このような証拠からクレイトンは，病気が人から人へ感染したのではなくて，その土地に「瘴気」が降り注いだのではないかと考えた．これを「瘴気」ではなくて「宇宙からのウイルスの侵入」と言い換えると，1977年に私たちが到達したのと似たような見解になる．しかしながらクレイトンがもてはやされたのは，ほんの一時期に過ぎなかった．19世紀末までには，地表の微生物が伝染病の原因であるという概念がしっかりと根付いてしまったのである．

　微生物が原因という概念は，厳密には病気の感染者は自分以外からのウイルス感染によって病気が成立するというものだ．したがって，もちろん大気からの感染もこの場合に当てはまるだろう．だがこのような発想は，人から人への感染よりも科学的見解としてはるかにあり得ないように思われていた．よって，これは検証すべき仮説ですらなかった．人から人への感染という前提が自明の理であった．

　フレッド・ホイルと私は，もし新しい世界的流行株が現れたとしたら，伝染に関する仮説を検証することができるだろうと確信するようになった．地球に入り込んだウイルス大の粒子は，地上からの高さ約30 kmの大気中にとどまる．粒子が成層圏を通過して対流圏にまで落下するのは，主にそれぞれの半球で6カ月ごとに発生する冬季の下降気流が原因となっている．この現象によって，インフルエンザやその他のウイルス性呼吸器疾患に，はっきりとした季節性の特徴があるという事実を説明することができる．

　冬季のなかなか消えない霧が，インフルエンザに似た病気が流行するきっかけになることはよく知られている．既に述べたとおり，バクテリアやウイルスは凝結核となって周囲に水滴を形成する役割を果たすことがある．したがって，この偶然の一致はまったくの予想外ということはない．雨が大きな滴となって落ちる場合，核となるウイルスを直接取り入れる可能性はあまりない．一方，天候が霧であるときは，入り込んだウイルスにとって地表面近くで容易に吸入できるようなエアロゾル状態になる絶好の機会である．

　こうした考え方の方向性を指摘する初期の証拠として，1948年にマグラッ

シ教授が行った観察は注目に値する．1948年のインフルエンザの世界的大流行は，まずサルディニアで始まった．マグラッシ教授はこの伝染病について次のように記している．

> われわれは，長い間人々が数多く住む中心地から離れ，開けた土地に1人で暮らしている羊飼いがインフルエンザを発症しているのを確認することができた．こんなことが，人々が数多く住む密集地でインフルエンザが出現するのとほぼ同時に起こったのである……．

　この話全体を通じて最も顕著な特徴の一つは，人間が移動するための技術は，インフルエンザの蔓延に対してまったく影響を及ぼしていないということだ．インフルエンザが人と人との接触によって広まっていくのなら，航空機による旅ができるようになれば世界中に病気が蔓延する方法も大きく様変わりすると思うだろう．ところが1918年のインフルエンザは航空機による旅以前のことなのに，現代の場合とまったく同じ早さと方法で蔓延していった．

　おそらく近代の歴史で最も悲惨なインフルエンザの大流行は，1918年から1919年にかけて3,000万人を死に至らしめたものだろう．ルイス・ワインスタイン博士は，この大流行の間，インフルエンザの蔓延に関して入手可能なあらゆる情報を研究した後，このように書き残している．

> 人と人との間での感染は局所的に発生するものだが，今回の病気は，世界各地の離れた場所で同じ日に出現した場合もあれば，比較的近距離であるのに蔓延するまでに数週間かかっている場合もある．ボストンとボンベイ（ムンバイ）では同日に発見されているのに，ボストンとニューヨークとの間では頻繁に人々の行き来があるにもかかわらず，ニューヨークで発見されるまで3週間もかかっている．イリノイ州のジョリエットという町で初めてインフルエンザが確認されたのは，同じ州のシカゴで最初に確認されてから4週間も経ってからのことだった．ちなみに二つの町は38マイル（約61 km）しか離れていないのである……．

1978年,「赤いインフルエンザ」の調査

　私たちがこのような問題に思いを巡らしているとき,またしてもセレンディピティが驚くような状況で入り込んできた.フレッド・ホイルと話し合っていた新たな世界的大流行が現実のものとなったのである.1977年11月,20年間もヒト個体群からは見つかっていなかったインフルエンザ株の発生がソ連の極東地域で報告された.そして12月の終わりに英国で最初の症例が報告されると,1月までにはインフルエンザは大流行となり,特にイングランドとウェールズの学校で猛威を振るっていた.

　彗星から生命が発生し,そして彗星に疫病や伝染病との関連性があるという私たちの考えを,フレッド・ホイルが研究者を前にしてその反応を試すべきであると私は考えていた.そして,ありがたいことにフレッド・ホイルは,1978年1月18日にカーディフ大学で「外宇宙から来た病気」と題する講演を行うことを引き受けてくれた.言うまでもなく講演の入場券は売切れになった.当時大学で最も広い階段教室だったシャーマン劇場には立ち見席しか残っていなかった.ビーヴァン学長の司会で進められたフレッド・ホイルの講演は,反論や敵意さえも向けられたものの,大変に評判が良かった.いわゆる「赤いインフルエンザ」が至るところに広まっていることは,フレッド・ホイルの講演中,あちらこちらから咳が聞こえたことでもよくわかった.フレッド・ホイルがカーディフに滞在している間,私たちはこの伝染病に関する調査を行う戦略を練った.

　これは,人から人への感染について検証する理想的な機会だと考えられた.20歳までの児童や生徒は,生まれてから一度もこの新種のウイルスにさらされたことがなかったので,誰でも同じようにインフルエンザに感染しやすかった.そこで,児童や生徒の病気による出欠を新しいウイルスの検出器にすることを考えた.物理学者が入射する少量の宇宙線流束を観測するために,増幅型検出器を使うのと同じような方法である.最初の「実験」は南ウェールズとイングランド南西部のボーディングスクールなどの学校に限定して実施した.まず長期欠席者の分析である.この目的のためにプリヤと私は,自宅から半径30マイル(約48 km)以内にある学校を何度も回って出席記録を調べさせても

らった．こうすることで，それぞれの学校について，流行期間内でのインフルエンザによる欠席日数と罹患率とを決定するのである．私たちは，罹患率が学校ごとに，0％〜80％と非常に幅広くバラついていることに驚かされた．この数字は学校のある場所だけからの調査結果よりはじき出したものであり，ウイルスの発生はほんの2,3kmの距離尺度であってもむらが出ていることがわかる．プリヤと私が，カーディフのフランダフにあるハウェルズ・スクールとセイント・ドーナッツのアトランティック・カレッジで集めた寮生のデータは，さらに興味深い内容を示していた．生徒たちが寝泊まりする建物と関連していることは明らかだった．そして罹患率が高いところもあれば，非常に低いところもあった．これらのデータだけでも既に，人と人との間での感染はあり得ないことのように思われてきた．

　フレッド・ホイルと私は『ニュー・サイエンティスト』誌で予備調査結果を報告した（1978年9月28日）．そしてさらに，イングランドとウェールズ全体の学校のデータに基づく，より野心的な調査に取り掛かった．私たちは次の情報を集めるために，全ての私立のセカンダリースクールにアンケートを配付した．

1. 最近のインフルエンザの流行の間における，寮生と通学生との間の全体的な罹患率（別個のデータとして）
2. 各生徒の欠席および学校の保健室の使用に見られる一日ごとの罹患パターン
3. 各校において流行がピークを迎えた日

　この大規模な調査を行った結果，一地域の学校調査で得られた結果が裏付けられることを強く確信した．寮生や軍の基地勤務する者のような，閉鎖されたコミュニティの構成員は，インフルエンザが流行したときに罹患する確率が高いと普通は言われている．しかし私たちのアンケートに対する回答を見る限り，寮生に関してこのような言い伝えは伝説にすぎないことは明らかであった．私たちが生徒たちから集めたサンプルは合計2万人以上で，そのうちインフルエンザにかかった生徒は約8,800人だった．また学校ごとの罹患率の分布を見ると，標準的な罹患率よりも極めて高い学校は，100校以上のうちわずかに3校

だった．

　もし8,800の症例の原因となったウイルスが生徒の間で感染するのであれば，その挙動にはもっと統一性があるものと思われる．私たちは，このように多様な結果が出たのは，特定の学校(または校内の寮)における罹患率はその場所が一般的にウイルスの降下パターンと関連しているかどうかで左右されるためであると気がついた．この降下パターンの詳細は，その場所の気象学的要因で決まってくる．降下は，10 kmの範囲で不均一であることをはっきり示しており，学校ごとでまちまちの結果となるのが普通であった．

　調査対象となった学校の中でも，イートン・カレッジの結果は特に注目に値するものである．アンケートを受けた1,248人が多くのハウスから通学しているが，罹患していたのは全校で441人だった．しかしハウスごとの実際の症例の分布は，まったくの不均一であることを示している．カレッジハウスには70人が生活しているが，症例はわずかに1例だった．これに対して，人から人への感染モデルにおけるランダム分布による仮定での期待値は25である．ここでもまた不均一性が見られるが，今度は規模を数100 mにしてみる．このときの全体的な分布は，人から人への感染を元にした場合10^{16}回に1回になると思われる．あらゆる事実から客観的に見ると，インフルエンザは人から人へ「うつる」ことはあり得なくて，ただ現代の科学文化によって，そうだと思い込まされているだけだということがはっきりした．

　インフルエンザ感染に関する標準的な定説に対抗するさらなる証拠は，日本での研究によって明らかにされた．日本でのデータを持ってきてくれたのは，ケンブリッジの友人，藪下信である．日本は，広い地域で1 km^{2}当たりの人口密度が2,000人を超えるところがある一方で，1 km^{2}当たり200人未満という場所もあるという点で注目に値する．また病気のモニタリングと報告は，日本の大部分で極めて一様であった．このデータによると，罹患率は近接する都道府県の間で非常に多様になっていることが示されていた．ここでもまた，ウイルスの降下の不均一性は数10 kmの範囲にわたって認められており，ウェールズとイングランドの学校で見られた結果とまったく同じものとなっている．

ウイルスは下降気流に乗ってやってくる

　既に私たちは，成層圏から地上までウイルスが降下するのは，地球全体の大気の循環パターンによって決定されることを指摘した．これが事実でなければ，インフルエンザの流行がはっきりと季節に従い，世界中至るところの離れた場所で発生していることは，不可解な現象としか思われない．

　このような理論から導き出された理論的推論を快く思わない科学者は，人目を引きそうな，寸鉄人を刺す反証を求めたがるものである．宇宙からのインフルエンザという主張に対してよく取り上げられる反論は，「ウイルスは特定の宿主に寄生するものだ．したがってウイルスが攻撃する地球上の種のごく身近なところで進化したはずである」というものだ．つまり批判者は，「侵入してくるウイルスは地球上に降ってくる前から，高度に進化した，自分たちが出会うかもしれない特定の宿主の性質をどうやって知ることができたのか？」というのである．これに対する私たちの回答は単純だ．「もちろんウイルスがわれわれの存在を予測できるわけがない．しかしわれわれのような宿主となる種は，よく似た種類のウイルスへの感染を長期にわたって経験し続けている．したがって，ウイルスへの感染にあらかじめ対応するようになっている」．ウイルスがときどきわれわれの遺伝子に入り込み，ウイルスDNA配列が進化の可能性をもたらす貴重な貯蔵装置の役割を果たすこともよく知られている．われわれのゲノムは，この見解に従うとするならば彗星からのウイルスから「作られている」と言っていいだろう．もしインフルエンザのウイルス，あるいはそれとよく似たものが，われわれの遺伝的遺産の一部となっているとしたら，いわゆる宿主特異性，つまり人間とウイルスとの明白な関係性は簡単かつエレガントに説明できる．

　私たちの見解に従えば，インフルエンザの原因物質は地球の大気の最も高いところで定期的に再補給されている．小さな粒子，それもウイルスと同じか，より小さな粒子は，低層の大気まで引き下ろされることがない限り，長期間にわたってこの高さをただよい続けるものである．高緯度にある国では，上層と下層の大気が混ぜ合わされるような，状況が一変するようなプロセスは季節的なもので冬の数カ月間発生する．そのためヨーロッパの国々でインフルエンザ

のシーズンと言えば，12月から3月までの期間が普通である．強風と雪と雨とを伴う前線の状況によって，病原性ウイルスは地上近くまで効果的に降下してくる．低層の大気に見られる複雑なパターンの乱気流が，最終的に地上での攻撃を詳細に制御し，あるときある場所では人が死に，別なときの別の場所では人が死なないのかを決定しているのである．

　また私たちは文献を調べていて，大気の大きな移動の追跡にオゾン測定を使用できることを発見した．このような測定によると，冬季の下降気流は緯度40度から60度の範囲で最も強くなる．この毎年吹く下降気流を利用することで，宇宙から大気に入り込んだそれぞれのウイルス粒子は，おおむね温帯地方の地上へと降下する．地球上のこのような場所では，もちろん地球の表面が滑らかであるとすれば，上気道感染症が特に流行する可能性があると考えられる．ヒマラヤ山脈のように非常に高い山地では，大部分が成層圏に入っているので，平坦でなめらかな場所と異なり，大きな擾乱が起こり，これによってヒマラヤ山脈からの下降気流を受ける中国や東南アジアなどの地域に悪影響を及ぼす可能性がある．実際，ヒマラヤ山脈の標高は非常に高いので，北緯30度までの地域で，大気に入り込んだウイルスの大部分に対して水抜き栓のような働きをしている可能性がある．このメカニズムによって大量の人口を抱える中国にウイルスが殺到し，中国は地球上で最も早く最悪の影響を受けることになる．これによって，重症急性呼吸器症候群（SARS）などの新しい呼吸器ウイルスや，新種のインフルエンザウイルスが中国で最初に発見されることが多い理由を説明できるだろう．それとともに，地球の北緯30度のその他の地域の大部分では，ウイルス粒子が重力効果で速く降下するくらい大きな粒子の構成要素となっていない限り，このような粒子を検出できないはずである．

　成層圏における一般的な冬季の下降気流は，緯度40度から60度までの範囲で特に強く発生する．このことの直接の証明となったのは，M・I・カークスタイン（*Science* 137, 645, 1962）が，20世紀半ばに行った一連の大気圏内核実験の直後にまとめた結果である．放射性トレーサー^{102}Rh（ロジウム-102）が，高度100 kmの大気中に投入され，その後毎年，航空機と気球によって，高度20 kmでこの放射性トレーサーが測定された．トレーサーは約10年間かかって冬季の下降気流によって除去されてしまうことが明らかになった．この気流は主

に緯度40度から60度のベルト地帯で発生している．

　観測された放射性トレーサーの下降パターンは，温暖な緯度における上位の呼吸感染の主な原因であるウイルスの季節とほとんど一致した．成層圏からトレーサーが除去されるのに10年前後かかるというのは，新しいインフルエンザ亜型が最初に出現してから流行するまでの平均期間とも一致している．これら全ての事実を，インフルエンザに対する従来の考え方で説明できると言えるだろうか？　フレッド・ホイルは，当時書かれた前刷り論文の一つの中で誰にもまねのできない独特の表現でこの疑問に答えている．

　　いわゆる感染症による攻撃についてはほとんど分かっていない．したがって，その答えとしてどんな仮説でも認められてしまう．実は世界という場所はとても複雑である．にもかかわらず精密でもある．それは最終的には，われわれが観測するあらゆる現象の基本にある，水素原子のエネルギーレベルに関する量子力学的分析の説明と同じくらい細部に至るまで明らかな説明ができる，それほど非常に正確なものなのである．

太陽の黒点活動とインフルエンザの流行

　特殊な暗い色のガラスを通して太陽面を見ると，黒点が見える．黒点は，太陽表面にできる気体の渦で，強力な磁場と関係がある．その数は，約11年の太陽周期でさまざまに増減する．前に，1962年にフレッド・ホイルと共同で執筆した私の最初の論文の話をしたが，そこで太陽の極の磁場が周期的に逆転する仕組みについて論じた．この逆転現象は，このような黒点活動の累積的な影響と関係がある．黒点の数は，太陽の表面で高エネルギー活動が発生している尺度を示している．その数のピークは，頻出する太陽フレアと地球にまで到達する荷電粒子の放出と対応している．このような太陽活動は，磁気嵐，無線通信を妨害する電離層擾乱，そして最も壮観な輝くオーロラ（北極光）の発生の原因とされている．オーロラは，磁力線に沿って移動する太陽から放出された荷電粒子の流れによって作られるものである．

　エドガー・ホープ＝シンプソンは，限られた期間内で収集したデータを基に，

黒点活動のピークとインフルエンザが流行する時期との間の関係について初めて提唱した．私たちは，この比較をさらに長期間に延長することで，このような相関関係が確かにあることを発見した．太陽活動がピークを迎えるたびに，荷電分子(ウイルスを含む)が成層圏から地上まで降下することは間違いない．そこで私たちの考えに従うならば，分子凝集体が流星群から成層圏に最近まき散らされていた場合，大規模なインフルエンザの流行はこのようなピークの後に見られると思われる．このような流星群はほぼ周期的に発生するものであるから，ピークに対する制限要因となるのは太陽活動の強さであると考えられる．そしてそこから，世界的大流行または大規模な流行と黒点活動のピークとの間に一致が生じることになる．

　私たちはインフルエンザやそのほかの伝染病に関して，これら全てを十分に考慮した上で，1979年にJ・M・デントから2冊目の本『*Diseases from Space*(宇宙から病原体がやってくる)』を出版した．

生命の最初の兆候
First Signs of Life

星間塵は細菌で構成されていた！

　どんな天文学的発見をすれば，星間空間に存在する前生物から生命が彗星上で発生した段階，それがさらに完全な微生物として星間空間全体へと広がった段階へと，フレッド・ホイルはその考えを発展させることができるのだろうか．私はしばらく考えていた．フレッド・ホイルはほぼ2年をかけ，自信たっぷりにそして雄弁に，以前の論文に関する詳しい解説を行っていた．もしフレッド・ホイルがその状況にとどまったままだったら，私たちの未来はまったく違ったものになっていただろう．1977年当時，私たちは既に，2004年の科学界では標準的な見解となっている立場をとっていた．だから私たちは，その分野での先駆者としてもっと広く認識されていたかもしれない．

　インフルエンザの世界的大流行に関する研究をしばらく中断し，私は恒星の可視光線の減光曲線をつぶさに調査してみたいという衝動に駆られていた．減光曲線とは，恒星の可視光線の波長が塵によって減衰することを示したものである．1961年に，私がこのテーマ全体に取り組み始めた出発点がそこだったことが思い出される．解決すべき問題は数多くあった．7,000〜3,000Åの範囲の波長では，減衰率（光が暗くなる割合を対数尺度で示したもの）は波長とほぼ反比例していた．そしてどの方向から観測しても同じ結果が得られた．このような観測の不変性を，私たちがこれまで話し合ってきたようなケイ酸塩の混合物，あるいは黒鉛や鉄を含む有機物粒子を用いた粒子モデルと一致させることは困難だった．これらの非生物粒子モデルでは，減光曲線の可視光の部分は，大部分が混合物のうちの誘電体（非吸収）成分から生じていなくてはならない．

それとともに，減光曲線の正しい形状も得るためには，粒子半径はかなりはっきりと固定されていなければならなかった．この条件は，可視光の屈折率の値がそれぞれ1.3，1.5および1.6であるような，氷，有機物またはケイ酸塩などの粒子物質に固執し続ける限り緩和することはできない．言い換えれば，これら全ての事例についてこれまでに提案された解決策はパラメータによって非常に左右されやすいもので，したがって満足のいくものとは言えなかった．

　私は，この大きさに関する制約を緩和させるのには，屈折率nの値を1.3よりも小さくすればよいことを発見した．この観点からすれば，$n = 1.15$にするのがほぼ理想的である．なぜなら，この屈折率を持つ球の減衰効率は，広範囲の波長帯で波長にほぼ反比例するためである．しかし，このような低いn値を持つ物質が存在するだろうか？　物理定数に関する便覧を探してみると，固体水素を別にすれば，望ましい性質を持った均質の固体物質は存在しないことが明らかになった．もちろん固体水素は，通常の星間条件の下では存在し得ない．したがって除外された．クレイグ・F・ボーレン (C. F. Bohren and N. C. Wickramasinghe, *Astrophys. Space Sci.* 50, 461-472, 1977) との，不均質粒子の光学特性に関する共同研究のことを思い出したのはまさにこのときだった．この研究では，2種類の異なる微粒子を溶融した混合物粒子を使用している．すぐに私はこの初期の研究に注目した．そこでは，屈折率$n = 1.5$の有機物質で構成される粒子は，微真空の空洞がその中に存在すれば平均屈折率が1.2以下になる可能性があることが指摘されていた．例えばエアロゲルにはこのような屈折率になる可能性がある．

　私がこのことを指摘すると，フレッド・ホイルはすぐに宇宙空間に細菌の粒子が存在する可能性に関心を持った．私たちは，宇宙空間で細菌が凍結乾燥されることで，その内部に真空の空洞が生じるのではないかと論じ合った．そしてまず，典型的な構成が有機物20％，結合水20％および自由水60％であるような植物性細菌の細胞の研究に取り掛かった．宇宙のような真空状態での凍結乾燥により，細胞壁は損なわれることがないだけではなく，その中の有機成分や結合水が維持されるのに対して自由水は失われるので，真空の空洞が生じると思われる．すると平均屈折率(簡単な平均化プロセスによる)は次のように示すことができるだろう．

$$n = 0.2 \times 1.5 + 0.2 \times 1.3 + 0.6 \times 1.0 = 1.16$$

　こうして私たちは，凍結乾燥された星間細菌に関して，1.15～1.16の範囲の平均屈折率を想定するのは理に適ったものであるという結論に達した．

　次に私たちが知らなければならなかったのは，実際の細菌の典型的な大きさの分布である．このために『*Bergey's Manual of Determinative Bacteriology*（バージェイ式同定細菌学マニュアル）』を参考にした．私たちが発見できた最善のデータは芽胞菌に関するものだった．芽胞菌は，度数分布図で見ると多様なサイズを持つ種であることがわかった．凍結乾燥された星間細菌が地球上の芽胞菌に相当する特定の径分布を持っていると考えると，私たちが以前に行った実験の結果は全く異なるものとなる．今や調整すべきパラメータはまったくなかった．粒子の集団全体が示す減衰挙動は，私が開発し何年も使用してきたコンピュータプログラムを使った計算に直接適用することができた．すると驚くべき結果が出た．可視光線の波長帯における平均的な星間減光は，星間微粒子が凍結乾燥された細菌であるという仮説と完全に一致していることがわかったのである．図7にこの一致を示す．特筆すべきは，この結果は本質的にパラメータによらないものであるということだ．このことについてフレッド・ホイルはある講演のときに次のように述べている．

　　「私は，研究者が多かれ少なかれ任意に導入した数値を，多くのパラメータに割り当てることで観察結果と一致していると見なしてしまう，そういったモデル計算というものがとにかく嫌いです．以前に私は，そういう自己欺瞞のならわしに関わったことがあり，美徳という狭くて厳しい道から外れたことがありました．今では，このようなパラメータを適合させるという課題には5分だって使いたくありません．そして，ちょうどその逆に，任意のパラメータを使わないモデルにとても感動します．同じように，モデル計算が観察を先回りする場合に感銘を受けます．簡単に言うと，自由なパラメータを使わないでもうまくいく予測的なモデル計算こそ，私が感銘を受けるものです」

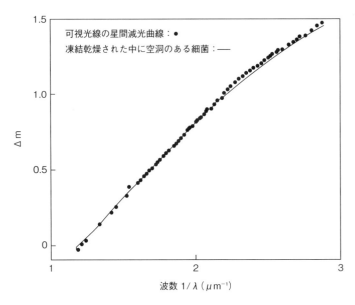

図7　可視光線の波長での星間減光の観測結果（点）と，凍結乾燥された，中に空洞のある細菌について計算した理論的減光曲線（曲線）の比較．

　フレッド・ホイルがこのような考え方を固く守っていたことは，一緒に40年間研究を続けていて明らかであった．この驚くべき一致(図7を参照)が示されたことこそ，20年間の失敗を経てフレッド・ホイルが星間塵の構成は細菌粒子であると確信を持った瞬間であると思う．それから先は逆戻りすることはなかった．私たちが，注意深く段階的に進展させた星間塵を構成するものとは，黒鉛，有機重合体，それから多糖類のような複雑な生体高分子であった．銀河の至るところに存在することが明らかな有機重合体は，細菌と同じほどの平均径と，凍結乾燥された細菌に近い平均屈折率とを持っていた．星間塵の構成を細菌のような粒子であると仮定すれば，赤外線および可視光線のデータにぴったりと合う．このことを生物学を導入せずに説明できるだろうか？　もちろんこの疑問についてはさらに探求する必要がある．

　何週間もいろいろなアイデアを模索してみたが，それは全て情けないほどに不十分だとわかった．ところが，非常に希望の持てる仮説をまったくの偶然に発見したのである．星間塵の巨大な雲の中に，まさに生物学の世界そのものを

見ているのではないだろうか？　星間媒質は，前生物的分子や前細胞の積み木だけではなく，生命プロセスの最終生成物によっていっぱいに満たされているのではないだろうか？　そして，途方もなく巨大な規模でこうしたことが起こっていなくてはならないと．カーディフとコックリー・モアとの間で，電話で熱心に長い間語り合った後，私たちはこれだと結論した！　星間粒子は，凍結乾燥された仮死状態にある細菌であるのに違いない．これこそ絶対に研究しなくてはならない仮説だった．

　自ら進んで追放者，それも科学界からの追放者の道を選ぶような人間はいない．それでも1977年の春までには，私たち2人は一つではなく二つもの科学的異端という重荷を背負うよりほかないように思われた．まず宇宙からやってきた病気という異端，そして星間空間に存在する微生物という異端である．図7（これを図8ではさらに詳細を示した）に示す解答を発見してからすぐに私たちはこの結果をまとめて，1979年4月の初めに「カーディフ・ブルー・プレプリント」の形で同僚たちに発表した．またそれと同時に，「星間粒子の性質」というタイトルの専門論文を『天体物理学と宇宙科学』誌に送った（Hoyle and Wickramasinghe, 1979b）．

極限環境を生き延びる細菌

　細菌が持つ途方もない複製能力については，ここで注意深く指摘しておく価値がある．複製に適した条件を与えてやれば，細菌が2倍に増殖するのにかかる時間は普通2，3時間である．栄養分を供給し続ければ，最初は1個だった細菌から，4日間で2^{40}個になり，角砂糖くらいの大きさにまで増えるだろう．さらに4日続けると，細菌は2^{80}個に増え，大きさは池くらいになる．さらに4日後には2^{120}個に増えて太平洋の広さになり，もう4日経つと2^{160}個となって，オリオン大星雲の分子雲に匹敵する大きさになる．さらに4日続けて複製の初日から20日目になると，100万個の銀河と同じくらいの大きさになるのである[1]．非生物的プロセスでは，生物学的鋳型が持つこのような複製能力の可能

[原注1] お気づきだと思うが，こんなに巨大なコロニーに「栄養を供給し続けられる」わけはないので，このようなことは起こらない．

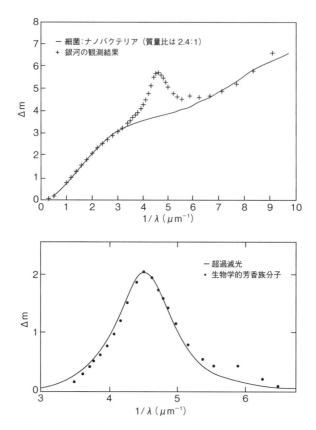

図8 [上図]星間減光の観測結果(+印)と凍結乾燥された細菌およびナノバクテリアの散乱挙動(曲線)の比較.[下図]3,300〜1,500Åの波長における,散乱バックグラウンドでの超過減光が生物学的芳香族分子の特性といかに一致しているかを示す.

性には到底かなわない.星間物質に含まれる莫大な量の有機材料について理解すれば,その生物起源は必然的な結論となる.

　しかし,細菌が複製を行える条件を満たす場所は天文学的にはどこのことだろうか? 確かに冷たくて広い宇宙空間にはないだろう.そこでは微生物は凍結乾燥されて休眠状態になっているだけだ.地球のような惑星では,炭素を含む物質の総質量が少な過ぎるため,宇宙規模で影響を及ぼすことはできない.そこで私たちは彗星に目を向け,彗星は星間雲の中でただよう生物粒子の供給

源であると主張した．一つ一つの彗星はむしろ小さな天体である．しかし太陽系には数多くの彗星が存在する．たぶん1,000億個以上はあるだろう．その総質量は，外惑星である天王星と海王星とを合わせたくらいの約10^{29} gにもなる．もしわれわれの銀河系にある全ての矮星（わいせい）が同じように彗星を持っているとしたら，矮星の数は10^{11}［1,000億］個なので，銀河系内の全ての彗星を合わせた質量は約10^{40} gになる．これは銀河系内の塵の雲に含まれる星間有機物粒子を全て合わせた量に相当する．

　微生物は彗星の内部でどうやって発生するのだろうか？　そしてどうやって彗星の外に飛び出すのだろうか？　われわれは彗星そのものが有機物粒子を放出することを知っている．そして彗星が太陽系内に入ってきたときには，その割合は1日100万t以上にもなる．私たちは，彗星が形成されるときに星間細菌粒子が含まれており，複製プロセスが実際に働く可能性を維持するのに必要な生存割合はその10^{-22}であると主張してきた．彗星は，形成された時点では少なくとも100万年間は，彗星の内部に含まれている^{26}Al（アルミニウム-26）のような放射性熱源のために液体の核を持っている．前述のように，生存可能な微生物はごく短期間のあいだに連続的に倍増するため，彗星の核のかなり多くの部分が生体材料へと変化するであろう．彗星が再び凍結すると，こうして増大した微生物材料もその中で凍結する．そして，彗星が周期的に太陽系内に入ってきて温められたときにだけ放出されるのである．この細菌物体のうちいくらかは内惑星に到達して，生命の種をまくこともあり得る．そしてまたいくらかは，再び星間空間へと放出される．

　私たちの見解では，細菌は宇宙でも平気でいられなければならない．このことは最新の研究によって妥当なことが証明されている．最近20年間での微生物学全体での研究により，細菌やその他の微生物の中には確かに宇宙空間でも耐えられるものがあることがわかっている（J. Postgate, *The Outer Reaches of Life,* Cambridge University Press, 1994：掘越弘毅，浜本哲郎訳『スーパーバグ（超微生物）――生命のフロンティアたち』シュプリンガー・フェアラーク東京，1995年）．好熱菌や超好熱性細菌として知られる微生物は，海中の熱水噴出孔のような沸点［100℃］を超える温度でも生きることができる．微生物の生態領域は，南極の氷に覆われた荒れ地にも広がっている．驚くべきことに，そのよ

うな微生物は地殻内の地下 8 km の深さにも存在しており，その総質量は地上の微生物の総質量を上回る (T. Gold, *Proc. Natl. Acad. Sci.* 89, 6045-6049, 1992). 最近，ある種の屈光性の硫黄細菌が黒海で発見された．この細菌は，ほとんど暗闇と言ってもいいほど極端に弱い光の中でも光合成を行うことができる (J. Overmann, H. Cypionka and N. Pfennig, *Limnol. Oceanogr.* 33 (1), 150-155, 1992). また，原子炉の炉心で育つ細菌 (例えば，ディノコッカス・ラディオデュランス) も存在する．このような細菌は，100万カ所は切断されている DNA のらせん構造の損傷を酵素をつかって修復するという驚くべき特徴を示している．

　地球上に広がる環境には，たとえどんな極限環境であっても必ず何らかの微生物を宿しているものである．宇宙環境での紫外線による損傷でも微生物はたやすく防いでしまう．ほんの数 μm の炭素の覆いによって，紫外線はほとんど全て遮られる．このことを正確に実証する最新の実験もいくつか行われている．次に，多くの微生物は紫外線によって実際に死滅することはないという点を指摘しておこう．このとき微生物は活動を停止しているだけなのだ．そしてこれは，生物の遺伝構造に含まれるある化学結合を転換することで起こるが，そのときに遺伝子配列自体が損なわれることはない．また紫外線の放射が止んだ途端に，この転換によって本来の特性を回復させることができるのである．このほかにも，通常は紫外線に対して敏感な微生物が再三紫外線にさらされることで，より耐性の高い種と同じように反応を起こしにくくすることもある．このほかにも不思議な特性を持った微生物が存在するのである．

1980年，「彗星と生命の起源」会議での対立者たち

　これら全てのことが私たちの理論にとっては良い知らせとなった．しかしあらゆる優れた理論と同じように，私たちは理論による予測能力を実証しなければならなかった．私たちは，将来的に実験や観察によって，正しいか間違っているかを確かめられるような予測をしなければならなかった．それにはさらに 2 年かかった．1979 年と 1980 年は，私たちの共同研究にとって重要な一歩を踏み出す年になったが，世の中ではドラマティックな出来事が起こっていた．

イランでは皇帝が国外に追放された．スコットランドとウェールズで自治のための国民投票が行われたが，スコットランドは賛成，ウェールズは反対という結果になった．マーガレット・サッチャーが英国初の女性首相になった．私たちの物語により深く関わるものでは，米国の宇宙船「ボイジャー1号」が木星，土星，天王星のすばらしい写真を送ってきた．木星と天王星にも輪が発見されたことで，フレッド・ホイルも私自身もこの中に微生物粒子が含まれているのではないかと思いを巡らした．

　1980年の10月29日から31日にかけて，シリル・ポナムペルマが中心となり，メリーランド大学で「彗星と生命の起源」と題した会議が開催された．ポナムペルマはスリランカ出身の化学者で，常に私たちに真っ向から対立する側に立っていた．そして，1950年代に行われた有名なユーリー・ミラーの実験に使用されたのと似た条件下で糖類やヌクレオチド塩基を合成するなど，有機分子の非生物合成に関する重要な実験的研究を行っている．もちろん，こうした実験は全て生命の発生とはまったく関係ないことだったが，そちらの方面［化学進化説］では，重要な第一歩であるとして紹介されることが多かった．ポナムペルマは，当時メリーランド大学の化学進化研究所で所長を務めていて，フレッド・ホイルや私が主張する考えにははっきり反対の立場をとっていた．ところが私は，フレッド・ホイルとの共著による論文「彗星——パンスペルミアを運ぶもの」を発表してほしいと会議に招かれたのである．一抹の不安を感じながらも私は招待を受けることにした．

　シリル・ポナムペルマは，J・オーロや，もちろんJ・メイヨ・グリーンバーグも含めて，私たちに敵対すると思われる人物をほとんど全員集めていた．そして会議中はほぼ全員が，生命や，場合によっては生命の構造的基礎となるものを彗星が運んでいる可能性を否定する論を主張した．グリーンバーグは，私たちが1974年に発表した重合体粒子の考えに対抗する，初めて筋の通った主張を述べた．それは「星間塵の化学進化——前生物的分子の源」というタイトルだった．グリーンバーグは，フレッド・ホイルと私を出し抜くつもりだったろうが，残念ながらそれには数年遅かった．会議録は私たちの論文も含めて1981年にD・ライデル社から出版された（*Comets and the Origin of Life*, ed. C. Ponnamperuma：『彗星と生命の起源』）．この会議で耳にした発言によって，

大宇宙の規模で生命の起源を探ろうという私の決心が鈍ることはなかった．

細菌塵の予測は正しかった
Bacterial Dust Predictions Verified

アストロバイオロジーの先駆者

　私たちはメリーランド大学での会議に出席して，私たちに対抗するために集まった反対派の力というものを初めて経験することになった．私たちの研究を軽視したり，さらなる前進を押さえつけたりするためには何物も惜しまないという印象を抱いた．そして，より強力な証拠が見つかるにつれて敵意はますます高まっていった．フレッド・ホイルは，私との共著である『*From Grains to Bacteria*（粒子から細菌まで）』(University College Press, 1984)の中で，このような説得力のある一節を残している．

　　ここで，ある奇妙な状況について取り上げなければならない．科学的方法論に関わる学生たちにとって，興味深いことになるだろうと思うからである．私たちのモデルと観測結果との間に見られる一致を正確に計算すればするほど，個々の研究者や学会誌やSERCのような資金提供機関からの反対が強くなる．生物学的に関連性が明らかであるという理由で，多糖類を取り上げると，そのような論文は学会誌から拒絶されるきっかけとなる．そしてSERCに対しては，どんなに控えめな態度で助成金の申請をしても突っ返されてしまう．SERCは，輝かしい未来を胸に設立してからたったの15年で，ヴィクトリア朝時代のギルバート・アンド・サリヴァンのオペレッタのような奇妙な世界を20世紀に持ち込むようになった……．

　こうした言葉が，ついこの間までSERCのある委員会で議長を務めていた人

物から，皮肉と幻滅とをこめて発せられたのである．フレッド・ホイルの言う，最もひどい反対を私たちが受けたのは1979年から1981年の間だった．一連の追従的な一行反論が後をたたなかった．例えば，有機物には赤外線領域で，その伸縮により3.3〜3.5μmの波長帯を吸収する多くのC-H結合があるだろうとよく言われていた．しかし査読誌では，こうした吸収を探してはいるが，まだ発見されていないと主張された．そのため，星間粒子が私たちが主張しているような有機的な性質を持っている可能性はないと論じられた．これは，生命は宇宙から来た可能性があるという説に対して反コペルニクス的態度を取る人々による主張である．しかし残念ながら，この主張は最終的に誤りであるとわかった．

次に引用する『ネイチャー』誌 (277, 4 January, 1979) に掲載されたW・W・デューリーとD・A・ウィリアムズの論(たくさんの類似の引用のひとつ)を読めば，代表的なものなので良く理解できる．

> われわれは，多くの星間塵が有機物によって構成されているという主張を裏付ける分光学的証拠は存在しないと結論した．非常に濃密な雲に含まれる粒子に微量な有機化合物が存在することは，入手可能なデータから除外できないものの，減光量$A_V = 50$ magの物体でも3.3〜3.4μmの吸収帯が観測されていないことから，有機粒子は存在するとしても星間塵のごくわずかな部分しか構成していないことを示唆するものである……．

これがひどい誤りであったことは，2004年の時点で星間塵の大部分が有機物であるという見解への反対がまったくないことからもわかる．1979年当時，こうした錯覚が起こっていたのは，実際の生体高分子におけるC-H結合のバンド強度を十分考慮しなかったためである．私たちはこのことに気づいていた．カーディフ大学のトニー・オラヴェセンによる測定によると，質量吸収係数が$1,000 \text{ cm}^2 \text{ g}^{-1}$を越えないくらいに微弱であったからだ．つまり3.3〜3.5μmの波長帯で予想される吸収率が，可視光線の減光量の2%を超えることはあり得ないのである．このような小さな影響は，1979年当時にあった機器や計器を使用して極度に赤色化した恒星を観測しても検出することはできなかった．

D・A・ウィリアムズたちの主張は誤りだった．

私たちは既に，C-H伸縮による有機体のバンドが銀河赤外線源の3μmの波長帯では小さなショルダーとして現れること，そしてこのような光源に対して多糖類モデルが非常に一致していることを明らかにしていた．また，生物学的モデルに関する恒星の減光曲線が，天文学的データと神秘的なほど正確に一致していた．

カーディフ大学が天文学の新たな中心と見られるようになったことで，王立天文学会（RAS）から，1980年の年次地方対話集会をカーディフ大学で開催するための準備を依頼された．そしてその後，当時のRAS会長だったロンドン大学のM・J・シートン博士からフレッド・ホイルに，この集会での夜の公開講義の要請があった．1980年4月15日，カーディフ大学のホールに詰めかけた満員の聴衆を前に，フレッド・ホイルは「生物学は天文学とどう関わるか」と題して講義を行い，星間粒子の性質に関する自分の見解を雄弁に語った．フレッド・ホイルは，地球上での生物進化に関する従来の理論に対して正面切って攻撃をした．それに対しては多くの支持は受けられなかった．それでも，従来の理論に反する事例を率直に発表したのである．例えばこういうものだ．

> 「生物学における最大の神話とは，自然淘汰による進化を通じて，植物や動物を系統的に分類でき，秩序だってその起源を説明できるというものかもしれません．自然淘汰による小さな進化的変化の例は数多くあります．そして，これらの小さな変化に基づいて，大きな変化が同じようにもたらされたと考えられています．この仮説は定説となり，多くの人がこの定説は真実であると見なすようになったのです……」

これは，まもなく私たちが，閉鎖された空間という環境での生物の進化を再評価し，もっと広い宇宙にまでそのプロセスを拡大することで生物学界全体に挑戦しようという意味の発言だった．そしてこの内容は数カ月後に，1冊の本（『生命は宇宙から来た』）や数冊の小冊子として出版されることになっていた．

カーディフに来ていた聴衆は大部分が天文学者だった．しかし，たとえそれが天文学による生物進化論の再評価や拡張であるとしても，この段階では生物

学の話に興味を持ってもらえないのではないかと私は疑っていた．フレッド・ホイルはこう続けた．

> 「天文学者は外の宇宙について，マクベスの言葉を借りれば，『騒音と猛威に満ちているとしても，そこには語るようなものは何もない』と考えることに慣れてしまいました．生物は繊細なものです．それがまったく無のような世界に存在するなんて．私は長い間この疑問について考え，その結果，奇妙な答えにたどり着きました．もし外の宇宙が天文学者がいうような猛威の世界であるのなら，生物が存在する可能性は極めて低いでしょう．ところが真実はその逆で天文学者の世界を支配しているのが生物学だったとしたら，一体どうなることでしょうか？」

フレッド・ホイルは，たぶん知らず知らずのうちに，現代のアストロバイオロジーという分野の基礎を築いていたのだろう．今ではアストロバイオロジーは，1980年4月15日の講演での結びの言葉とともに広く世に知られるようになっている．

> 「微生物学は1940年代に始まったと言われます．その後，驚くほどに複雑な新世界が明らかにされました．振り返ってみて，微生物学者が自分たちが切り開いた世界は宇宙の秩序であったことに，そのときただちに気づかなかったことが驚きです．今の世代の人たちが太陽が太陽系の中心にあることを当たり前と思っているように，将来の世代の人たちは微生物学の宇宙的性質を当たり前のことと思うようになるでしょう」

赤外線スペクトルの測定

　講演が終わってすぐの数日間，フレッド・ホイルはいつものように私たちの家に泊まった．私たちはこの機会に，私たちの理論のうち取り上げなければならない多くの未解決の問題を特定することにした．当面の課題は，「星間細菌という主張を確かめる方法はまだあるのか？」ということである．まず赤外線

波長での細菌モデルの挙動を予測しなければならない．その後，これを天文学から検討することが必要である．しかし，関連する天文学的観測を行う前に実験研究を行う必要がある．

　するとここでまたしてもセレンディピティが私たちの前に現れた．私の弟のダヤル・T・ウィックラマシンゲは，キャンベラのオーストラリア国立大学で数学科教授の職に就いている．彼は天文学者でもあり（フレッド・ホイルのIOTA［理論天文学研究所］出身），3.9 mのアングロオーストラリアン望遠鏡（AAT）をよく使っていた．AATは，1970年代初めにはフレッド・ホイルのたゆまぬ努力のおかげでほとんど完成していた．そこに星間細菌の痕跡を調査するのに適した計器が偶然にも装備されていたのである．

　1979年4月，われわれの細菌の散乱特性に関する論文の前刷りが出てからすぐに，ダヤルがカーディフの私の家にしばらく滞在した．ダヤルは偶然にも，フレッド・ホイルと同じときに我が家に来たのである．私たちは自然と星間細菌に関する話題について話し合った．するとダヤルが尋ねた．「兄さんたちの理論が正しいか間違っているかをつきとめるのに，望遠鏡で何ができると思う？」そう聞かれてすぐに私たちは，AATの赤外線分光計を使えば，$3.4\mu m$に近い波長の赤外線源をこれまでになく詳細に見ることができそうだと答えた．このような特徴をはっきり検出したいと思うなら，銀河系のはるかかなたに目を向ける必要がある．われわれの銀河系内に存在する星間塵の中を最も長く通過する距離と言えば，地球から銀河系の中心までの距離であることは明らかだ．銀河系の中心には，星間細菌を照らし出す役割を果たしてくれそうな赤外線放射源がいくつか存在する．このプロジェクトを実行するための特別な時間を申請しても観測時間を割り当ててもらえるか，ダヤルは気掛かりだった．当時，宇宙の生命は，まともに検討するような科学テーマとは見なされないというのが一般的な見解だった．しかしダヤルはこの困難を克服したのである．正直は最善の策とは言うものの，モラルが疑われる世界では正直さを抑えたほうが得をすることがしばしばある．そこで，別のプロジェクトのための望遠鏡の使用時間を申請して，その後，時間の一部を割いて有機物の痕跡を探すということにした．

　1980年の2月と4月とに，ダヤルはデイヴィッド・アレンと共同で，GC-

IRS7と呼ばれる放射源から初めてのスペクトルを検出した．この放射源は，3.4 μm周辺で幅広い吸収特性があることを示していた（D.T. Wickramasinghe and D.A. Allen, *Nature* 287, 518, 1980）．

　ダヤルが発表したスペクトルについて調べてみると，それが私たちが既に出版されていた文献で見つけていた細菌のスペクトルと，大体一致していることに気がついた．今回の場合は，天体スペクトルも実験室での細菌のスペクトルも，星間細菌の存在を強く裏付けるほどには，はっきりした波長ではなかった．しかしながら，この初期の観測からでも極めて大量に存在する星間塵には複雑な有機成分が含まれていなければならないことが確かめられた．これは，デューリーとウィリアムズの見解とはまったく矛盾するものである．これまで宇宙空間に存在する有機重合体を示す赤外線データは，トラペジウム星団のような局所的な塵の雲に関するものに限られていた．細菌のような粒子による，より一般的な赤外線吸収があり得ると当時考えられていたものの，それがついに確かなものとなったのだ．

　そして，まさにそのときのことだった．イラクの陸軍大将の息子のシルワン・アルマフティという現実派の学生が，カーディフ大学の私のところに研究生としてやって来たのである．このことは私たちにとって，実験室での必要な研究を行う上でチャンスであった．私はカーディフ大学生化学部のトニー・オラヴェセンに連絡して，アルマフティが生物学的サンプルについて分光学的研究を行えるよう学部にある実験スペースと実験施設を手配してもらった．必要最低限の機器の購入については，ビーヴァン学長からすぐに承認され，私たちの実験プロジェクトが開始されることになった．アルマフティは，軍隊式の効率の良さでこの作業をこなし，1981年の最初の数カ月で重要な実験成果を生み始めた．

　アルマフティは，大腸菌のようなありふれた細菌を真空オーブンで乾燥させ，赤外線波長の光線をどのように吸収するか，可能な限りに正確に測定するという実験を行った．このような測定を行う場合，普通は細菌を圧縮した臭化カリウムのディスクに埋め込み，そこに赤外線光線を照射する技術が使われる．この標準的な技術をほんのわずか改良する必要があった．乾燥した星間環境に合わせたり，使用している分光計を化学者が使用するときよりも慎重に調整したりしなければならなかった．こうした作業を終えると，3.3〜3.6 μmの波長領

域で,非常にはっきりとした吸収パターンが示された.そしてこのパターンは,観察する微生物の種類とは関係がないことがわかった(図9を参照のこと).大腸菌でも乾燥酵母でも関係はない.この不変性にはとても驚かされた.私たちが新たに発見した分光的特徴の不変性は,炭素と水素の結合が生物系にどのように広がっているか,その特性をより詳しく示したものである.

　図10の上のグラフは,吸収パターンの構造をより詳しく示したものだ.私たちの考えが正しければ,この構造こそ天文学的にも示されなければならないものである.ダヤルとアレンが初めて発見したGC-IRS7の天体スペクトルは,この予測が正しいと断言するためには,波長分解能の点で十分とは言えなかった.もし,後の観測からまったく異なるプロファイルが現れたとしたら,私たちのモデルは改竄されたものだということになる.しかし私たちは,図10の

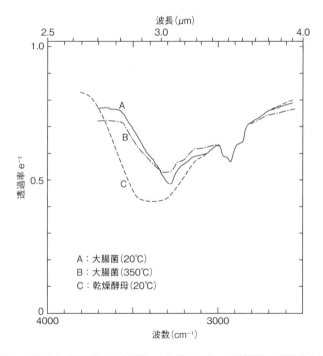

図9　20℃および350℃での大腸菌,ならびに20℃での乾燥酵母の標準化された透過特性.3.3〜3.7μmの波長では,吸収プロファイルにほとんど違いが見られないことがわかる.

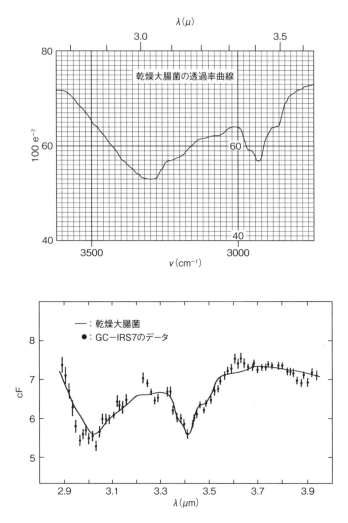

図10 [上図] シルワン・アルマフティが実験により測定した乾燥大腸菌の透過率曲線．[下図] 算出された大腸菌の挙動（曲線）および1981年にダヤル・ウィックラマシンゲとデイヴィッド・アレンが取得したGC-IRS7の天文データ（エラーバーのついた点）の比較．

ような吸収パターンを引き起こす場合の，実験室でのサンプルの正確な量を知っていた．そのため，ある特定の波長での細菌の塵による吸収の強度を判断することができた．私たちの測定によって，この吸収帯が本質的に弱いことが

明らかになった．このことは，細菌の存在を確証する強くはっきりとした信号をとらえるのには，星間塵の中を非常に長い距離をかけて通過する必要があることを意味している．

1981年，宇宙塵に含まれる細菌のモデルを証明

　この物語全体の重要な転機となる観測が，1981年5月にダヤルとデイヴィッド・アレンによりAATを使用して行われた．この新たな観測では新世代の分光計が使用されたので，はるかに質の高い結果が得られた．ダヤルから私たちにファクスで送信された生データは，それより少し前の同じ年の3月と4月に，アルマフティが新たに実験室で観測したスペクトルと比較された．1時間ほどかかって簡単な計算を行った後で，私たちは天体スペクトルと細菌モデルの詳細な予測とを重ね合わせることができた．このときの結果は，図10の下のグラフにも示されているとおり，宇宙塵に含まれる細菌のモデルを最も劇的に証明するものだった．これは，私たちのモデルにとって考え得る最良の証明だったが，それは特に，比較に使用された実験データが最終的な天体観測結果を見る前に得られたためである．図10に示すとおり，一連のデータ点と予測された曲線とが一致している．これは普通，曲線が根拠としているモデルの整合性チェックになると考えられる．以前，同じモデルとその他のデータセットと一致した後でこのような結果が出たのだから，前にも述べたとおり，これほどぴったり一致していることから，このモデルの正しさがはっきり証明されることになるだろう．ところが私たちの場合，細菌粒子のモデルは科学界の主流となるパラダイムと真っ向から対立するものだったから，状況はまったく異なるものとなった．

　私たちは赤外線分光学の経験がある多くの化学者から，図10のような曲線は，生物由来ではない有機物から，いろいろな方法で得られると言われた．私たちは今までに，文字どおり何百回も有機化合物の赤外線スペクトルを調べていたから，そのような主張が信じられなかった．そこで，疑問を呈した化学者たちに対して，明確な事例を示すように頼んでみた．しかしそれが提示されたことはなかった．例外は，無機混合物に注意深くコントロールされた放射線照

射を行うといった，費用がかかりそうないくつかの室内実験をしたらというものだった．そうすれば，望ましい特性を持っていると思われる不確定な「有機残渣（ざんさ）」を得る可能性がある，といった類いであった．

　私たちは明らかにばかばかしい提案に出会ったとき，それに適当に反対しておけばいいと考える傾向がある．ばかげた考えは結局はばかげたものだといずれわかるから，反対の意見を言っておけば必ず論争で勝つことができる．経験から言えば，ばかげていると思えることを裏付ける十分な観察結果が得られないときには，このような方針が無難であることが多い．しかし優れた観察結果がいくつも示されたときには，これは大いに疑わしい戦略となってしまう．

　図10に示した一致は，特に図7と合わせるとどのくらい優れているのであろうか？　この疑問に対する答えを出そうとしていた1980年代初めまで，私たちはこのような一致について評価するために，20年間の経験を積み重ねてきたといえる．ごく簡単に言ってしまえば，これほど素晴らしい結果を得たことはなかった．しかしだからと言って，ここまで述べてきたような明らかに奇抜な発想に対する信念を保っていくのに果たして十分なのだろうか？

　私たちは，ずっとこの問題を追及していない人にとっては，図10に示す星間粒子の吸収特性は，このような遠大な仮説を裏付けるのには不十分と思うことに気がついた．そして間違いなく，それは多くの人の考え方だったのである．しかし，ほぼ20年にわたって取り組んできた私たちにとっては違っていた．時が経って，ここでの私たちの見解が正しかったことが支持されている．1980年代に批判していた人々の中に，細菌の仮説が収めた成功に匹敵する，粒子の吸収特性に関する別の理論を発見できた者は一人もいない．

　そして図7と図10との両方で見られた一致だけで終わりになったのではない．あらゆる観点からデータとの一致が報告された．有機物の塵というアイデアの出発点となった昔なじみのトラペジウム星団のスペクトルは，今や純粋に炭素系の微生物と，珪質（けいしつ）生体高分子を含む珪藻（けいそう）と呼ばれる一般的な藻類とを混合した生物学的モデルと完全に一致している．カーディフのタフ川の水から採取した微生物の混合群集については，$8 \sim 40 \mu m$の波長範囲全体にわたって，トラペジウム星団からの放出スペクトルと一致するという結果が得られた．この一致を図11と図12に示す．私たちは前の章で，2,175Åの星間吸収特性と，

それを黒鉛と考えることの誤りについての話をした．私たちが有機重合体の痕跡に取り組み始めるとすぐに，この吸収が環状の芳香族炭素環構造の作用によるものだと確信するようになった．

1980年以降，星間空間の芳香族分子（六角形の炭素環構造を含む分子）との関連性を示す，赤外線の観測結果が蓄積されていった．そして1980年代半ばには，米国とフランスの天文学者のグループがそれぞれ独自に，銀河系および系外銀河の放射源で広く発生している特定の赤外線放射帯は，芳香族分子群が原因であるという結論を出した．これらの分子は紫外線恒星光を吸収すると，ごく短期間で温度が上昇し，3.28μmを含む，ある特定の赤外輝線にわたる放射線を再放射する．言うまでもなく，このような分子は生物学の本質に関わる部分であり，これが星間空間に存在しているのは細菌性細胞の分解が原因であるということはすぐに理解できる．

フレッド・ホイルと私はずっと後になって，銀河系からの3.28μmなどでの

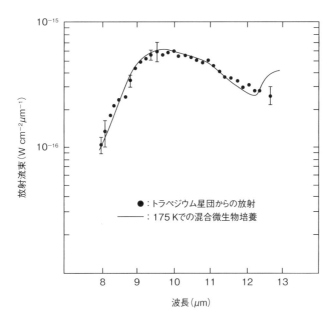

図11　観測されたトラペジウム星団からの赤外線流束（点）および175 Kまで加熱された珪藻を含む混合微生物培養について計算された放射（曲線）の比較．

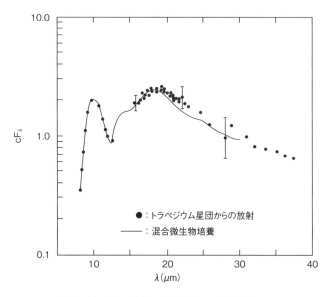

図12　図11をより長い赤外線波長まで広げたもの.

赤外線波長放射域と2,175Åでの減衰を組み合わせることで，それが生物学的に生成された有機分子の集合によって説明ができることを明らかにした(F. Hoyle and N.C. Wickramasinghe, *Astrophys. Space Sci.* 154, 143-147, 1989; N.C. Wickramasinghe, F. Hoyle and T. Al-Jabory, *Astrophys. Space Sci.* 158, 135-140, 1989.).

　前の章で指摘したとおり，宇宙空間に芳香族分子が存在することが(早くも1962年に)いわゆるぼやけた星間吸収帯から推測されていた．20以上のぼやけた吸収帯が恒星スペクトルに見られ，特に4,430Åの波長を中心に強くなっていることは50年以上も前から知られている．科学者たちは何年もの間たゆぬ努力を続けながらも，これらの吸収帯を無生物粒子によって満足の行く形で説明することはできなかった．前にも述べたとおり，私はニューヨークのトロイで開催された会議で，期待の持てる解決法を思いついた．化学者のF・M・ジョンソンは，葉緑素と関係のある分子，マグネシウムテトラベンゾポルフィリンには必要なスペクトル特性が全て揃っていることを示した．もちろん，葉緑素は地球の生物学において特に重要な成分である．葉緑素は植物を緑色にする物

質で,地球の生態系全体の基盤となるプロセスである光合成を行う分子である.

　ごく最近のことだが,私たちは葉緑素のような生物学的色素に,天文学においてはっきり現れる特性があることを発見した.生物学的色素の多くは,ヒカリキノコバエの幼虫が持つ色素のように蛍光を発することが知られている.この色素は青色や紫外線放射を吸収し,スペクトルの赤の部分にある特性帯で蛍光を発している.何年もかけて天文学者たちは,星間塵には6,000〜7,500Åの波長帯にわたる放射特性があることを明らかにしてきた.そして,葉緑素を含む葉緑体は星間空間ほどの温度まで冷却されることで,それとまったく同じ波長帯で蛍光を発するのである(F. Hoyle and N.C. Wickramasinghe, *Astrophys. Space Sci.* 235, 343-347, 1996.を参照のこと).

惑星の生命
Life on the Planets

太陽系の惑星に細菌の痕跡が

　私たちに向けられる敵意はますます強くなってはいたが，それでもある程度の明るい雰囲気の中で研究を続けることができた．これにはいくつか理由がある．幸いなことに，私たちはそれほど資金援助を必要としないで研究をすることができた．その点では，特に国庫から資金提供を受けている同僚たちとはまったく違っていた．何より，ビル・ビーヴァン学長から支援を得られたのは大きかった．ビーヴァン学長は最初から，私たちがまっとうな道を進んでいることを見抜いていた．あまり多くない資金援助であれば学長に頼ることができた．後になってビル・ビーヴァン学長は，アソシエーテッド・フーズのギャリー・ワトソン社長を紹介してくれた．ワトソン社長は1990年代まで，私たちの研究に対して惜しみなく援助をしてくれた．ワトソン社長からの支援は有益なものだった．例えば，フレッド・ホイルに最初のファクス機を送ってくれたおかげで，私たちの間での連絡が楽になったし，みるみるうちにはねあがる電話代を支払うこともできた．最後になってしまったが，フレッド・ホイルも私も妻から助けられた．フレッド・ホイルが自分の意見を守るべく闘っていたときには，バーバラ夫人が励ましてくれていた．私の妻のプリヤもそうだった．勝利のために何が起ころうとも私たちが闘い続けるべきだと，2人の妻は信じていた！

　私たちは，途方もなく大きな宇宙の生態が，約40億年前に彗星によって外の世界から運ばれ地球に入ってきたという考えを確信した．太陽系やほかの場所の惑星も同じプロセスにさらされていたに違いない．幅広い宇宙の生命システムには，受け入れ側の惑星の局所的な条件にマッチする生命形（遺伝子型）が

含まれている．そのような場所であれば必ず，その生命形は定着することができるだろう．ごく単純な単細胞生物から高等動物に至るまで，ありとあらゆる生命スペクトルは，外の宇宙から惑星に持ち込まれたものであるはずだと私たちは考えた．このことを念頭に置いて，私たちは微生物の明らかな兆候を探して，「パイオニア」や「ボイジャー」などの宇宙探査機が入手した太陽系内の惑星に関する新しいデータの検証に取り掛かった．私たちは微生物に不可欠な条件として液体の水が必要であると考えた．

　この制約条件に従いながら私たちは，金星，木星，土星に細菌らしきものの痕跡があることを発見した．金星の地表温度は非常に高温になる（約450℃）ため，地上に生命が存在するとは思えない．しかし金星は広範囲にわたって雲に覆われており，生命が定着したとすればその雲の中と考えられる．少量の水が大気圏の高所に存在し，温度が低いため水滴が形成される．さらに金星の雲は上層大気中で対流を起こしているので，高度70 kmから45 kmまでの間に広がっている．高度での気温は一番高いところで75℃，一番低いところで－25℃になる．私たちは，細菌が上層大気中の条件で生存している可能性があること，雲系の循環によって温度が繰り返し変化することは頑丈な胞子を形成する能力を持つ細菌にとって有利に働くだろうということを主張した．そして私たちは低層の乾燥した雲と上層の湿り気の多い雲との間では，金星の細菌がおそらく複製を行いながら大気とともに循環しているとも主張した．探査機「パイオニア」が入手したデータには，上層の雲に虹ができていることも示されていたが，これはつまり細菌や細菌の胞子と思われる特性を持つ散乱粒子の存在を示唆するものかもしれないと考えた．

　これらの考えは最近，流行の最先端に変わった．2002年に，ダーク・シュルツェ＝マルフとルイス・アーウィンが，ソ連のヴェネラ宇宙計画と，米国のパイオニア計画の金星探査機と，探査機「マゼラン」から送られてきた金星のデータを検証した．そして，地表から高度30マイル（約48 km）の金星大気の化学組成に関する調査報告書の中に，微生物特有の兆候を発見した．2人は，太陽光によって一酸化炭素が生成され，そのための濃度が高くなっているだろうと期待したが，その代わりに見つかったのは硫化水素と二酸化硫黄，そして硫化カルボニルだった．これらの気体は生物が生成するのでなければ，普通はこれ

らの混合物が見つかることはないものだ．そこでシュルツェ＝マルフとアーウィンは，私たちが25年も前に主張したのとまったく同じように，高度30マイルにある金星の大気中に微生物が生息している可能性があると結論した（*New Scientist,* 26 September 2002）．

　また私たちは，木星の大気中に局所的に存在するかもしれない細菌群についても議論した．こうした細菌群は，大赤斑の持続性など，その気象学に及ぼす影響をコントロールしている可能性があると思われる．1 kmの大きさの彗星のような天体が高速で木星に衝突し，崩壊して気体になって大赤斑に似た拡散する斑点を形成することがあるだろう．このような大気の層には，微生物の複製に必要な無機栄養が豊富にあると考えられる．大きな細菌群がこのエリアに蓄積されることで，フィードバックにより局所的な細菌群と木星の全体的な気象の相互作用が起こったかもしれない．さらに私たちは1979年にボイジャー計画を通じて発見された，木星や，土星や，天王星の輪にとらえられた細菌粒子の存在についての試論を提出した．

　また私たちは，メタンなどの有機化合物が太陽系天体にわずかでも存在することは，生命が存在する証拠であると見なすようになった．現在地球上にある有機物は，基本的に生物によって直接的または間接的に生成されたものである．したがって，宇宙の至るところに発見されている相当量の有機物についても同様である．天文学者は，四つの巨大な外惑星の大気中にメタンが存在する理由として，炭素化合物は，低温状態のとき過剰に水素が存在する中でメタンに変化するという熱力学傾向の結果によるものだと一般的には考えている．しかしながら，私たちの太陽系形成に関するモデル（前にも述べたとおり）に従うと，原始太陽系星雲には過剰な水素が大量に存在したわけではなかった．つまり，円盤に含まれている大量の水素およびヘリウムが周縁部に逃れることで初期に円盤の放出をもたらし，その結果，過剰な角運動量は失われる．

　フラスコに入れた水素および二酸化炭素を混合させた気体について考えてみれば明らかである．それぞれの気体は永遠に変化することはない．メタンに変化する熱力学傾向は基本的に観察不可能である．しかし，触媒作用が本来の働きを示すのはこのような状態のときである．宇宙空間に存在する触媒の中でも，細菌は群を抜いて効率的に働く．メタンを生成する細菌（メタン菌）は，まさし

く二酸化炭素と水素をメタンと水に変える速度を高めるために存在している．もしその変化が無機的に起こるとすれば，細菌界——メタン菌界全体の存在理由はなくなる．外惑星は大気中にメタンを含むことが知られている．したがって私たちの考え方によれば，そこにはメタン菌がいっぱい存在していなければならないことになる．これらの全ての推測は，「細菌の遍在性について」というタイトルで「カーディフ・ブルー・プレプリント」に発表され，その後，要約版として「*Space Travellers: The Bringers of Life*(宇宙の旅人：生命をもたらすもの)」というタイトルの本として出版された(University College, Cardiff Press, 1981)．

もう一人の旅の道連れ

　われわれの旅に，今度はドイツのユーストゥス・リービヒ大学ギーセン地質学研究所のハンス・ディーター・プフルークが道連れとして加わった．1979年にプフルークは，グリーンランド南西部の堆積岩に微生物化石が存在していたことの証拠を示している(イスア地域で発見された一群の化石)．この岩石は38億年前のものであったため，最初の生命の誕生は以前の推定よりも約5億年も早いと考えられるようになり，原始のスープができあがるまでの時間が短縮されることになった．実際，地球が彗星の激しい衝突にさらされたのは38億年前だったということが明らかにされている．したがってプフルークの発見した微生物化石は，この重爆撃期のあとで地球に最初に生命が生存した証となる可能性があると思われる．

　プフルークは，化石化した細胞を形作る構造が多数の群体として発生し，個々の群体それぞれが異なる出芽段階にあることを発見した．岩石の薄片を使用するプフルークの方法は，明らかに汚染の可能性のあり得ない方法だと思われた．しかしプフルークの発見の本質を考えれば，当然のことながらその後は論争が続いた．とは言うものの客観的にみて，プフルークの場合は手抜かりがなかった．分光学的研究により，これらの構造が確かに初期の生命の証拠を示すという結論を裏付ける有機分子が見つかった．特筆すべき例として，酵母細胞に似た核を持っている細胞，つまり真核細胞が見つかったことが挙げられる．これ

はもちろん，核を持つ細胞の出現は，地球上での生物の進化のプロセスのずっと後の方であるという広く知られている生物学のパラダイムに反するものである．プフルークの論文は『ネイチャー』誌で発表された (H.D. Pflug and H. Jaeschke-Boyer, *Nature* 280, 483-486, 1975)．そして予想どおり，プフルークの微生物化石に対しては，生物学的遺物ではなく観察の際に現れる見かけの結晶学的な構造物であると主張するさまざまな反論が続いた．同様の議論は現在でも続いている．

1980年に私たちはプフルークから，地球上の微化石よりもはるかに興味深い情報を提供したいという連絡を受けた．プフルークは，炭素質隕石内に細菌の微化石が存在するという，新しい説得力のある証拠を発見したと主張した．プフルークの新しい発見について述べる前に，この研究に関する歴史的背景をおさらいしておくのがいいだろう．

その名が示しているとおり，炭素質隕石には質量換算で2%以上の濃度の炭素が含まれている．このような隕石のわずかな部分に，炭素が高分子量の有機化合物として存在していることが知られている．その起源に関しては依然として議論の余地はあるものの，少なくとも1種類の炭素質隕石は彗星由来であると一般的に考えられている．凍結した微生物を大量に含む彗星は，近日点を何度も通過することで揮発物の沸騰が起こり，急速に収縮する彗星の内部で細菌の沈殿的な蓄積が起きた可能性があると思われる．そこで私たちは，炭素質コンドライト(隕石の一種)を，揮発物質が除去された後の彗星の残骸であると見なすことができる．

隕石に細菌の微化石が含まれていることは，1930年代には既に主張されていた．しかし，その最初の主張は汚染物として即座に却下されている．しかし話はそれで終わりにはならなかった．議論全体が1960年代初めに復活したのである．新しいドラマの主役となったのは，ハロルド・ユーリーである．ユーリーはフレッド・ホイルとは知己の関係で，20世紀を代表する化学者の一人だった．ユーリーは，G・クラウス，B・ネイギー，D・L・ユーロプと共同で，1864年にフランスに落下したオルゲイユ炭素質隕石について，顕微鏡と分光器を使用した研究を行った．そしてユーリーたちは，化石化した微生物と類似した有機的構造の証拠を発見したと主張した．それは藻類に似ていた．この証拠として，

電子顕微鏡写真が含まれており，そこにはこれらのいわゆる「細胞」内部の下部構造まで写っている．発見された構造には，細胞壁や細胞核や鞭毛のような構造のほか，細胞分裂の過程にあったことを示唆する，染色体のくびれに似た引き延ばされた物体があった．ユーリーたちは，以前に同じ研究をした研究者たちと同様に，すぐさま正統派の科学者からの攻撃にさらされることになった．

当時最も影響力のある隕石学者たちから猛烈に攻撃されたため，1960年代に行われた隕石に化石が含まれているという主張はすぐに鳴りを潜めた．こうした主張への特に厳しい批判の一つが，隕石の構造にはブタクサ花粉のような地球上の物質の混入がはっきりと認められるというものである．しかし，分類され説明がなされた大多数のその他の構造物(「有機的な成分」)については汚染物質という指摘は皆無であった．激しい攻撃に恐れをなしたか，クラウスは圧力を受けて主張を取り消し，ネイギーは，ガリレオが「$E\ pur\ si\ muove$ (それでも地球は動く)」とつぶやいたように，可能性があることを自分の著作でほのめかしながらも身を引いてしまった．

代わりの説明として，これらの化石に似た構造は何らかの非生物的プロセスによって有機分子の覆いができた鉱物粒子だというものがある．しかしこの理論の難点は，これらの構造が高度に組織化された細胞のような外観をしていることが依然として謎のまま残されるところである．地上での汚染はあり得るが，これもまたこの微生物化石に相当するものが今の地球には存在しないため正しい説明とはなり得ない．

マーチソン隕石に含まれた微化石

1980年にプフルークは，炭素質隕石に含まれる微生物化石に関する全ての問題に再び取り組んだ．プフルークは，クラウスたちが使っていたのよりも明らかに優れた技術を使用して，1969年9月28日にオーストラリアのメルボルンの約100マイル (160 km) 北に落下したマーチソン隕石のサンプルを分析した．そしてその薄片から有機物で構成される細胞のような構造を大量に発見した．その画像を見せてもらったフレッド・ホイルと私は，これは生物起源によるものだと確信した．プフルークは，この結果を発表するのにやや神経質になっ

ていた．自分の経歴が傷つけられたり，1960年代のときのような反応をされたりするのではないかと恐れていた．前にも述べたが私たちはプフルークを説得して，1980年にカーディフで開催された王立天文学会の地方対話集会で，彼の研究を発表することをすすめた．

　プフルークが採用した方法は，隕石からとった薄片に含まれる鉱物をフッ化水素酸を使って溶出させるものである．こうすることで，不溶解性の残留炭質物を本来の構造を損ねることなく沈殿させることができる．その結果，外部からシステム（系統）を壊すことなく，電子顕微鏡により残留物を調査することができる．現れたパターンは地球上のある種の微生物と驚くほど似ていた．また多くのさまざまな組織が残留物の中に発見され，その多くが既知の微生物種と似ていたのである．図13にその一例を示す．使用された技術のおかげで汚染は除外されたと考えられる．したがって，懐疑論者は反証するためにほかの説明を考えなければならない．しかし，この全ての特徴について非生物的プロセスによる説得力のある代わりの説明はすぐには見出せなかった．

　隕石に含まれる，いわゆるアミノ酸の立体異性体（左手型と右手型）は込み入った説明がいる．生体タンパク質は，もっぱら左旋体（左手型）で作られている．しかし，ユーリー・ミラーの実験のように合成されたアミノ酸は，アミノ酸ごとに同数の左手型と右手型から作られる．多くの研究者が，隕石のアミノ酸には等しい数の左手型と右手型が含まれているため，生物学と関連性があるとは言えないと主張した．しかしながら，地球上で生物が化石化する間に実際に左手型が右手型に変わることが知られている．とはいえ，このことによって左手型と右手型が同数存在することを説明することは難しいと思われる．私たちはプフルークのおかげで，M・E・エンゲルとB・ネイギーの未発表の研究に注目することになった．この研究によると，マーチソン隕石に含まれる生物学的と関連するアミノ酸では，左手型の方がわずかながら優勢であることが示されている（その後この研究は発表されている．M.E. Engel and B. Nagy, *Nature* 296, 837, 1982）．このため1981年の時点で，隕石のアミノ酸が生物起源であるという問題は解決されないままであった．

　私たちは，1980年から1983年にかけてプフルークと連絡を取り続けた．そして1981年11月26日にカーディフに招き，「地球外生命体：マーチソン隕石の

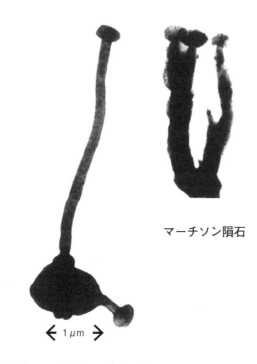

マーチソン隕石

← 1 μm →

現生のペドミクロビウム属

図13 ハンス・プフルークがマーチソン隕石から発見した多くの微化石の一つと，現生の微生物であるペドミクロビウム属との比較．

微化石に関する新たな証拠」と題して公開講義をしてもらった．フレッド・ホイルが紹介を行い，ビル・ビーヴァン学長が会議の議長を務めた．いつものとおり，フレッド・ホイルも出席する講義は満席だった．聴衆は講義を楽しみながらも，大いに刺激を受けていた．そして地球科学者たちは困惑の表情で帰宅した．

進化は宇宙から
Evolution from Space

新ダーウィン主義に反論する

　星間塵の有機化合物に関する多くの証拠を手にした今，私たちには，この比較的単純な事実でさえ一般の科学社会が受け入れるのを躊躇していることが全く理解できなかった．おそらく，はるかに大きな問題が危機にさらされるという認識があったのだろう．ダーウィン的進化が全体的に厳しく見直されるということになれば，そのような方向性を示すどんなに単純な事実からも目を背けたくもなるだろう．ハクスリーとウィルバーフォースの論争に代表されるような，ユダヤ教やキリスト教の創造論に対するダーウィン説の最終的な勝利は苦労して勝ち取ったものであり，その流血の記録はわれわれの集団的な意識の中に今もなお残っているはずである．それはどんな犠牲を払ってでも守られるべき勝利である．そのため小さな真実は，広く認知された目標のために犠牲にならなければならないということなのだろう．

　フレッド・ホイルが私たちを訪ねるときには，このような問題に触れることが多かった．あるときには哲学的に，またあるときには腹を立てながら科学界の同僚たちの態度について話し合った．ある日の午後，ある天文学的問題の解明でくたくたになっていたときのことだった．私の家から2，3マイルのところにあるケルフィリー山まで散歩しようということになった．山の頂上に着くと，犬が1匹小道を横切ってきて歯が食い込むまでフレッド・ホイルの足首に噛みついた．ズボンの裾が裂けた．犬を止めに来た飼い主は申し訳なさそうだった．その日の夜遅くなって飼い主が家までやって来てさらに謝りながら，償いをしたいと申し出た．うちの犬がこんなに荒々しい振る舞いをするのは，これ

が本当に初めてだとも言っていた．フレッド・ホイルは，妥協しようとしない批判者たちに対する自分の怒りが原因だったかもしれないと思った．自分の体内で作り出されたアドレナリンを犬が感じ取ったのだろうと．

　私たちが1980年から1981年にかけて取り組んだ次の大きなプロジェクトは，病気を引き起こすウイルスや細菌のような宇宙の生命を地球上の生物の進化と結びつける試みだった．もし40億年前に，彗星が宇宙の微生物を最初にもたらしてから地球上に生命が誕生したのだとすれば，今日見られるような多種多様な生命体が生み出されるまでに，どうやって進化し多様化したのだろうか？

　新ダーウィン主義者によれば，全ての生命は原始的な生物系が何十億回も続けて複製された結果だという．この理論に従うなら，エラーが何度も複製され，自然淘汰のプロセス，すなわち適者生存によって，生命の多種多様性や細菌から人間へという複雑化し洗練される上方向への着実な進行があったということになる．これはおそらく新ダーウィン主義を単純に表現したものであり，その本質的な特徴であろう．しかし，これで生物学に関して入手可能な事実を説明するのに十分だろうか？

　私たちがこの問題について調べ始めたとき，答えははっきりと「いいえ」であるとわかった．この理論に対する私たちからの数学的な反論は，『*Why Neo-Darwinism Does Not Work*（新ダーウィン主義ではうまく説明できない理由）』(University College Cardiff Press, 1982) という小冊子で発表している．新ダーウィン主義に対する，より全般的な批判は共書『*Evolution from Space*（生命は宇宙から来た）』(Dent, 1981) に書いた．

　本質的に，私たちの基本的な主張は単純である．生物学における主要な進化的発達には新しい高品位の情報が継続的に必要である．しかし，そのような情報は，現在もてはやされている密閉された箱での進化に関する主張からは出てこない．生命が有機物の基礎的な物質から生じたとするストーリーが直面する困難は，さらなる進化的発達をするのに必要な新しい遺伝子のセット全てに対して同様に当てはまる．このような文脈に基づいて行われた最も初期の主張は，原始的な細菌に必要な酵素セットの起源に関係するものだった．

　典型的な酵素は約300のアミノ酸の輪からなる鎖状で，それぞれのアミノ

酸の輪は生物によって使われる20種類の異なるアミノ酸の一つから構成されている．多くの特定の酵素に関する詳細な研究により，鎖の輪の約3分の1は特定のアミノ酸を持っていなければならない．あとの200個の輪については，20種類のアミノ酸から選んだ約四つのサブセットから選択されたアミノ酸を持つ．これはつまり，与えられ得る全てのアミノ酸が供給されている状況で，300のランダムな輪によってある特定の酵素が生み出される可能性を計算した結果がわずか10^{-250}しかならないことを意味する．地球の初期段階に存在していた細菌には，このような酵素が約2,000種類必要だった．そして，既にあるアミノ酸がランダムに混ざり合い結合して必要な2,000種類の酵素が偶然に生み出される可能性は，およそ$10^{500,000}$分の1である．

　こんなわずかな可能性など認められるわけがないと，きっと誰もが思うのに違いない．だから，まさしく温かい小さな水たまりの中での一連の遺伝子の起源に関するパラダイムの信奉者にとっては，この議論は誤っていなければならない．地球上にほとんど最初の頃から存在する細菌は，普通の細菌，いわゆる現在の細菌だったことが知られているが，最初の生物は2,000種類よりもかなり少ない数の酵素があれば生存可能であったと論じられることがある．この場合，約256種類という数が引き合いに出されている．この場合でも，この厳しく切り詰められた酵素セットの起源が誕生する可能性は，10^{6900}分の1だ．こんな話はとても友人に勧められない．比較のために言っておくと，目に見える宇宙全体，最大の望遠鏡を使って目に見える全ての銀河を眺めたとすると，そこに存在する原子は約10^{79}個である．

　このような統計から，私たちは生命はまさしく宇宙的現象に違いないと確信した．私たちが生命として認識しているすばらしい大建築のそもそもの始まりが地球上の温かい小さな水たまりであったはずがないし，もちろん宇宙のごくちっぽけな一つの場所で起こるはずもない．その始まりには，宇宙の大部分を構成する，恒星にある全ての資源が必要だったのに違いない．そして一度はじまった生命は，そこからはたやすく広がっていくことができる．このことを伝えるために，フレッド・ホイルと私は著作や講演を通じて日常的な状況を例えにしながらさまざまな試みをしていた．そのような例えの一つとして，数千人が同型の2個のサイコロを一斉に振ったときに全員が6の目を二つ出す可能性

は，原始細菌が必要とする酵素のセットが誕生する可能性と同じくらい困難なものだというのがある．また，地球上の有機分子から生命の起源が誕生するのは，竜巻が廃品置き場を通り抜けた後に完全に動作するボーイング707が出来上がっていたというのと同じくらいあり得ないことだという例えもしている．

宇宙の進化

こうした障害を乗り越えるためにこれまで行われてきた試みは，私たちからすれば失敗の連続であった．フレッド・ホイルは，1982年1月12日に王立研究所で行った講演の中で次のように語っている．

> 「非平衡熱力学と呼ばれる謎だらけのプロセスに訴えることで，アミノ酸に関して，必要かつ明確な秩序を発見するという問題を何とか解決できるという意見を発表している人もいます．これは500万回続けてサイコロの6の目を出そうとしている人に，もう少し速く転がせばそれが出やすくなると言っているようなものです．もちろん，サイコロを光速で転がしたところで結果には何の違いもありません」

生命の起源に関する，こうした克服不可能に思われる障害を乗り越えるには，二つの論理的な選択肢があると思う．

選択肢1：有限である宇宙空間で，無作為かつランダムなプロセスを通じて生命が組み立てられたのではなくて，宇宙の知性が何らかの形で介入して生命が組み立てられた．このような概念は，多くの科学者が即座に却下することだろうが，却下する理由は純粋に論理的なものだとは言いがたい．現在のわれわれが持っている技術的知識によって，つい10年前には遺伝子操作は不可能であると思われていたことを，生化学者と遺伝学者が行えるようになっている．例えば，ある種から採取した遺伝子のかけらをいくつか別の種につなぐこと，すなわちプライシングによって想定した結果を出すこともできる．だから，宇宙空間に自然に発生した宇宙の知性が，われわれの生物系に関する全ての論理

的結果を計画し実行したということを，途方もない推測や想像であるとは言いきれないと思われる．この宇宙が標準的なビッグバン理論による，つい137億5,000万年前に誕生したものだとすると，このような創造者を持ち出さない限り納得のいく説明はできない．ただし，生命そのものが何らかの方法で，ここで取り上げたあり得ないという要因を克服できるのであれば話は別だが．例えば生命に含まれる情報が，まだ見つかっていない亜原子レベルで物質の構造の奥深くに埋め込まれていると主張してもいい．

選択肢2：生命の起源とその遺伝子的側面に関して，最大の望遠鏡でも観測できないほどに広がる，空間的に無限な宇宙の存在を前提とすることである．であれば，複製する原始細胞が誕生するというごくわずかな可能性がどこかで実を結び，一度そのようなことが起これば，指数関数的に複製が行われることで最初の細胞が莫大な数に増殖することになる．生物のもつ途方もない複製能力が有利に働くということだ．細胞は十分な数の複製を生み出すことができるので，最初の細胞から生まれた大量の子孫の一つに，進化という第2の極めて可能性の低い出来事が起こる．そして，第3の可能性の低い出来事へと議論は広がっていく．それはまさに不可能な出来事の連鎖全体である．ここから最終的には，今日見られる非常に多種多様な細胞を生み出すことになるのだが，その細胞は地球が形成されたときには既に存在していた．この選択肢は，フレド・ホイル自身がもっとも理に適ったものだと考えただけではなく，宇宙に対するフレッド・ホイルの選択であった．

生命の起源に関するこの見解からすると，このプロセスによって生じる形態は，少なくとも基本となる遺伝子に関して言えば，われわれの銀河系全体で見ても，ほとんど変わらないだろう．あるいは近くにある全ての銀河についても同じかもしれない．次々と同じ基本となる遺伝子が結合して，環境ごとにさまざまな生命体を生み出すことになった．その場合は常に，恒星の数や惑星の数や銀河の数など関係するものの数が非常に多いことによって，そのシステムに多くの不具合が入り込む余地があるということを忘れてはならない．例えば地球は誕生から45億年が経っているが，ここ5億年の間に偶然の出来事が起こ

らなかったら，注目に値するものは何も生み出されなかっただろう．

　宇宙の進化に関する私たちの考え方は，病気の原因となるウイルスが宇宙からやって来たという考えともつながってくる．私たちを批判する人々からは，「宇宙から来たウイルスや細菌が，どうして地球上の生命体の進化と関係があるのか？」と質問される．その答えは，高次の生物は宇宙を漂うウイルスにさらされたことに反応して進化したというものである．病気の原因以外にも，ウイルスは時折われわれの遺伝子に入り込み，将来的な進化の可能性を保持する助けとなった．これこそ，われわれの進化にウイルス性の病気が関わり続ける"存在理由"であると思われる．すると，「ウイルス感染が有害なものだとすれば，高次の生物が進化するときに，なぜ細胞に侵入しようとするウイルスを排除する戦略が発達しなかったのか？」という筋の通った質問が出るかもしれない．論理的には，われわれの細胞に含まれる大量の情報があれば，ウイルスが保持するはるかに少量の情報による影響を防ぐ方法は容易に生み出されるだろうと思われる．ところが長い進化の中でこのようなことは起こっていない．であるとすると，このようにウイルスを「招き入れる」ことは将来的な進化という明確な目的のために続いてきたのではないだろうか？

試される理論
Theories of Trial

1981年，アーカンソー州の進化論裁判

　フレッド・ホイルは，少なくとも従前の意味からすればおよそ宗教的な人ではなかった．もし宇宙の創造者がいるとしたら，世界のどんな宗教もその創造者の意図や計画などということを完全に理解しているとは思えないと考えていたと私は思う．当然のことながら，このような事柄を理解する際にはある程度の不完全性が必ず残る．フレッド・ホイルは私と同じく，偏見にとらわれることなく，生命の起源について「創造（創造主）」が存在することを否定しない立場をとっていた．しかし，それと同時にフレッド・ホイルは，この問題全体に関してはびこっていた曖昧な科学的態度に対して冷淡であった．つまり「創造」という語は，生命と関連させて使用することはできないと考える一方で，宇宙は，その全ての固有の法則とともに全ての意図や目的も突然137億5,000万年前に誕生したという考えを受け入れるという態度である．フレッド・ホイルと私が「創造」や「創造者」などについて話し合うことがあるとしたら，それは，ユダヤ教とキリスト教とがそれを語るのとは違って，単なる抽象的概念としてとらえてのことだった．

　1981年，私たちは『生命は宇宙から来た』を出版していた．この本，特に「全ては神に収束するのか？」という謎めいたタイトルの一章は，メディアに大いに注目された．だからアーカンソー州検事からフレッド・ホイルに対して，間もなく始まろうとしている創造論裁判において，州のために専門家として証言してほしいという要請があったときも驚くことはなかった．1981年3月19日，アーカンソー州知事は「アーカンソー州内の公立学校では，創造科学および進

化科学を同等に扱うものとする」という内容の法律に署名していた．米国連邦政府は，この法律が憲法に照らした場合，妥当であるかという課題に直面し，アーカンソー州と連邦政府との間で審理されることになった．フレッド・ホイルは，ほかの約束があってこの要請を受けられなかったため，私のところへ話が回ってきた．私は州検事と詳細に話し合った．検事は，『生命は宇宙から来た』に書かれた発想について弁護するだけでいいと私を説得した．検察側の鑑定人として私は，新ダーウィン主義の進化論は証明された事実であるという連邦政府の主張に反駁しなければならない．自分が巻き込まれようとしていることに対する不安はほとんどなかったものの，検察側からの招請を断る直接の理由が思い付かなかった．フレッド・ホイルと電話で長い間話し合った後で，私がアーカンソーに行き，私たちの間であらかじめ確認した証拠を提出するということで話がまとまった．私には信仰に厚い友人が何人かいたし，そのような信念を持つ自由を尊重している．そうしたごく普通の思いを，私には不確かだと思われる科学的根拠に基づいて挫折させようという気にはならなかった．

　1981年12月の寒い日に，私は妻のプリヤと一番下の娘を伴ってアーカンソーに向かうことになっていた．その日，ヒースロー空港はすっかり雪で覆われていた．雪のせいで大きな遅れが出ていた．これは不吉な前兆ではないか，引き返して家に帰った方がいいのではないかと何度も考えたことを憶えている．それでも飛行機に乗り，結局は宣誓供述と裁判の時間に間に合うようにアーカンソーに到着した．私の弁護は，本質的に科学に対する私の信念を要約したものである．以下に私の証言を要約しておこう．

　「私たちが示してきた事実から，地球上の生命が銀河全体に広がる生命系と思われるものを起源としていることは明らかです……生命は地球外に起源を持っており，そこから絶えず送り込まれてきました．これは，誰もが信じるべきとされる，ダーウィン主義者の理論に真っ向から対立するものです……．

　この理論に従うなら，エラーが何度も複製され，自然淘汰や適者生存のプロセスによってえり分けられることから，生命の多種多様性や，細菌から人間へと複雑化し洗練されるという，上方向への着実な進行について説

明できるだろうということになります……連続して複製されることでエラーが蓄積されるという考えには納得しますが，このような平均的なエラーは，情報を着実に劣化させることにつながります……こうしたいわゆる社会通念は，創世記の最初のページが何十億回も複製される間にエラーが積み重なっていって，その結果，聖書全文だけではなく世界中の主要な図書館全てのあらゆる蔵書がさまざまな内容を持つようになると言っているのと同じです……突然変異や自然淘汰のプロセスは，生命に対してほんのわずかな影響しか及ぼすことができません．それは進化のプロセス全体の微調整みたいなものです……．

　私たちの考えでは，種の進化の過程で出現する非常に重要で新しい遺伝特性は，外部の宇宙を起源とするものでなければならない……私たちには，美術や，文学や，音楽などの偉大な作品を生み出したり，高等数学の才能を発達させたりするような遺伝子が，偶然起こる突然変異によって現れるとは到底認められません……もし地球が，外部にある遺伝子の供給源から完全に隔離されていたとしたら，何かの微生物が最後の審判の日まで複製を繰り返したとしても結局はその微生物には変わらないでしょう．また猿のコロニーで複製が起こっても，ただ猿の数が増えるだけです．地球は退屈きわまりない場所になっているでしょう……．

　創造者が宇宙の外に存在するという概念は，論理的な難題を突きつけるもので，私にも即座にそうだと言えるようなことではありません．私としては，本質的に永遠で境界のない宇宙があり，とにかくそこで生命の創造者が自然な方法で現れたという考え方がしっくりきます．私と同じ研究者であるフレッド・ホイル卿も，同じような考え方を好むと言っています．今の私たちが持っている生命や宇宙に関する知識に従うなら，生命の起源に関し，何らかの形での創造を断固として否定することは事実から目を背けることであり，見過ごしがたい傲慢だと言えます」

　私の証言は，私の信念とも矛盾していないし，フレッド・ホイルの心からの支持も得ていたから，それ自体が後悔の元になったわけではない．この訴訟は，私が代表するところのアーカンソー州教育委員会の敗訴となった．1982年1

月5日,ウィリアム・R・オヴァートン判事は判決を下した後で,次のように述べている.

> 創造科学を裏付ける「証拠」を確立しようという被告(アーカンソー州)の努力は,同じ誤った前提を根拠とするものである……すなわち,進化論を批判する全ての証拠には,創造科学を支持する証拠が用いられた……統計的数字は,起源の説明として偶然の化学結合に関する理論にとって印象的な証拠であるかもしれないが,それを無の状態からの突然の創造,大洪水,人類と霊長類とで異なる祖先,初期の地球などの複雑な教義の裏付けとするためには,論理を超えた信条が必要となる…….
>
> 被告の主張は,もし実際に生命の起源や世界に関して二つの理論や考えしかないとすれば,より説得力のあるものとなっただろう……ウィックラマシンゲ博士は,地球上の生命が太陽系の外にある星間塵から地球の表面に遺伝物質やおそらくは有機物を運んできた彗星によって「種のように蒔かれた」という理論を裏付ける証言を詳細に行った.生命の起源に関するウィックラマシンゲ博士の理論は,科学界において広く受け入れられているものではないにしても,少なくとも科学の本質的特徴に符合する,起源に関する理論を打ち立てるために科学的な方法を用いている.
>
> 本法廷は,ウィックラマシンゲ博士が被告に代わって召喚された理由を理解するのに苦慮している.おそらく博士が,進化論と科学界とに対して概して批判的であることが被告側の戦略にかなった戦術だったのだろう.しかし被告側にとっては残念なことだが,ウィックラマシンゲ博士は,生命の起源に関して,二つのモデル分析による単純化し過ぎたアプローチは誤りであることを示した.さらに博士は,大洪水によってすべての地球の地質学を説明できるとか,地球は誕生したのは早くとも100万年前だとか信じているのは「理性的な科学者ではない」と結論したことで,原告側の証人の裏付けをしている.

私が法廷へ出頭したことに対する影響は,不幸なことにその後数年も続いた.私は自分の信念を曲げることはしなかったが(反対尋問のときに,原告側の主

張を認めなければならないことはよくあった），多くの科学者が，科学に対するアンチテーゼと見なされる「創造科学」に信憑性を持たせようとする私たちの試みを曲解して怒りを表していた．私たちの決定は賢明なことだっただろうかと私が疑い始めたのは，例えば，地球は創造されてから6,000年しか経っていないなど，聖書の内容は正真正銘の真実であると信じている「創造科学者」にアーカンソーで会ってからのことだ．裁判後の数年間は，私も家族もいくつかの過激派グループから殺すと脅迫されたものだし，アーカンソー裁判で私たちが見解を示したことで，フレッド・ホイルと一緒に科学界から追放される重荷を背負うことになった．

1982年のスリランカ国際会議

　当時は，このような問題から逃れることが大きな安らぎとなった．1980年代初めから，私はJ・R・ジャヤワルダナ大統領の顧問として，スリランカの学術や科学に関する業務に関わることになった．このつながりができたことで，私はスリランカへ頻繁に出かけなければならなくなったが，それは願ってもないことだった．J・R・ジャヤワルダナ大統領は私の父と同級生で，当時私がフレッド・ホイルと共同研究していたことが広く報じられていた関係で私に注目していた．大統領はインドを訪問したことがあって，国内に行き渡っている標準的な科学研究にいたく感銘を受けたという．そこで大統領就任に当たり，スリランカの科学を再活性化するという目標を掲げたのである．1980年夏に，私は大統領の招きで基礎科学研究所の計画に取り組んだ．インドのタタ研究所のモデルをベースとしているが，大統領自らが理事会の議長を務める点は異なっていた．1983年1月に研究所が開設されると，「JR」(皆大統領をこう呼んでいた)は私を，カーディフでの現職との兼任で研究所長として招いた．

　私はその年の夏，プリヤと子ども3人とを連れてスリランカに行き，1966年に結婚してから初めての長期滞在に備えた．コロンボにアパートを借り，社会や学術の状況に再び慣れるためにあらゆる努力を払った．国連開発計画（UNDP）から相当の額の助成金を受けていた関係で，設立間もない研究所を科学界の世界地図に加えてもらうため，UNDPの後援による学際的な国際会

議を開催することになった．この会議の目的は，世界中の著名な科学者をスリランカに紹介することで，そこからこの国で研究を行う研究者とのつながりが築かれることを期待していた．

　町の中心から外れた場所に事務所を借り，秘書や会計士や事務所のほかのスタッフを雇って，研究所の基礎となるインフラを無事に整えたところで，私は会議の計画に取り掛かった．スリランカ国内の学者と協力して業務を進める一方で，フレッド・ホイルには，誰を招待するかを決定する際に密接に関わってもらった．私たち自身が現在関わっている研究分野以外の学者を招いて，どれだけ学際的な会議にすることができるだろうか？　そのために，私たちの直接の研究だけにとどまらず，さまざまなセッションを含めることとした．そして招待者のリストには，ズデネク・コパル，グスタフ・アレニウス，ハンス・プフルーク，バーソロミュー・ネイギー（隕石に含まれる有機的な成分に関して論争に巻き込まれた），キース・ビッグ（成層圏で細菌に似た構造を発見した大気物理学者），スリランカ国籍を捨てた科学者のシリル・ポナムペルマとアソカ・メンディス，フィル・ソロモン，アーサー・C・クラーク，トム・ゲーレルス，ジャヤント・ナリカール，アーノルド・ウルフェンデール（当時の王立天文学会会長）の名前が並んだ．

　参加者は1982年12月の開催日数日前に到着し始め，コロンボにある五つ星ホテル，ランカ・オベロイに逗留した．会議そのものはバンダラナイケ記念国際会議場（BMICH）で開催されることになっていた．設備の良いこの講堂と会議施設は中華人民共和国からスリランカに対して寄贈されたものである．フレッド・ホイルは，オーストラリアへの長期滞在を終えてシドニーからコロンボに来てくれた．前年の夏，私たちは「生命の起源が宇宙にあることの証拠」と題した前刷りを作成している．この中で生命の宇宙起源について指向している多方面の研究を取り上げていた．私たちはこの前刷りを『スリランカ基礎科学研究所学会誌第1号』として出版することを決めていた．私たちの原稿は，大統領本人からの指示に従い政府刊行物として出版するためにスリランカ政府印刷局に送られた．それから数日間，フレッド・ホイルと私は校正刷りの赤字入れをするため，印刷局のまるでディケンズの小説に出てくるような薄暗い部屋に籠りきりになった．ほとんど誤字脱字がなかったのはうれしい驚きだった．

これで学会誌はまもなく世に出ることになる．

　会議自体は，スリランカ国内で大いに注目されるイベントとなった．ジャヤワルダナ大統領が開会の辞を述べ，その後でフレッド・ホイルが基調講演を行った．フレッド・ホイルは，国家元首が聴衆の中にいるという特別な状況であってもいつもと変わらず，私たちの理論についてのすばらしい説明をしてくれた．

　グスタフ・アレニウス（スヴァンテ・アレニウスの孫）を前にして，プフルークによるマーチソン隕石に関する話，ビッグの上層大気に存在する微生物の話，ネイギーの隕石に含まれるアミノ酸の D/L 比に関する話が続けば，それらが見事に調和して聴衆を感銘させていたかもしれない．だがそれは実現しなかった．ハンス・プフルークは，以前にも何度か使ったのと同じスライドで慎重に発表を行い，推論は一切なしでありのままの事実のみを述べた．ビッグもそれと同様に，大気中に存在する細菌によく似た微粒子の興味深い写真を示したものの，控えめに，しかも最低限の見解しか述べなかった．こうした発表が終わるとすぐ，グスタフ・アレニウスは，プフルークとビッグの2人に対してすさまじい勢いで，このような結果は非生物的な人工物と解釈されなければならないと主張した．アレニウスは断固として祖父の考えたパンスペルミア説に反対の立場をとった．私たちに有利になるような，どんなに説得力のある説を唱えてもアレニウスを説得することはできないと思われた．人は見たいと思うものを見て，見たくないものは見ようとしないものだ．

　バーソロミュー・ネイギーの場合は違っていた．ネイギーは，自分の発見はまず微生物に関して，それから隕石に含まれるアミノ酸の D/L 比に関して極めて重要であると知っていた．コロンボでの公式発表に臨んだネイギーの語り口は，断固とした率直なものだった．ところがフレッド・ホイルと私がホテルのバーでネイギーと顔を合わせたときに話をしてみたら，ネイギーは明らかにおびえきった様子だった．そのさまをフレッド・ホイルは「狩人に追い詰められたウサギみたいだ」と言っていた．

　生命の宇宙起源に関する疑問を取り上げたセッションは，提起された主な問題について何の結論も出ないままで終わった．アーノルド・ウルフェンデールは，一連のセッションではオブザーバーとして沈黙を保っていたが，RAS（王立天文学会）での討論会を開くからロンドンで議論を続けようと請け合ってく

れた.

　生命に関する問題では議論や反論はあったものの，それを除けば今回の会議には誰もが満足していた．スリランカ人は，伝統的にぜいたくなもてなしをするものだが，今回はそれが特に効果的だったようだ．交友を深める時間やリラックスする時間もたっぷりとることができた．最後の週末には外務省が提供してくれた黒いメルセデス・ベンツが列をなしてホテルの前に到着した．島を巡る3日間の文化観光の参加者を乗せるためである．

　会議の公式の予定が終わった後で，私はジャヤワルダナ大統領からフレッド・ホイルと一緒に大統領公邸に来てくれないかと頼まれた．まず昼食をとり，その後執務室で話したいことがあるというのである．大統領との話し合いで提起された問題は，第1回の会議が終わった後で新しい研究所をどのように運営すべきかということだった．私がずっと携わっている研究のことを考えると，IFS（基礎科学研究所）所長として長期にわたって関与できないのは既にはっきりしている．フレッド・ホイルは，ケンブリッジ時代からの友人で，ディラックの弟子であり当時オーストラリア大学で教授職に就いていたジャヤラトナム・エリエゼルの名前を挙げた．この提案にジャヤワルダナ大統領は明らかに困惑していたが，フレッド・ホイルはその理由がわからなかったようだ．それで私は，その後でフレッド・ホイルに説明した．エリエゼルはタミル人だから，大統領としてはスリランカ全土を脅かしていた，いわゆる「タミル・イーラム解放の虎（LTTE）」と彼との関わりがあるかもしれないと不安に感じたのである．残念なことだが，スリランカ政府によれば海外で仕事をしているタミルの知識人は全員容疑者リストに載っていたという．

アーサー・C・クラークに会う

　フレッド・ホイルの短いスリランカ滞在中にあった最高の出来事の一つは，伝説のSF作家であるアーサー・C・クラークに会いに行ったことだ．アーサー・C・クラークは1956年からスリランカを第二の故郷としていた．クラークはここで深海ダイビングへの情熱を追求し，快適な環境の中で一人思索にふけりながら，『2001年宇宙の旅』などの著作を何冊も書き上げている．しかしクラー

クは，多くのSFを発表していること以外にも，遠隔通信衛星のアイデアを最初に思い付いた人物としても有名である．ずっと昔の1945年10月のこと，クラークは『ワイヤレス・ワールド』誌に世界を永久に変えてしまうことになる記事を発表した．その中で彼は，地上3万5,786kmの高度の静止軌道（クラーク軌道）に配置された衛星によるネットワークによって世界全体をカバーする遠隔通信が実現されれば，旧式の遠隔通信用の電柱に伴ううっとうしい地球の曲率の問題を克服できると指摘している．クラークの巧妙なアイデアは，今では遠隔通信業界で広く活用されている．われわれが音声や画像を使って世界中と直接交信できるのはクラークのおかげなのである．

　私がアーサー・C・クラークに初めて会ったのは，1962年，ロンドンからコロンボへ向かう飛行機の中でのことだった．それ以来，クラークとは連絡を取り合っている．私がスリランカに行くときには必ずクラークの家を訪ねて，天文学や宇宙の話をしたり，最近の出来事について話し合ったりする．クラークの話はウィットと才能とにあふれていて，因習を打破するような意見を口にするのにやぶさかではないという態度だ．クラークと会うのはいつも楽しい．クラークは私がフレッド・ホイルと共同で行った研究を強力に支持し続けてくれる．そして私たちの考えが宇宙の生命にまで進展していくのにつれて，クラークの支持はますます強くなっている．クラークには，このようなアイデアは正しいのに違いないという直感がいつも働くのだ．このことが私にとって大きな励みの元になった．フレッド・ホイルとクラークは，同じ出版社から本を出しているし，科学と空想科学の両方の分野で興味も共通している．だからフレッド・ホイルとクラークが会うのにはちょうどいい時期だと思った．

　バーンズ・プレイスにある，クラークの空調の利いた書斎で雑談していたとき，フレッド・ホイルは自分が書いた『宇宙から病原体がやってくる』が書棚にあるのを偶然見つけた．そのときクラークはとてもおもしろいコメントをしてくれたのである．最近CIAの高官とかいう人物が訪ねてきて，細菌が宇宙から来たという私たちの見解を裏付ける証明を「持っている」と言ったそうだ．その後私たちは，1960年代にNASAが高度40kmの成層圏への一連の気球フライトを支援し，比較的単純な手段で培養可能と思われる生きた微生物を回収していることを知った．その結果，1 m^{3}の大気中に0.01〜0.1個の生きた細菌

が存在しており,この密度は高度が増すごとに高くなるらしいことがわかった．これほど大量の細菌がそんな高さまで吹き上げられる可能性は非常に低いため，細菌が宇宙由来のものであるという結論が，ほんの一瞬だったかもしれないが実験に携わった研究者の脳裏をよぎったに違いない．そんな考えは当時の信念体系からすると異質なものである．もちろん1960年代では，このような実験が行われた環境について汚染の可能性を主張する反論の余地があったかもしれない．ということで，この結果はNASAを不安に陥らせただろうと思う．そして，この状況に対処するため，すぐに次の気球フライトへの支援を撤回した．この話については本書の最後の章の，ISRO（インド宇宙研究機関）が2001年に実施した類似の実験でまた取り上げることにする．しかし1983年12月にコロンボでアーサー・C・クラークが示してくれた「宇宙から来た生命」の議論に対する個人的な見解は，私たちには非常に納得できるものだった．もちろんクラークは間違いなく私たちの味方であった．

星間粒子は細菌か？

招待客が全員帰った後，私はさらに2，3カ月スリランカに残って，基礎科学研究所を長期的な成功へと導くための方法を模索していた．何より国内に嫉妬が渦巻いている中では，この目標を達成するのは私が思っていたよりも難しいことだとわかってきた．そしてスリランカでの私の時間は，事実上1983年7月に終わりを告げる．この国の歴史上最も残虐な民族間暴動が勃発したのである．そのとき私はジャヤワルダナ大統領と一緒に，コロンボ南部で起こった略奪と放火を報じる臨時ニュースに目を奪われ，私たちの会議は唐突に中断させられた．暴動は，スリランカの北部でタミル・イーラム解放の虎が陸軍のパトロール隊を急襲し，13人が死亡したことに対する報復であったのは明らかである．シンハラ人は暴力によって応酬し，暴動は国内全土で数週間も続いた．タミル・イーラム解放の虎は，スリランカから分離独立してタミル人による独立国家樹立を目論んでいる．このとき以来，散発的な暴力行為や，主に政府をターゲットにした自爆テロ行為を行うようになった．このために，インド首相のラジーブ・ガンジーやプレマダーサ大統領（J・R・ジャヤワルダナの次の大統

領) やスリランカの国務大臣など，多くの優れた政治家が犠牲になっている．ここは腰を落ち着けて研究ができるような国ではなかった (2009年，タミル・イーラム解放の虎は，マヒンダ・ラージャパクサ大統領率いるスリランカ政府軍に敗北した．ようやくスリランカに平和と平穏とが戻ってきたが，その光景は1983年当時私が目にしたものとはまったく異なるものだった)．

　1983年までに，カーディフ大学の天文学はさまざまな形で進展を見せていた．バーナード・シュッツの下で，相対論的天体物理学が目覚ましい発展ぶりを示し，これはその後，アインシュタインが相対性理論で予想した重力波検出を専門とする大きなグループの形成へとつながった．私たちの特殊な研究分野は，当時ますます他からかけ離れていったものの，主にイラクから数名の学生を迎えていた．そしてシルワン・アルマフティとともに，生物学的粒子に関する主張のさまざまな面について研究に取り組んでいた．ニアーマ・ジャービルは，星間減光曲線の理論モデルについてより詳細な研究を行い (N.L. Jabir, F. Hoyle and N.C. Wickramasinghe, *Astrophys. Space Sci.* 91, 327-344, 1983)，ライス・カリムは国際紫外線天文衛星 (IUE) によるスペクトルの観測記録 (1981年～1982年) を調べていた．カリムは，2,175Åでの吸収特性が比較的弱いことが知られている恒星について，2,800Å周辺での減光曲線を詳細に調査するために，ラザフォード・アップルトン研究所から入手したこのデータの評価を行った．これは興味深い調査である．なぜなら，DNAかRNAが遊離型としてでも，またはウイルスもしくはウイロイドとしてでもとにかく存在していれば，2,600～2,800Åを中心とする吸収帯を示すと思われるためである．私たちは，このような吸収帯は比較的弱いものであり，2,175Åのウィングに覆い隠されてしまう傾向があると思われるため，発見をあまり期待していなかった．さらに，このような効果はアルマフティが実験室で調査した細菌には現れず，約2,200Åをピークとする吸収特性を持つスペクトルは発見されていない (F. Hoyle, N.C. Wickramasinghe and S. Al-Mufti, *Astrophys. Space Sci.* 111, 65-78, 1985)．しかしながらカリムは，2,200Åの吸収帯が弱いIUEスペクトルを発見することができた．これは，適切な比較のための星がある場合には2,800Åの吸収特性がわずかに見られることを示す．このときのカリムの研究に一通り目を通してみて，分析に関して明白な問題点は見当たらなかったの

で，フレッド・ホイルと私は，この暫定的な発見についての報告論文を共同執筆して発表することを許可した (L.M. Karim, F. Hoyle and N.C. Wickramasinghe, *Astrophys. Space Sci.* 94, 223-229, 1983).

　パンスペルミアに関する今の私たちの進捗状況では，どんな技術的なミスを犯してもすぐにそれが厄介事の種になる可能性があった．しかしその一方で，根拠のない意見への対処は容易だった．私たちが使用したデータに何か問題がありそうだと気がついたのは，カリムの研究が公表されてからのことだった．IUEの文書を後から詳しく調べてみたところ，重要な波長帯のスペクトルには「飽和」と呼ばれる問題があることがわかったのだ．このような状況ではスペクトルに関する結論を出すことなどできない．この不運な問題点は，このことで私たちの粒子モデル全体が危機にさらされるわけではない．しかしながら，調査した恒星に2,800Åの吸収帯のような効果はないと認めなければならないことを意味していた．そして私たちの敵はたった一つのミスでも見逃したりはしない．

　白熱したコロンボの会議の後，私たちの考えに対する次なる試練の場となったのは1983年11月11日に開催された王立天文学会の討論会だった．コロンボのときに私たちと約束したとおり，アーノルド・ウルフェンデールが会議を取り仕切ってくれた．討論会のタイトルは「星間粒子は細菌か？」というものだった．こちら側の参加者は，私自身とフレッド・ホイルのほかに，ハンス・プフルーク，マックス・ウォリス，フィル・ソロモン，向こう側にはメイヨ・グリーンバーグ，ハリー・クロトー，ダグ・ウィテットという顔ぶれである．フレッド・ホイルと私が，問題となっている質問に対する肯定的な回答の裏付けとなる証拠を示した後で，向こう側からの反論が始まった．私たちの考えでは，この反論や反証は大体が議論をふっかけるためのものだった．

　まったく予想していたとおりに，メイヨ・グリーンバーグは前に述べたカリムの研究に飛びつき，一つの誤りがあるのだとすれば，私たちが提唱したことは全て却下されなければならないと述べた．ダグ・ウィテットは，星間空間の構成原子の存在量に基づいて，細菌粒子モデルに対する反論をいくつか挙げた．星間ガスと星間塵に含まれるさまざまな原子種，例えば炭素，酸素，窒素などは，結局われわれが知っている宇宙元素の総量に合致しなければならない．し

たがって，星間塵の形成に使われるこれらの元素は，気体の段階で枯渇していなければならない．ウィテットの最初の主張は，星間ガスから枯渇した炭素と酸素の量に関する最近の推定は，細菌粒子として結び付く炭素や酸素が足りないことを示しているとした．会議に出席していたフィル・ソロモンは，この主張は不確かでおそらく誤りだと述べた．より最近になってからの研究で，正しいのはソロモンの方で，測定された炭素と酸素の枯渇量は，間違いなく星間塵の細菌モデルと一致していることが明らかになっている．次にウィテットが指摘したのは，星間空間でのリン（DNAとして）の存在量は，細菌モデルの裏付けには不十分であるというものだ．言い換えれば，リンの量が十分ではないというのである．この主張に対しても私たちは誤りだと言った．太陽系の元素組成は，星間ガスを厳密に補正するものであり，細菌の乾燥重量の1％の約3分の2がDNAであると考えれば，5倍から10倍ものリン欠乏に直面する可能性があると思われる．しかし，全ての星間細菌が生存しているわけではなく，栄養不十分な細菌はリンが欠乏していることが知られている．

デイヴィッド・ウィリアムズは，無定形炭素の水素化膜に関する新しいデータを示し，この物質も，銀河中心方向の赤外線源であるGC-IRS7からの2.9〜3.5μmのスペクトルの説明に使用できる可能性があると主張した．その後さらに詳しく調べてみたが，私たちは，この一致では細菌モデルに対抗するのには不十分だと思った．そして最後に，ハリー・クロトー（今やハリー・クロトー卿は，C_{60}に関する発見によるノーベル賞受賞者だ）から，標準的な化学者としての見解が述べられた．正確な化学組成に関して確かなことは，赤外線スペクトルから推定することはできないということ．そして，私たちの細菌モデルが星間塵のスペクトルと一致していることは否定しようもないが，一化学者として見解を述べると，有機系吸収グループは，その比率を適当に混合すれば細菌のスペクトルとよく似た吸収特性を生じる可能性があると述べた．私たちがこのような主張を耳にするのは初めてではなかったし，その答えはこの本に書かれている．

星間塵に関する，非常に広範にわたる分光学的データが入手できるようになったので，生物やその分解生成物に似た化学的合成混合物を容易に識別することはできない．しかし，生物には天文学で求められる生化学物質一式と構造

を非常に正確に繰り返し生産するという特性がある．それと同等の結果を宇宙規模で非生物学的プロセスに期待することは，私に言わせれば地球中心的な生命に関する見解を守ろうとする必死の試みにすぎない．

化石をめぐる議論
A Fossil Controversy

1983年,フレッド・ホイルはノーベル賞を逃す

　私の物語を続ける上で,1983年にフレッド・ホイルがノーベル賞の受賞を失したときの奇妙な出来事について書かないわけにはいかないだろう.1940年代から1950年代にかけて元素の起源に関するフレッド・ホイルの研究が,たとえフレッド・ホイルの仇敵であっても,科学界にとって極めて大きな貢献になったことを疑うことはない.前に,元素合成に関する理論(内部が高温である恒星での元素の合成)が,1950年代の科学界の金字塔となった話をした.フレッド・ホイルが,この分野の第一人者であり先駆者であることに疑問の余地はない.フレッド・ホイルの最初の計算では,十分な量の炭素が恒星内部で生成されるためには,炭素原子の核が励起状態になっていなければならないことが示された.そして後年,ウィリアム・ファウラーとボブ・ホエーリングという研究者が,実験室でまさにこの状態であることを発見している.1950年代半ばにフレッド・ホイルは,ウィリアム・ファウラー,ジェフリーとマーガレット・バービッジ夫妻と共同で,この理論をさらに発展させた.このときの古典的論文は,4人の頭文字をとって「B^2FH論文」と呼ばれている.この論文において,恒星内部での元素合成に関する包括的な説明がされている.そしてこの理論は,何十年にもわたって天文学界に対して重要な影響を及ぼし続けた.

　1983年のノーベル物理学賞は,元素合成に対する貢献が評価されて,ウィリアム・ファウラーとスブラマニアン・チャンドラセカールに授けられることになった.だがフレッド・ホイルがノーベル賞から外された.その理由は依然として説明のつかない謎のままである.皮肉なことに,受賞者が発表される何カ

月か前に，フレッド・ホイルのお孫さんからウィリアム・ファウラー（フレッド・ホイルとファウラーとは家族ぐるみのつきあいがあった）に，校内誌に記事を書いてほしいと頼んでいたのである．その記事の中でファウラーは，フレッド・ホイルはこの研究分野の先駆者であり推進者だということを書いていた．

　もちろん，規模の大小はあるにせよ，先駆的研究の承認に関して正義が無視された例はほかにもある．人間は本質的に弱さを持っている．嫉妬と偏見とにとらわれることで客観的判断を妨げられることが多い．この事実を，フレッド・ホイルは真っ先に悟ったことだろう．またフレッド・ホイルは，科学史における自分自身の位置は確かなものであることを知っていた．また，政治的な科学界の意見は，長期的に見れば「大体が的外れである」ということもよく知っていた．

　しかし私は，ノーベル賞に関する事件がフレッド・ホイルに影響を及ぼしたと確信している．フレッド・ホイルはこのことについてあまり語らなかったが，旧友のファウラーとも，それっきり話をすることはなかった．この挿話から読み取れる影響の一つは，確立した科学的な権威に対するフレッド・ホイルの舌鋒（ぜっぽう）がますます激しくなったことである．フレッド・ホイルの研究がノーベル賞から除外されたことに対して多くの憶測が飛び交った．その中で『ネイチャー』誌の編集者であるジョン・マドクスの推測は興味深いものだった．フレッド・ホイルが除外されたのは，スウェーデン王立科学アカデミーが，その支持を拒んでいるパンスペルミア説に関わっているからだというのである．

GC-IRS7のスペクトル

　このような妨害にもかかわらず，それから数年，私たちはパンスペルミア理論の微調整だけではなく，この理論に対して貼られた批判的なレッテルに対処することに集中して取り組んだ．星間粒子が複雑な有機的性質を持っていることへのコンセンサスは高まっており，このような状況は私たちにとって勝利であると考えていた．ただ星間粒子と細菌とが同じものかどうかについては，さまざまな分野で激しい議論の的となった．最後の章でも述べるが，最も綿密に調べられているのは銀河赤外線源であるGC-IRS7と一致していると私たちが

主張するスペクトルの独自性である．私たちの防衛線となっているのは，示した一致が関連性のある赤外線帯におけるいくつかの吸収ピークの位置に対するものではなく，本質的に無限の波長帯における全ての不透明度関数$\tau(\lambda)$に対するものになっていることである．後者の要件の方がはるかに厳しいことは明らかであり，正確に調整された実験機器が特別に設計されたのは，まさにこの理由のためであった．この性質を説明できる同じような特徴をもつ，非生物の化学グループがあるかどうかについては常に疑問の余地がある．もしこのような性質をもつ化学物質を非生物的に適度に混合することが可能であるなら，どうすれば銀河全体で，絶対に間違いのないほど正確に同じ組成比でそれが起こり得るかについて説明するジレンマに直面することになる．

GC-IRS7のスペクトルを説明するためには，このような組成比の混合物を発見しなくてはならないという難題は極めて重要である．そのように考えられるため，米国国内の複数の研究所やその他で，この研究に全力を注ぎ込むようになった．しかしこうした試みは，せいぜい部分的にしか成功しなかった．

フレッド・ホイルは，ヨークシャーの出身であることを誇りに思っていた．そして，どちらかというと率直なヨークシャー人らしく，自分への批判に取り組むとき，特に自分が正しくて向こうは間違っていると確信しているときには，いらいらを募らせていた．フレッド・ホイルは誤った批判に対して，相手から受けたのをはるかに上回る攻撃的な反応をすることがよくあった．こうした状況は，スウェーデン王立科学アカデミーのあの振る舞い（ノーベル賞）の後では，さらに悪化していった．M・H・ムーアとバートラム・ドンの論文（*Astrophys. J.* 257, L47, 1982）に対するフレッド・ホイルのコメントはその一例である．その論文では，私たちの3〜4μmの赤外線帯での細菌モデルに対抗し得る特性を持つ有機残渣について主張していた．それは，無機質の氷に照射を行った後で抽出された有機残渣である．論文には実験室での分光学的データが示されていたが，それでは2人の主張を実証することは難しかった．私たちが「カーディフ・ブルー・プレプリント」のために共同で執筆した「NASAより愛をこめて」という一文で，フレッド・ホイルはこんな風に書いている．

どんな組織でも，最初に過度に多くの資金を供給され，その後は適度な

額しか資金を供給されなくなると，必ずその全ての資金を間接費に使っていることに気がつくものだ．これは，数億ドルあるいは数十億ドルを毎年供給されている場合でも当てはまる．現在NASAは，多額の間接費を必要としすぎて，まともな紙1枚でさえ買えないような状況にまで落ち込んでいる……このような非常に切り詰められた状況では，研究者は自分の見解を切手の大きさほどの限られたスペースに発表しなければならなくなっている．……そのような状況下でムーアとドンが「$3.4\mu m$の領域で，われわれの実験室で測定した有機残渣のスペクトルは，大腸菌のものと非常に近かった」と発表した．……これは確かに憂慮すべき状況である．かつては裕福だったNASAが非常に逼迫した状況にあるため，目の悪い研究者を近所の眼科医で診察してもらうことさえままならないのだから……．

メイヨ・グリーンバーグとその共同研究者が，バートラム・ドンとムーアが使用したプロセスと異なる方法でも，微量の複合高分子，もっとふさわしい呼び方をするならグリーンバーグが「黄色い物質」と呼んだものを作成することもできただろうと主張した．この物質のスペクトルも，私たちの細菌スペクトルモデルに対抗するものとして提唱されたのである．まったく同じ成分の最終生成物が得られるような実験が出てくるといつも必ずわれわれを悩ませた．それが，提唱される非生物的なモデルの欠点である．私たちはその主張について確かめてみたいと思ったが，それはできなかった．一方，乾燥した細菌の細胞に関する私たちのスペクトルは，生物学的複製という単純なプロセスによって，どんな場合でも再現可能である．そこでフレッド・ホイルは，メイヨ・グリーンバーグに対してこんなコメントを残している．

「グリーンバーグ教授が，1mgでもいいから例の黄色い物質を提供してくれるような親切な方であれば，私たちからはお返しにバケツいっぱいの馬糞を送ってあげましょう！」

もちろん，大腸菌がたっぷり含まれた馬糞を，だ．

始祖鳥の化石の真贋

　フレッド・ホイルと旅をしている間，時には脇道にそれて危険な状況に足を踏み入れるようなこともあった．後で振り返ってみると，そのような脱線にもうまく避けられたものがあったかもしれない．そういう脇道の中で3年以上も続いた問題がある．かの有名な始祖鳥の化石に関するものだ．私たちが進化について考えていた頃，始祖鳥は化石記録の中で，どうもつじつまの合わない奇妙な存在であるように思われた．始祖鳥は，爬虫類と鳥類とを結び付けるものと考えられており，新ダーウィン主義的進化論にとって重要であることは明らかだ．始祖鳥の化石が発見された当時は，化石記録の中で長い間探し求められていたミッシングリンクの一つだとして歓迎された．その化石は，非常に細かい羽毛の痕跡が残った小型爬虫類のように見えるもので，1億6,000万年前のジュラ紀の石灰岩層から発見された．ドイツ人医師のエルンスト・ハーバーラインが，1877年にニュルンベルクの南40マイル（約65km）にあるゾルンホーフェン砕石場で発見したという．ハーバーラインはそれより数年前にも，同じ砕石場の同じ年代の石灰岩層に一枚の羽毛の痕跡があると古生物の学会で発表している．始祖鳥の全身の化石が残されたこの石灰岩の板は，向かい合わせとなる岩板（この化石の鏡像が残っている）とともに大英博物館に売却され，この博物館で特に貴重な収蔵品の一つとして珍重されている．当時は，その信憑性に対して少しでも反論しようものなら，大変な騒動になっても不思議のない状況だった．

　1984年9月に，フレッド・ホイルは王立協会気付で手紙を受け取った．差出人は，イスラエルのレホヴォトのリー・M・スペットナーとあった．スペットナーは自分のことを，イスラエルの著名な物理学者であるシリル・ドムの友人だと紹介していた．ドムは第二次世界大戦中（1941～1945）に，フレッド・ホイルと一緒に海軍のレーダー開発に携わっていた人物だ．初めてなのに，フレッド・ホイルがスペットナーからの手紙を真剣に受け止めたのは，シリル・ドムに対するフレッド・ホイルからの敬意の表れによるものだったと私は思う．手紙にはこう書いてあった．

私はもう何年も，始祖鳥の化石は本物ではないと強く疑っています……あの化石は，最初は飛行ができる爬虫類だったものを，まるで元から羽毛があったかのように見せかけた，でっち上げではないかと思います．

　フレッド・ホイルはこの手紙を私に転送してきた．私たちは2人とも，当然この提言に興味をそそられた．そこですぐさま近くの図書館に出かけ（まだインターネットが普及していない時代である），この化石の歴史についてできる限りのことを調べた．すると当時，化石の捏造は当たり前のように行われていたらしく，博物館が偽物を売りつけられることは，まったくあり得ない話ではなかったようだ．同じ資料の記録によると，始祖鳥の化石は少なくとも三つあることになっている．まず一枚の羽毛（前に述べたもの），次に大英博物館収蔵の標本，そしてそれとよく似た別の標本がドイツにある．このうち一つでも偽物であることが明らかになれば，三つ全てが偽物だということになる．

　それから数週間後，スペットナーから始祖鳥の信憑性に対する懸念に関する細かいまとめを書き送ってもらった．それを見て，私たちはスペットナーの主張がもっともらしいように思われた．その後，スペットナーが妻を伴ってカーディフを訪れたときにちょっと会ってみた．フレッド・ホイルも私も，スペットナーが正直な男で，聖書に忠実な正統派ユダヤ教徒であることがわかった．実際，とても敬虔なユダヤ教徒であったので，妻のプリヤが夕食に招いたとき，ユダヤ教徒の家では出されない食べ物には一切手をつけなかった．私たちは生のニンジンやリンゴを勧めなければならなかった．スペットナーが食べてもよかったのは，それくらいのものだった．

　私たちは，どういう動機であったかを知らせずに，大英博物館のA・J・チャリグ博士に始祖鳥の化石の写真を撮らせてほしいと頼んだ．そして正式に撮影許可が下りた．1984年12月18日の午後，私たちは物理学部所属の写真家であるR・S・ワトキンズを伴ってロンドンに行き，石板と，それと向かい合わせとなる石板との写真を，照明や露光をさまざまに変えて100枚も撮影した．写真を調べてみて，スペットナーの主張を真剣に受け止める必要があると確信できる多くの特徴があることに気がついた．完璧な羽毛の痕跡は，薄く重ね塗りをした層（石灰石のセメント）の上に残っているように見えた．化石のほかの部

分と比べても明らかに質感が異なるのである．また，化石の石板と向かい合わせとなる石板とが，いくつか重要な個所で一致していないこともわかった．アマチュア探偵になったつもりで撮影した写真を次々と何時間も調べた．そして数カ月後，私たちはこの化石の信憑性に関し出版できるほどに十分な確信を抱いた．そして，この化石の信憑性に対していささかの疑問が生じているという内容のコメントを写真に添え，『ブリティッシュ・ジャーナル・オブ・フォトグラフィー』誌にいくつか記事を発表した (R.S.Watkins *et al., BJP,* Volume 132, Issues of March 8, March 29 and April 26, pages 264, 358, 468, 1985)．『ブリティッシュ・ジャーナル・オブ・フォトグラフィー』誌で編集の仕事をしているクローリー氏が，この記事を取り上げたプレスリリースを出してくれた．そのおかげで，この大きな問題が私たちが願っていたよりもはるかに大きな反響でメディアから注目されることになった．

　1984年12月に撮影した写真に関連して，フレッド・ホイルが多くの謎に関心を示した結果，カーディフ大学に電話が殺到し，2度の訪問を受けることになった．始祖鳥の化石の写真の調査のほか，この化石の歴史についても詳細に調べるのに私たちは数カ月をかけた．その結果をまとめたのが，大きな議論の的となった『*Archaeopteryx: The primordial bird—A case of fossil forgery*』(Christopher Davies Publishers, Swansea, 1986：加藤珪訳『始祖鳥化石の謎』地人書館，1988年) である．その騒ぎが収まったと思った，ちょうどそのときのことだった．1985年の春が終わろうとしていた頃，大西洋の向こう側から私のところに電話がかかってきた．ワシントンDCの国立自然史博物館を訪れていたフレッド・ホイルからだった．フレッド・ホイルはそこで，大英博物館の始祖鳥の化石の板を写し取ったものを見つけた．ところが，それと向かい合わせとなる石板のものはなかったという．これは悪意によるものではなかったかもしれないが，フレッド・ホイルはそうは考えなかった．私に，自分が目にしたことに関わる問題を解決するために，もう一度写真を撮るように手配してほしいと頼んできた．そこで1985年5月23日午後2時30分に撮影するよう手配した．当日フレッド・ホイルと私とが博物館に到着すると，敵意をもって迎えられたのである．その主旨は，「もうこれで十分．これ以上先へは行かせない」という単純なものであった．実際，自然史博物館は，偽物だという主張

への反論をするために，わざわざ一般展示を行うはめになった．結局，博物館側は影響力の強い科学誌を通じて反論を展開することで(A.J.F. Charig *et al.*, *Science* 232, 622, 1986)，自分たちの歴史の見苦しい幕間に一線を画することができると考えた．とは言うものの，これだけではフレッド・ホイルやスペットナーを納得させることはできない．やがてスペットナーは，この化石の翼の部分と，それ以外の部分とからそれぞれごくわずかなサンプルを確保することに成功した．そしてイスラエルで，走査電子顕微鏡による調査と化学的分析とを行った．その結果，始祖鳥の化石の「疑わしい」部分と，その他の部分との間には違いがあるという結論に達した．しかしながら，調査されたサンプルが小さかったため結果にはかなり疑わしいところもあった．

　これだけのことをしても決定的な答えは何も出なかった．私たちは，思っていたとおりには相手側を納得させることができず，多くの友人まで失ってしまった！　大英博物館のような力のある機関を敵に回すときには，今から思えば慎重に事を進めなければならない．この一件は，特にどちらに転んでも目の前にある大きな問題とはまったく何の関係もなかった．

彗星の塵粒子は，地球大気に入り込んでいる

　このような一歩後退を経験しながらも，私たちは宇宙の生命という方向に間違いなく進んでいた．ドン・ブラウンリーは，高空飛行が可能なU2航空機を高度15 kmの下部成層圏で飛行させて，彗星の塵の粒子を集める計画を始めていた(J.P. Bradley, D.E. Brownlee and P. Fraundorf, *Science* 223, 56, 1984)．ブラウンリーが採用した方法は，「ハエ取り紙テクニック」である．つまり高速で移動する大量の空気を，ねばねばしたプレートに通すことで，その表面にエアロゾルを付着させて集めるというものだった．しかし細菌や揮発性塵の塊のように脆い構造をしているものは，残念ながらこのような方法では破壊されていたかもしれない．回収されたもののほとんどは，有機物がいくらか埋め込まれた多孔性の珪質の塊だったが，時折，有機構造が混じっていることがあった．同位体比率を調べることで，地上の粒子と彗星を起源とする粒子を容易に分離することができる($^{12}C/^{13}C$など，いくつかの重要な同位体比率は，彗星に含ま

れる物質と地球上の物質とでは異なっている). 公表されている写真を見ていたとき,私たちは少なくとも一つの写真に細菌のような有機構造がはっきりと,微量の磁鉄鉱の部分構造と一緒に埋め込まれていることに気がついた. この構造は,20億年前の地層から発見された有名な化石化した鉄酸化細菌と驚くほどに似ていることもわかった. 後者はハンス・プフルークが発見したものだったので,私たちはプフルークとの共同執筆により「地球外起源の粒子に含まれる物質と地球起源と推測される物質との比較」と題した論文を発表した (F. Hoyle, N.C. Wickramasinghe and H.D. Pflug, *Astrophys. Space Sci.* 113, 209-210, 1985) (図14を参照のこと). 私たちの意見だが,これは生物学的起源を持った彗星の微粒子が,依然として地球の大気に入り込んでいることを初めてはっきりと示したものであった. 成層圏に存在する類似の粒子に関する最近の研究は,C・フロスたちが行っている (*Science* 303, 1355-1358, 2004). それによると,複素環式芳香族の有機化合物が,彗星を起源とする特異な炭素や窒素

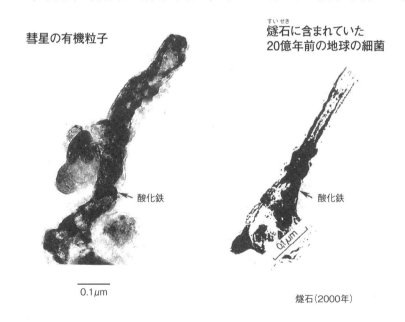

図14 下部成層圏で集められた有機粒子および20億年前の地層から発見された鉄酸化細菌の比較 (F. Hoyle, N.C. Wickramasinghe and H.D. Pflug, *Astrophys. Space Science* 113, 209-210, 1985).

同位体とともに存在することが明らかにされている．このことは，私たちが1977年に主張していたのとまったく同じことである．彗星が，地球に生命の複雑な基礎的物質をまき散らしたと主張したのだ．フロスたちが同様のことを主張したのは何とも皮肉なことではないか．

珪藻は宇宙からやってきた

　1984年から1985年にかけて，フレッド・ホイルと私はリチャード・B・フーヴァーに招かれて，それぞれ別々にNASAのマーシャル宇宙飛行センターを訪問した．ちなみにフーヴァーは後年，このセンターの宇宙生物学部長に就任している．1985年当時のフーヴァーは，まだアストロバイオロジーに対する関心が芽生えたばかりであった．フーヴァーがその後さらに昇進して今の地位に就くことになったのだが，それは私たちとの交流があったためではないかと思う．フーヴァーと妻のミリアムは何年間も珪藻の研究をしていて，この生物の奇妙な特性のいくつかに対して興味をそそられ始めていた．珪藻は黄褐色藻類の仲間で，細かく編まれたシリカの殻を持っている．地球上では，南極のように氷で覆われた生態系で最もよく見られる微生物だ．それらを集めると，全ての海洋植物プランクトンの大部分を占めるほどである．フーヴァーが私たちに指摘した，珪藻のとても奇妙な特性とは，乾燥した状態でも非常に長期間にわたって生存し，時には完全な暗闇の中や，イオン化放射線にさらされた状態でも生き延びるという能力のことである．後者の条件については，アメリシウムやストロンチウムなど，通常は致死性のある放射線同位元素が極めて高濃度で含まれている環境でも，多くの珪藻種が生育できることが知られている．珪藻は，かの悪名高いウランの池のような高レベル放射性廃棄物処分池にも生育している．しかも生育しているだけではなく，実際に環境から放射性同位元素を蓄積しているのである．そして最も驚いたことに，珪藻は1億1,200万年前の白亜紀後期に突如として化石記録に登場している．このことは私たちにとって，珪藻がこの時期に宇宙からやって来たことをはっきり示すものだった．

　フレッド・ホイルと私は，フーヴァーとの共同執筆の論文で，冷水中の珪藻の生育場所は，彗星の冷水との接触面だけではなく木星の衛星エウロパのよう

な多くのひびが入った地表面にもあると論じた(Richard B. Hoover *et al.*, *Earth, Moon and Planets* 35, 19-45, 1986). この論文は, エウロパのひび割れに見える特徴的なオレンジ色を, 生物の色素によるものだと特定した初めての試論になっている. 後にこれらの考えに, NASAのエイムズ研究センターのブラッド・ダルトンが注目した. そしてダルトンは, いくつかの色素を持つ極限微生物の可視光線および赤外線のスペクトルによって, エウロパの観測結果について説明できると論じている(『ニュー・サイエンティスト』誌2001年12月11日号を参照のこと). ここでもまた私たちは, 時代を20年近くも先回りしていたようだ.

ハレー彗星の遺産
Comet Halley and its Legacy

フレッド・ホイルとの交流

　フレッド・ホイルのカーディフ訪問は，いつでも家族挙げての一大イベントだった．我が家に滞在する間，科学からかけ離れた話題について話し合う時間も多かった．そして私の子どもたちが大きくなると，フレッド・ホイルの豊富でさまざまな話の内容についていけるようになってきた．フレッド・ホイルはクラシック音楽に対して深い関心を持っていた．朝には（フレッド・ホイルは早起きである），フレッド・ホイルがリビングルームで耳を傾けるベートーベンの交響曲第5番やモーツァルトのレクイエムが聞こえてくることがあった．どの曲もクラークソン・クロース1番のフレッド・ホイルの家にあった蓄音機から聞こえてきた記憶のあるものばかりだった．フレッド・ホイルは音楽に囲まれて育ったという．フレッド・ホイルの母親は王立音楽大学で学んだことのある才能あるピアノ教師だったし，フレッド・ホイル自身も地元の教会で報酬を受け取って歌う聖歌隊に入っていたそうだ．カーディフの我が家でも音楽が流れていることが多いのは，私の妻のプリヤと3人の子どもたちが音楽への情熱を持っていたからだ．私の上の娘がピアノを弾くと，フレッド・ホイルは何をしていてもその手を止めて娘の才能をほめてくれた．後日，ある出版社が，私の娘に次の共著の編集をしてもらったらどうかと提案したら，フレッド・ホイルは，こんなに感性豊かにピアノを弾きこなせる子だったら喜んで仕事をまかせると言ってすぐに賛成してくれた．しかしその企画は実現することはなかった．

　フレッド・ホイルの誕生日（6月24日）が，たまたま我が家への訪問と重なったときには愉快なイベントが催された．プリヤと私は，アバーガベニー近くの

「ザ・ウォルナット・ツリー」という店に誕生日を祝う夕食会の予約をしていた．スキリッド山のふもとにあるこの店は，有名シェフのエリザベス・デイヴィドからお墨付きをもらったほどの料理を出してくれる，おそらくウェールズ一のレストランだろう．私たちはほかにも天文学者仲間や友人を何人か誘っていた．そして，この夕食会は忘れられないようなイベントになった．その夕食会の終わりに，ウェイターが私のところに支払いの請求書を持ってきた．私はいつものようにVISAカードを出したのだが，この店では現金か小切手しか受け付けないと言われて血の気が引く思いをした．この気まずい瞬間は，支配人にしかるべき処置をとるので名前と住所を書くようにと言われたことでさらに悪化した．それから数分して，オーナー・シェフのフランコ・タルスキノが，ご機嫌な様子で私たちの席にやって来てプリヤとハグを交わしたのだ！　どうやらプリヤが最近出した料理の本のことを知っているらしい．だが，席についていたフレッド・ホイルやほかの天文学者全員は，タルスキノにとっては得体の知れない人物であった．プリヤに会えたことですっかり有頂天になっていたタルスキノは店の奥に戻り，自分の娘を連れて来て私たちに紹介した．終わり良ければ全て良し．全員に歓迎の酒が出された後，私たちは，VIPのプリヤの友人一同として見送りを受けた．そして，支払いはご都合のよろしいときに，と言われたのである！

インフルエンザは水平感染しない

　私たちは2冊の本を仕上げる仕事に没頭しているところだった．1冊は『*Living Comets*（生きている彗星）』（F. Hoyle and N.C. Wickramasinghe, University College, Cardiff Press, 1985），もう1冊は『*Viruses from Space*（宇宙から来たウイルス）』（F. Hoyle, C. Wickramasinghe and J. Watkins, University College, Cardiff Press, 1986) である．『生きている彗星』では，生命をもたらしたと思われる彗星のあらゆる側面について検討した．特に太陽系の初期段階で細菌の複製が起こる原因となった，彗星核からの放射熱に関する疑問を取り上げている．

　また『宇宙から来たウイルス』では，私たちが当初主張していた内容を最新の

ものに改めるとともに，開業医であるジョン・ワトキンズ博士に協力を願い，ニューポートでの家庭医療に関するデータを提供してもらっている．1970年からの博士の症例記録を詳しく見てみると，生後6カ月から14歳までの16組の双子について，流行時にインフルエンザにどのくらい感染したか調べていた．そして，双子の一方の1人が急性上気道感染症（流行中はインフルエンザと思われた）と診断された118例のうち，双子のもう1人も感染しているとわかったのはわずか28例だった．すると，ここからわかる交差感染率はわずか24％で，全住民の罹患率とほぼ等しくなっている．いずれにしても，感染の可能性が0.24という低さであることは，ほとんどのインフルエンザの流行に関連する事実を説明するのには不十分である．また別のプロジェクトでワトキンズ博士は，サイレンスターの総合診療医であるエドガー・ホープ＝シンプソン博士が集めた家庭医療データに基づいて以前の結果を確認している．1968年から1969年の間，および1969年から1970年の間に，ホープ＝シンプソン博士は，少なくとも1人がインフルエンザに似た病気にかかったと診断された家族を取り上げ，それらのグループについて，初発症例後1日目，2日目，3日目，4日目という風に，その後の発症率を調べている．このデータから，ホープ＝シンプソン博士は，家族の中で2人目が発症する可能性は，全住民の罹患率と何ら変わりがないことを発見した．したがって，家族の誰かが「感染した」としても，ほかの者に感染するリスクが著しく高くなることはなかったのである．これら全てのことから私たちは，インフルエンザの流行パターンを説明するためには，ウイルスに限らず何らかの誘因，おそらくは生化学的誘因が，かき乱された大気を通り抜けて，むらになって地上に降ってきたのでなければならないと確信した．流行時にインフルエンザに感染するかどうかは，主にその人が一般的な降下パターンに関係しているかどうかによって左右されていたのである．

1986年，ハレー彗星の回帰

　私たちの旅で次に訪れた決定的な出来事は，1986年のハレー彗星の近日点への回帰と関係するものだった．宇宙時代が始まって以来，科学者たちがある彗星について集中的に研究をするのは初めてのことであった．早くも1982年

には，ハレー彗星の地上からの観察，人工衛星による研究，そして世界的規模での宇宙探査機による分析など，彗星研究の国際協力プログラムは最高潮に達した．1985年にはハレー彗星探査専用の探査機が5機も打ち上げられ，彗星の太陽への最接近から約1カ月後の1986年3月には，全機がランデブーすることになっていた．

これらの出来事が起こる直前にフレッド・ホイルと会って，私たちの今の見解に従ったとすると，どんな観測をすればいいだろうかという話をした．どんな予測を立てられるだろうか？　話し合いの結果，私たちが思い描いているような有機的または生物学的性質を彗星の地表面が持っていれば，非常に暗い色をしているだろうという結論に達した．これは，重合化した有機粒子からなる多孔性の外殻が形成されているためである．そして，この外殻が破れたときにだけ勢いよく気体が放出される可能性がある．1986年3月1日に私たちはこの議論を，「ハレー彗星の性質に関する二，三の予測」という題名の前刷り論文にまとめた (Cardiff Series, No 121)．この内容は後日，『Earth, Moon and Planets』(地球，月，惑星)』誌で発表した (36, 289-293, 1986)．これは彗星との遭遇のわずか12日前のことだった．私たちの先見は，『ロンドン・タイムズ』紙が取り上げ，内容を記事にしてくれた．この幸運に恵まれなかったら記録されていなかっただろう (*The Times,* March, 1986)．

1986年3月13日の夜，探査機「ジオット」が彗星の核から半径500 kmに接近したとき，私たちは不安と期待とを抱きながらテレビの画面に見入っていた．探査機が彗星の塵とぶつかって，ひどい損傷を受けたり破壊されたりというおそれはないことが証明され，彗星に接近しランデブーしている間，機器は正常に働いていた．カメラは，当時主流だったホイップルの「汚れた雪玉」という彗星モデルのように雪で覆われて輝く彗星核の光景を映し出すだろうと思われていた．しかし3月13日に，世界中のテレビに映し出された画面は期待外れのものだった．カメラの絞りは最小限に絞られ，もっとも明るい被写体をとらえる方へと向けられた．その結果，カメラは興味深いものをすぐにとらえることができなかった．「ジオット」が撮影したハレー彗星の核の画像で最もよく知られているのは，大幅に画像処理を施した後のものである．「ジオット」の撮影した画像から導き出されたありのままの結論は，彗星の核は驚くほどに黒い色を

しているということだった．当時，「真っ黒な石炭よりも黒い……太陽系内で最もアルベド値が低い」と説明されている．当然私たちは，喜びで躍り上がった！ 当時の私たちが知る限りでは，このような予測をした科学者は私たちのほかにはいなかった．そしてこの予測こそ，有機的または生物学的性質を持つ彗星という私たちのモデルから帰結される当然の結果であった．フレッド・ホイルと私は，この発見を私たちの見解がまたしても決定的勝利を収めた証拠と考えた．そしてまもなく，さらなる勝利を収めることになる．

『ネイチャー』誌との対峙

「ジオット」のランデブーから数日後，ダヤル・ウィックラマシンゲとデイヴィッド・アレンが，154インチのアングロオーストラリアン望遠鏡を使用して，彗星の赤外線観測を行った（*IUA Circular* No. 4205, 1986）．1986年3月31日，2人は，2～4μmにかけての波長帯で，熱せられた有機塵からの強力な放射を観測した．前にも指摘したとおり，C-H結合を含む有機分子の基本構造は，3.3～3.5μmの赤外線波長帯の放射を吸収し，放出する．そして細菌のような複雑な有機分子の集合体に関して，この吸収は広範囲にわたって行われ，極めて特有なプロファイルを示す．ダヤルとデイヴィッド・アレンによるハレー彗星の観測結果は，320Kまで熱せられた乾燥した細菌について予想される挙動と一致していることがわかった（図15を参照）．またしても，私たちのモデルの勝利だ！ 後になって，「ジオット」に搭載されていた質量分析計から得られたデータの分析も行われたが，検出器にぶつかったときに塵が分解してできた破片の組成は，細菌の分解生成物と似ていることも明らかにされた．

私たちの見解では，ハレー彗星の観測結果は，今はやりの，彗星は「汚れた雪玉」であるというホイップルの理論に対する明らかな反証となるものだった．しかしこの理論は変化しながらしぶとく生き残った．そして，ホイップル説は今でもおおざっぱには正しい，ただ雪よりも泥の方が多かった（有機物の泥）という主張とともに，もてはやされ続けたのである！ 水は氷の状態で彗星に存在していることは否定できない．しかし，その氷の中には，細菌と区別することが難しい大量の有機粒子が含まれている．この結論を否定することは，新し

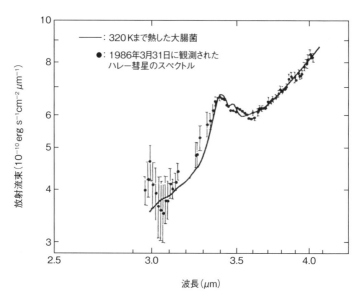

図15 ダヤル・ウィックラマシンゲとデイヴィッド・アレンが観測したハレー彗星のスペクトル(点)および微生物モデル(曲線)との比較.

い観測事実を無視することに等しい(D.T. Wickramasinghe, F. Hoyle, N.C. Wickramasinghe and S. Al-Mufti, *Astrophys. Space Sci.* 36, 295-299, 1986). 彗星の有機物モデルは, われわれが最初に唱えたものである. これほどはっきりした証拠があるのに, 新しいデータについて話し合われるようになって, 私たちの研究を誰も全く引用も論及もしないのには困惑するばかりだった. 1986年5月15日の『ネイチャー』誌のハレー彗星特集の特別号のいくつかの論文に対して, 私たちは特に腹を立てていた. これらの論文は, 基本的には暗い色をした有機物を含む彗星モデルを予測した研究者たちに対して祝意を述べるものであった. 私たちにとって特に不快だったのは, 長年の対立者であるメイヨ・グリーンバーグが, 暗い色をした有機物を含む彗星の理論を独自に提出したとして英雄扱いされていたことだった. 1979年まで遡ってグリーンバーグの論文を引き合いに出しても, このテーマに関する私たちの初期の研究の先見性に取って代わるものにはならない.

　私たちは怒りのあまり,「科学政策の道具としての故意にゆがめられた引用」

と題した前刷り論文を発表(Cardiff Series, 125, 1 June, 1986)し,『ネイチャー』誌を皮肉るコメントを交えながら,私たちに優先権があるという確かな事実を明らかにしようとした. この文書は『ネイチャー』の用字用語ルールに従い,『ネイチャー』誌に似せたページに印刷して出版された. 以下の引用を読んでもらえれば私たちの主張の要点が理解できるだろう.

　グリーンバーグ教授の予言のような業績に対して称賛を送りたいと思う. だが,たいていの人は予言というのは何かが起こる前に公表するものと思っている. そうでなければ予言をしたところで何の意味もなさないからだ. 例えば,まともな胴元だったら,レースが終わって2カ月も経ってから私が勝ちましたとやって来る自称客に,金を払ってやることなどはしない. ところが科学の世界では,レースが終わって何年経ってからでも胴元は喜んで客に金を支払う. その客がグリーンバーグ教授であれば,なおさらのことのようだ.

　5月15日に発売された『ネイチャー』誌の特別号から二つ例を挙げよう. いずれも,彗星の塵の大部分が有機的性質を持っている可能性があるというものだ.「ジオットの観測結果によるハレー彗星の塵粒子の組成」と題した記事(J. Kissel *et al.*, p. 336)は,1979年にグリーンバーグ教授が発表した論文に基づいて,彗星の塵は有機物の可能性があると述べている.「ベガの観測結果によるハレー彗星の塵粒子の組成」も1982年のグリーンバーグ教授の論文の引用に基づくものだ. しかし私たちは,1975年に独自に有機物に関する論文を発表している……私たちの見解は1979年までには「あの有名な」の一言で片付けられるぐらい,広く知られるようになった……

　1975年から続く私たちの見解が完全なる誤りであれば,わざと不正確に述べた説という指摘を受けることはない. そのように言及がゆがめられているのは,私たちの意見に正しいところがあるからなのだ……

　ダーウィン説に対する私たちの反論は,問題の根底に迫るものだと思う. 微生物レベルでは,DNAでの一塩基対の変化しか関係しないから,ダーウィン説は正しい. しかしもっと大きな生物では,多塩基対の変化が関わっ

てくるため，ダーウィン説は誤りとなる……ダーウィン説での進化は，たいてい1850年代からそうなると考えられていたとおり，さまざまな種について最低レベルでしか起こらない．このことは当時から明らかだった．それ以上を，この理論に期待することには無理がある．とは言うものの，このこと全てを明確に実証できるわけではないとしても，私たちが中傷とゆがめられた引用とに満ちた組織だった運動にさらされるのではなくて，私たち独自の見解を認めてもらえることが，科学の，せめて物理学の世界ではあってよさそうなものだと思う……．

　ゆがめられた引用を，科学政策の手段として使ってはいけないという法はない．また，裁判所の外では真実に近いことを言ったり，書いたりしなければならないという法もない……それでもなお，質の高い文化はちょっと見たくらいではわからないほど，脆いということは忘れるべきではない．そのような文化が生きていた時代，エリザベス朝の劇作家やフィレンツェの画家やウィーンの作曲家は，無限に作品を生み出すように思われた．しかし，それもまったくの過去の話で，いかなる努力，熱望，金銭をもってしても，それらをもとに戻すことはできない．同様に，生産的な科学が衰退し事実上消滅してしまう原因は，意図的に真実に対して敬意を払わないことに尽きるのではないかと私たちは思うのである……．

このような挑発的な言葉を『ネイチャー』誌は見逃さなかった．ジョン・マドクスからの応答が『ネイチャー』誌の1986年6月19日号に掲載された．題して，「引用することが敬意を意味するとき」という記事だった．塵粒子に関する私たちの研究の方向性に触れながら，マドクスは次のように述べている．

　　多くの読者が，この研究が一風変わった方向性を持っているとわかるだろう．ホイルとウィックラマシンゲは，炭素は星間塵に共通の成分（気体として存在する）であり，そしてこの炭素の多くは沈殿した有機分子の形状をしていると指摘する．そしてその後は，たいていは地下出版物[*1]でだが，2人が拘泥しているもう一つの理論を裏付けるために，星間空間に炭

[*1] きちんとしたレビューに基づかない出版物．

素が広く分布していることのみを主張している．地球上に存在すると思われている生命は遺伝学的に見て，原始の化学物質からダーウィン進化論に従って発生するには複雑過ぎるとし，少なくとも最初の段階で，偶然にも彗星がときどき飛来しては地球上に地球外の有機物を再三まきちらした可能性があると2人は述べる……．

　ホイルとウィックラマシンゲが何年もかけて書いてきたものには，広く読むに値するものが多い．例えば，彗星にポリホルムアルデヒドが含まれているという主張だ……あるいは，チェルニス・木内・中村彗星やボーエル彗星には，水の氷よりも有機分子が含まれていることも実証している．こうした文献に真剣に打ち込んできたことが，パンスペルミア説を確信することで台無しになってしまうことを，2人には理解できないらしい．

　後になって，20世紀初頭の『ネイチャー』誌を読み返してみてわかったことだが，1890年代には早くも，パンスペルミア説に対して同様の表明がされていたのである．1890年1月21日，ジョン・ティンダルは，ロンドンの王立科学研究所でパンスペルミア説への試験的な第一歩を踏み出した．「金曜の夜の講演」でティンダルは，単純な光学的実験を通じて，大気中に塵が存在していることを実演してみせた．そして，このように目に見えない塵には，空気によって運ばれ，伝染病の原因となる「ビブリオ」と呼ばれる細菌の成分を含む可能性があるという大胆な仮説を立てたのである．『ネイチャー』誌は，このような無分別な憶測を開放すれば，不都合なパンスペルミア説が世に氾濫することになるかもしれないとティンダルを激しく攻撃した．『ネイチャー』誌はコラムを何週間も掲載して攻撃を続けたが，ティンダルや同時代のケルヴィン卿は，パンスペルミア説を取り下げようとはしなかった．だから1986年に起こった出来事は，100年近く経っても何も変わっていないことを示すものだったのだ！

　フレッド・ホイルがマドクスの解説に抗議すると，『ネイチャー』誌から私たちに，自分たちの見解を示す記事を書くように依頼があった．そこで発表されたのが，「宇宙の現象としての生命に関する論証」という記事である（*Nature* 322, 509-511, 1986）．

もう一つの宇宙論
Alternative Cosmologies

1988年，カーディフ大学の再編

　1987／1988年の学年度が，私たちの研究とは関係のない理由で心を苦しめることとなったことに触れておくべきだろう．カーディフ大学は政府によって財政的困難に陥り，ビル・ビーヴァン学長も辞任せざるを得なくなった．さらにカーディフ大学と近隣にあるウェールズ工科大学とが合併して一つの大学組織となって，1988年からウェールズ大学カーディフ校と改称され，後に今のカーディフ大学となった．この合併が進む間，それぞれの大学の学部も合併する必要があった．例えば数学部はカーディフ校には四つ，ウェールズ工科大学には一つあったのが，一つの数学部に統合された．私の応用数学・天文学部に在籍する大勢の天文学者たちは，今や「強制移住者」として物理学部に加わることになり，その後，物理学・天文学部と改称された．ここで私に与えられた選択肢は物理学部に移るか数学部に残るかであった．フレッド・ホイルは数学部にとどまるように助言してくれたので，私はそのようにした．フレッド・ホイルの言い分では，数学はいつでも必要とされるが，天文学部で新しい課程案が採用されなかった場合，新しい組織での私の地位は危なくなるかもしれないというのである．

　そのため1988年以降，数学部内の私たちの「一派」は，私，フレッド・ホイル，マックス・ウォリス，シルワン・アルマフティの4人に減り，ほかには研究生が2人いるだけになった．また，私は学部長になれなかったが，それは合法的とは言い難い工作によるものだった．結局，私はこれまでにないくらいに教壇に立たなければならなくなった．もちろんフレッド・ホイルは，ときどきカーディ

フを訪ねてきてくれる．言うまでもなく，フレッド・ホイルの来訪は私にとって励ましになった．特に，宇宙に関する重要な問題に直面していることを認識することができ，それによって私自身の大学側との争いなどは，些細なことと感じられた．1980年代終わりから1990年代初めにかけてのフレッド・ホイルのカーディフ訪問は，以前よりもリラックスした雰囲気になることが多かった．私たちには，難しい研究の大部分をなしとげたという実感がある．宇宙の生命に関する大理論のための概念的枠組みは完全に整ったし，それに基づく予測は，複数の分野で行われた観測によって裏付けられている．星間塵と彗星の塵は，私たちが予測したとおりの特性を確かに持っていることが明らかになった．さらに，地球最古の生物は彗星が集中して地球に降り注いだ時期にまで遡ることになった．私たちには，約40億年前に彗星がこの惑星に生命の種を蒔いたことがはっきりとしていた．極限環境を耐え抜く微生物が発見されたことは，このような特性が地球外のものであると示唆しており，微生物が太陽系のさまざまな天体に生息している可能性を開くことになった．誤った理論であれば，このような揺るぎのない成功に何度も到達することはない．遅かれ早かれ矛盾が明らかになり，その理論は必ず捨て去られることになる．このようなことは私たちの理論には起こっていない．だとすれば，なぜ私たちの考えに対してこのような根強い敵意が存在するのか？　このような考えは，本質的に地球を中心とする科学文化に反するものなのだろうか？

　私たちは，自分たちが妨害に遭っている原因について，どんな原因があるのか詳しく話し合った．そうしていると，将来の世代が客観的事実を求めることが，ますます遠い目標になってしまうのではないかと絶望的になることもしばしばだった．対立の本当の源泉がどこにあるかはいまだに謎だが，私たちの本拠地であるカーディフ大学からの支援が受けられないことが一因であることは間違いなかった．ビーヴァン学長が離職し，私の学部が解体した後で，私たちの考えをばかげていると却下することがはやり出した．そしてそのメッセージは，次第に外の世界にも漏れていった．

　ほかの大学機関でも，態度に大きな変化が現れていた．哲学者と学者とが支配していた黄金時代は，頭の固い会計士の時代へと取って代わられた．重要なのは金だけだ．真実を追求することは，研究資金と政治的権力とを一手に握ろ

うとする圧倒的な貪欲さによって押さえ込まれてしまう．そしてこのような好ましくないことが広がっていくのを，学界の回廊に閉じこめておくこともできなかった．確かに大学は，世界全体で起こっている大きな変化に対応しているだけであるように見える．マーガレット・サッチャー政権は，大学に市場経済の概念を持ち込み，今や首相として3期目に入っている．大学も含めた学術機関の怪しげな目的が優先し，人間が軽視されるようになった．そしてあらゆる形で不寛容さが幅を利かせていた．1989年にサルマン・ラシュディが小説『悪魔の詩』を発表すると，イランの最高指導者アーヤットラー・ホメイニはイスラム教徒に対してラシュディを処刑せよと命じた．スリランカでは，タミル人の分離独立派と政府との間で散発的に衝突が起こっている．中国では，1989年初めの黒人学生に対する人種偏見的攻撃が発端となって，天安門広場前での反体制派の歴史に残る抗議運動と大虐殺とが展開された．英国内でさえ人種偏見的攻撃が目立って増加しているのに，警察や当局は見て見ぬふりをするばかりである．妻も私も，カーディフで「パキスタン野郎は帰れ」と言われ続けた．そして，そのような内容の脅迫状が大学宛に匿名で送られてきた．自分の大学の中で，突然人種差別の犠牲者の側に回ったのだと感じ，そのことで胸を痛めることもあった．

新しい宇宙マイクロ波背景放射の理論

このように問題が山積みだったが，フレッド・ホイルと私はあいかわらず，新しいデータが指し示す方向へならどこへでも自分たちの調査研究を追求していた．そして，新しいデータは確かに快調なペースで私たちのところに届けられた．銀河系から発せられる拡散した放射の中に$3.28\mu m$の放射特性を発見したことで，ある種の芳香族分子が銀河レベルで非常に多く存在することが確認された．私たちは$3.28\mu m$での赤外線放射だけではなく，3.28，6.2，7.7，8.6，$11.3\mu m$という，連続していない波長帯でも赤外線放射が起こっていることに関し，エネルギーの減衰による赤外線への変化を生じさせている分子系による紫外線恒星光の吸収が原因であると主張した．私たちはずっと以前から，恒星光が$2,175Å$で減光するのは生物学的芳香族分子が原因ではないかということ

を示している．そう考えてみれば，この二つの現象が自然に結びつけられるのではないだろうか．そこで私たちは，同じ芳香族分子の集団から，赤外線放射および紫外線減光に関する統一した理論を立てた．現時点でよく知られている非生物学的芳香族分子はコロネン($C_{24}H_{12}$)であり，このような分子が生物学的芳香族とはまったくかけ離れたものであることは容易に実証できる(F. Hoyle and N.C. Wickramasinghe, *Astrophys. Space Sci.* 154, 143-147, 1989; N.C. Wickramasinghe, F. Hoyle and T. Al-Jubory, *Astrophys. Space Sci.* 158, 135-140, 1989)．

私たちは，宇宙マイクロ波背景放射の可能性を探るという初期の関心に戻り，次は鉄ウィスカに注目することにした．鉄元素が超新星で生成されることは知られているが，私たちは，新たに合成された核種である^{56}Ni(ニッケル-56)と^{56}Fe(鉄-56)を含む超新星膨張外層では，最終的に鉄の微粒子が1,000 Kまで温度が下がることで気体から凝縮することをすぐに示すことができた．実験室での研究から，鉄の蒸気が凝縮すると細長いウィスカになる傾向があることがわかっていたので，同じようなプロセスが超新星でも起こっているのではないかと主張した．直径$0.02\mu m$，長さ約1 mmの鉄ウィスカは，このようにして宇宙に放出される．私たちは標準的な公式を使ってこれらのウィスカの吸収特性を算出し，可視光線の波長帯よりもミリ波長の方が，不透明度が高くなる可能性があるらしいことを明らかにした．これはもちろん，宇宙マイクロ波背景放射をモデル化するのにうってつけの条件である．遠く離れた銀河からの光が遮断されることがない一方で，マイクロ波による熱運動化が起こる可能性があるからだ．私たちは，鉄ウィスカが非常に高い放射圧力を受けると，銀河や銀河団から高速で放射される可能性があることも発見している(F. Hoyle and N.C. Wickramasinghe, *Astrophys. Space Sci.* 147, 245-256, 1988)．銀河系外の鉄ウィスカは，危機に瀕していた定常宇宙論を救出するために，まさに私たちが必要としていたものである．

フレッド・ホイルと私は2人で，1988年12月7日から9日まで，スペインの陽気な町サラマンカで開催された第22回ESLAB(欧州宇宙研究所)シンポジウムに出席した．ここで私たちは三つの共同発表を行った．二つは星間粒子に関する私たちの理論について，あとの一つは長い鉄ウィスカに基づく宇宙マイク

ロ波背景放射モデルに関する理論である．グリーンバーグ一派からの反感があることは予想していたとおりだが，それを別にすると数年前にコロンボや王立天文学会での経験と比べれば，私たちに対する態度は和やかなものだった．生物学的粒子モデルが世に認められるまでには先は長いが，少なくとも私たちの主張に耳を傾け，私たちの考えの中から受け入れられる要素を抽出しようとしてくれる人たちがいる．彗星をはじめとして，宇宙の至るところに有機物の塵が存在するという説は当たり前の話になっていた．

　私たちの新しい宇宙マイクロ波背景放射の理論は，敵意にさらされる可能性もあったが，そうはならなかった．やはり誰もが黙って興味深そうに聞いていた．実際，多くの参加者が，私たちの講演を記録するためのディクタホン［ボイスレコーダー］を持参していたのである．この新しいモデルについて説明した論文は会議の議事録に掲載された (F. Hoyle and N.C. Wickramasinghe, *ESA-SP*-290 489-495, 1989)．この会議では，超新星SN 1987Aが新たに話題に上り，塵の凝縮の最初の兆候が明らかにされていたのは幸いだった (W.P.S. Meikle, *ESA-SP*-290 329-337, 1989)．しかしながら，SN 1987Aの周辺から鉄ウィスカを裏付ける確かな証拠を入手できるようになったのは，ずっと後のことである (N.C. Wickramasinghe and A.N. Wickramasinghe, *Astrophys. Space Sci.* 200, 145-150, 1993)．

　一方，学問の外の世界では重大な変化が進行中であった．そのような変化のうち，この二つには触れておく価値がある．1961年8月に東ドイツによって築かれたベルリンの壁は，ベルリンを東西に分断するものだった．それが1989年11月に，輝かしく，そして劇的に崩されたのである．ヨーロッパで最も醜い分断の象徴は一夜にして消え去り，冷戦は終わりを告げた．ヨーロッパの地図は描き直さなければならなくなった．

　また南アフリカ共和国では，それ以上に画期的な出来事が起こっていた．半世紀以上にわたり，アフリカーナー国民党が支配する，白人による南アフリカ共和国政府がアパルトヘイト政策を推進していた．そのため，異人種間での婚姻や，人種の入り交じったスポーツ行事を法律で禁止するなど，完全な人種差別が行われていた．1970年代に南アフリカ共和国政府は，国内の最貧地区に各部族を住まわせる「ホームランド（故国）」を設立した．黒人が「ホームランド」

の外で働くためにはパスが必要だった．しかしほとんどの場合，独身者または結婚している男性にしかパスは発行されず，労働者としてホームランドから出るときには家族を残していかなければならなかった．人種的に隔離された労働者の「タウンシップ」が大都市周辺に設けられ，そこで黒人は言いようのない悲惨な環境で暮らし，警察からの暴力や差別にさらされていたのである．経済的状況も白人移住者の都合の良いようになっていた．したがって1980年代半ばには，この状況が変化することなど見果てぬ夢であるように思われていた．しかし，1989年，F・W・デ・クラークが大統領に就任すると，思いがけず，しかもすみやかに変化が訪れたのである．デ・クラーク大統領は，自分が南アフリカ共和国の白人の大多数の期待に逆らっていることを知っていた．しかし，国際的な圧力が増大しつつある中，大統領はアパルトヘイト解体に取り組まざるを得なくなった．おおかたの予想に反して，その取り組みは成功を収めた．1990年，デ・クラーク大統領は，25年以上も刑務所に囚われていたネルソン・マンデラを釈放した．そして，マンデラおよびアフリカ民族会議（ANC）と，政治的権力の委譲に関する交渉を始めた．

1989年，第2回インフルエンザ調査

　1989年冬に起こった，それとはまったく別の出来事が私たちの関心を引いた．それは，英国全土でのインフルエンザの大流行である．このときの大流行は12年間で最悪とされ，病院にはインフルエンザの合併症の患者があふれかえっていた．フレッド・ホイルと私は，2人の共同による第2回インフルエンザ調査を実施することに決めた．そして，英国内の全てのインデペンデント・スクールにアンケートを送付したり，私たちの近隣にある特定の学校訪問を行ったりした．プリヤと私は自ら足を運んで，カーディフ周辺で何が起こっているかを探った．その結果，今回の流行の初期にインフルエンザに感染した人が，スウォンジー近くのゴワートンというひなびた村にいることがわかった．村の学校の出席簿を見ると，11月27日に突然欠席者が増えていた．その同じ日には，地元の酒場の主人と妻と子どもとがインフルエンザにかかっている．さらに書類を調べたところ，感染者が現れる2日ほど前，村全体が低い霧で覆われてな

かなか晴れなかったこともわかった.

H3N2型インフルエンザが,流行時には優勢なサブタイプだったと認められたが,その他の空気中の浮遊ウイルスも同時に存在していたと思われる.これらのウイルスの発症パターンは,大気降下物のモデルと一致していたが,人から人への直接感染モデルとは矛盾していた.私たちが集めたデータは全て,1977年から1978年にかけての大流行のときに,私たちがイートン・カレッジでの流行パターンについて調査した結果を裏付けるもののように思われた.このとき王立医学協会から,インフルエンザに関する調査結果を総説にまとめてほしいという依頼の手紙が届いたので,私たちは驚いた.そこで,「インフルエンザは感染病原体ではない——討議資料として」と題した論文を発表した(F. Hoyle and N.C. Wickramasinghe, *J. Roy. Soc.* Med. 83, 258, 1990).

弱い人間原理

宇宙の生命に関する私たちの研究は,少なくともさらに5年は続いた.国際会議や無数の公開講演での発表以外にも,「宇宙の塵に関する理論」という専門論文の執筆にも取り掛かった(Kluwer Academic Publishers, 1991).そして,生命と宇宙との関連性に関して,より明確に検討するようになった.宇宙は超天文学的にあり得ないと思われるような生命の起源が生じる場所でなければならない.まだ知られていない宇宙の特性を示す一つの指標として,生命の存在が挙げられる.これは今日では「弱い人間原理」として知られている.この原理は,1950年代にフレッド・ホイルが,恒星内で炭素や酸素などの元素が十分な量生成されなければならないという条件を検証する過程で初めて提唱したものだ.これが実現されるためには,^{12}Cの核が基底状態から7.65 MeVに近い状態まで励起されなければならない.このフレッド・ホイルの推論については,既に言及した.この推論が立てられた当時は,このような励起状態の存在は知られていなかった.しかし,予測されたとおりのエネルギーを有する状態が,それからまもなく発見された(ホイル状態).

生命に関する超天文学的な情報の壁(前述)を克服するため,フレッド・ホイルは再び定常宇宙論に関心を向け始めた.「宇宙と生命——弱い人間原理に基

づく推論」と題した前刷りは1991年3月に発表され,その後『天体物理学と宇宙科学』誌(F. Hoyle and N.C. Wickramasinghe, *Astrophys. Space Sci.* 265, 89-102, 1999)に掲載されたが,その中で私たちは,宇宙で生命が誕生するためには超天文学的な量の利用可能な炭素系物質が存在しなければならないと主張した.これにより,ビッグバン宇宙論と定常宇宙論との間にはっきりとした違いがあることが示される.標準的なビッグバン宇宙論では,生命が利用できる炭素系物質の総質量はわずか10^{40} gで,利用できる時間は150～180億年に限られる.しかし定常,あるいは準定常である宇宙では驚くほどに状況が変わってくる.フレッド・ホイルが,ジェフリー・バービッジ,ジャヤント・ナリカールと共同で主張した準定常宇宙モデル(F. Hoyle, G. Burbidge and J.V. Narlikar, *A different approach to cosmology*, Cambridge University Press, 2000)では,宇宙は1兆年という時間スケールで幾何級数的に拡大する一方で,500億年規模での振動が永久に続く.そして,宇宙の密度が最も高くなるときに,新たに物質がそれぞれの振動の始めに生成される.各サイクルごとに星のなかでつくられるこの物質こそ,生命活動のために使用できる炭素系物質なのである.このような宇宙の特定の時間の特定の場所に,もちろんそこにはまだ生命が存在しないが,そこに最初に生物学的メッセージが送られ,その後複製されて広まったとしたら,準定常宇宙論であれば,そのメッセージは地球年代で1,000億年後に$10^{90,000,000}$gの炭素系物質として拡散していただろう.これはつまり,超天文学的にあり得ない生命の誕生という出来事が起こり得るほどの超天文学的質量の炭素系物質が存在しているということである.したがって,宇宙が定常または準定常状態であるならば,生命が存在しない宇宙で地球年代(Earth-ages)の約1,000億年後に生命が誕生するかもしれない.これら全てのことが,われわれが生命の起源に関する一見異なると思われる問題について諸々の議論をしているときでも,フレッド・ホイルの思考は決して宇宙論から遠く離れてはいなかったことを示唆しているのである.

別の視点からの宇宙論

1989年夏,ジャヤント・ナリカールから私に,宇宙論に関する小規模なワー

クショップの主宰を務めてほしいという依頼があった．そのワークショップでは，フレッド・ホイルがごく身近な共同研究者と宇宙論に関する現状について話し合うことになるだろうと言われた．最初に私たちは，ウェールズ中部にあるグレギノグ・ホールを会議場にしてはどうかと話し合った．しかし，参加者が会場と空港とを行き来する交通手段の関係でやめにした．そして，1989年9月25日から29日まで，フレッド・ホイル，ジェフリー・バービッジ，ホールトン・アープ，ジャヤント・ナリカール，私の5人は，カーディフ郊外のダフリン・ガーデンズという，宿泊施設のある小さな会議場に集まった．私たちは，宇宙に関する標準的なビッグバン理論モデルに反すると思われるいくつもの証拠について話し合った．

それまでに，ホールトン・アープとジェフリー・バービッジが集めてきた証拠では，大きな赤方偏移を示すQSO（準恒星状天体）が，低い赤方偏移を示す銀河と物理的に関連付けられていた．このことは，高い赤方偏移が宇宙論的距離を示唆しているという仮説に拘泥しているためと思われた．従来のビッグバン理論によるその他多くの仮説の不確実な性質についても話し合われ，その結果私たちは，この事実とより一致する代わりの宇宙論を提案することに決めた．

私は主に宇宙マイクロ波背景放射の解釈について貢献した．宇宙マイクロ波背景放射は，高温ビッグバン宇宙を裏付けるものとして，この20年間で言及された中で最も確かな証拠であるとされている．カーディフに集まったときには，COBE（宇宙背景放射探査機）衛星による新たな観測結果により，マイクロ波背景放射として，近似度の高い黒体放射スペクトルと，わずか数分角での等方性を示すデータが得られていた．これら全てが，ビッグバン宇宙論モデルをさらに裏付ける証拠として提示されていた．フレッド・ホイルはすぐに，COBEの新しい観測結果はビッグバン理論モデルに対して異論を提起することになると指摘した．最初の黒体放射スペクトルは，続いて発生した事象，つまり原始宇宙での銀河および銀河団の凝集によってゆがめられたに違いない．そしてその痕跡は背景放射の等方性に残っているはずである．

別の観点からの私たちの見解は，宇宙マイクロ波背景放射は，恒星内での水素がヘリウムに変化するときに発生するエネルギーの熱運動化による最終生成物であるというものだ．熱運動化とは，何段階にも分かれたプロセスであると

私たちは考えている．恒星光のエネルギーは銀河に漂っている普通の塵によってまず赤外線に変わる．次にその赤外線はミリ波長の鉄ウィスカに吸収され再放出される．この際，減衰してマイクロ波に変わる．

　この集まりで話し合った内容を論文にまとめ，『ネイチャー』誌の編集者ジョン・マドクス宛に送った．従来の宇宙論に対するこのような痛烈な攻撃を，どうやってマドクスが説得されて出版にこぎ着けたのか，今でも少し不思議でならない．この論文は「別の点から見た銀河系外宇宙」というタイトルで，『ネイチャー』誌1990年8月30日号に掲載された (H.C. Arp., G. Burbidge, F. Hoyle and N.C. Wickramasinghe, *Nature* 346, 807-812, 1990)．そして，宇宙マイクロ波背景放射に関する従来の説明に暗示される誤りに言及して，私たちは次のように書いた．

　　プランクの考えるマイクロ波背景放射のスペクトルの性質と，背景放射の滑らかさとを基に常識的に推測してみると，マイクロ波に関して，私たちは霧の中で生きていると言える．しかしその霧は，割合に局所的なものだ．山の頂上で眠ってしまった人が，目を覚ましたときに霧に包まれていたとする．だがその人は，これが宇宙の起源だとは考えないだろう．自分は霧の中にいると思うだけだ．

　宇宙マイクロ波背景放射に関する一般の見解に対する私たちの見解として，これ以上簡潔にまとめるものはないだろう．

第20章

最後の10年間
The Last Decade

彗星の破片の衝突と氷河期との関連

1990年から2000年までの10年間，私たちはさまざまなプロジェクトに休まず取り組んだ．それでも，私たちの旅路に終わりが来ると感ずることはなかった．ただこの10年間は，バーバラ夫人の健康状態が気掛かりだったため，フレッド・ホイルは家から離れて時間を過ごすことがだんだんと難しくなっていた．フレッド・ホイルたちは今はボーンマスに移り住んでいた．厳しい気候の湖水地方を離れたのは，バーバラ夫人の健康を気遣ったためでもある．そのためフレッド・ホイルとカーディフで会うことが少なくなったが，電話やファクスを通じてのやり取りや共同研究は続けていた．

1981年に出版されたフレッド・ホイルの『*Ice*（氷河期がやってくる）』(F. Hoyle: *Ice*, Hutchinson & Co. Lond, 1981) では，氷河期が彗星の塵がまきちらされた結果生じるという説への疑問を投げ掛けている．この疑問をさらに徹底的に検証するため，私たちは成層圏を漂う氷の微粒子の挙動について正確に知る必要があった．それには，さまざまな方向で吸収および散乱され地表まで到達しなかった，入射太陽光の割合を算出しなければならない．この部分の入射太陽光は失われ，地球を暖めるプロセスには使われない．私は，球形の粒子が原因となる光散乱に関する標準的な理論を用いて，地球の幾何学に関連する数学的分析を行った．そして1990年の秋にその結果をフレッド・ホイルに送った．フレッド・ホイルは私が行った計算の全ての段階についてチェックした後，共同執筆という形で「中間圏の氷粒子による太陽光の後方散乱」と題した論文を『地球，月，惑星』誌で発表した (F. Hoyle and N.C. Wickramasinghe, *Earth,*

Moon and Planets 52, 161-170, 1991). この論文はその他の関連プロジェクトのために道を切り開くことになった. さらに私たちはいくつか短い論文を寄稿した. その中で, 地球または地球外を起源とする成層圏への粒子注入に対する, 地球の気候の敏感さについて特に述べた (Hoyle and Wickramasinghe, *Nature*, 350, 467, 1991 など).

私たちは 10 年間の大部分を費やして, 成層圏にまき散らされた塵によるさまざまな影響について追究し続けてきた. 1996 年, 私たちはビル・ナピエとヴィクター・クリューブと共同で, 巨大な彗星が崩壊しその破片が地球を横断する軌道上を漂っていること, そしてその後の衝突と彗星の塵の地球への注入とが繰り返されたことの影響に関する調査を行った. 私たちは, 彗星に関するこうした事象と地質学的記録における周期的な氷河作用のほか, 生物の大量絶滅の発生との関連性について論じた. また私たちは, 最後の氷河期の終わりから 1 万年にわたる人類が文明を築いた歴史を通じて, 空からの攻撃が繰り返された証が存在していることも指摘した (S.V.M. Clube, F. Hoyle, W.M. Napier and N.C. Wickramasinghe, *Astrophys. Space Sci.* 245, 43-60, 1996). その後フレッド・ホイルと私は, 彗星に関する事象と氷河期とに関連があるという可能性について, より特殊な分析を行った論文を発表している (F. Hoyle and N.C. Wickramasinghe, *Astrophys. Space Sci.* 275, 367-376, 2001).

氷河期と人種的偏見の起源

数年前の前刷り論文で, フレッド・ホイルが触れていた発想をより注意深く検討するために, 氷河期のモデリングはいささか深遠な方向へと流れていった. その関連性は奇妙に聞こえるかもしれないが, 氷河期の研究を行ったことで人間の人種的偏見の起源について知ることになったのである. この問題は, 1993 年 4 月にロンドン南東部でスティーヴン・ローレンス (黒人の青年) が理由なしに殺害された事件に関して, 英国政府が行った多くの調査報告書で明らかになった. ロンドン警視庁はローレンスを殺害した白人の青年たちに対する起訴を拒否したため, 遺族が私人訴追に踏み切ったのである. その結果, スティーヴン・マクファーソン卿の主導で政府による調査が開始されることになった.

マクファーソンは1999年3月に，警視庁は「全体として人種差別的団体」であると結論した．この現象はその他の団体にも存在すると思われていた．
　「啓蒙」が誇りであるわれわれの文明の中で，肌の色に対してこのように強烈な感情的反応を示すのはなぜかと疑問に思うことだろう．フレッド・ホイルと私が最初にこのことを話し合ったとき，人種差別は英国だけではなく現代世界のほとんどの場所で，強力な生物学的な宿命みたいなものであるのに違いないとすぐに意見が一致した．私たちはこのテーマに関する推測を，1999年に『*Journal of Scientific Exploration*（科学探究ジャーナル）』誌 (13, 681-684, 1999) で発表した．この理論は非常に単純なもので，ラマルク学派に近い．
　200万年の人類の進化の間に，肌の色が明るいものと暗いものと，はっきりと違った二つのグループが現れたという事実は否定できない．現在，明るい肌の色をしたグループは氷河期の間に氷河によって隔てられていた北半球の国々を占めており，暗い肌の色をしたグループは主に温暖な赤道周辺の地域で生活していた．これらのグループの肌の色の違いはメラニン色素を生成する効率の違いによって左右される．メラニンはメラノサイトと呼ばれる特殊な細胞群で生成される．この細胞群は皮膚の基底層にあるもので，このような細胞が分布する密度には大きな違いはないにもかかわらず，メラニンが発現する効率は非常に多様である．多くの遺伝子がメラニンの生成に関係しているように思われるが，メラニン発現の全般的な状況（すなわち，色が黒くなる）は極めて優勢である．
　メラニン発現の抑制はきわどい二つの競合効果によって左右されている．一方で色素としてのメラニンは，極端な場合には皮膚の癌腫の原因になることもある，太陽から放射される紫外線による損傷から皮膚の基底部を保護している．また一方では，3,130Åより短い波長帯で紫外線が適度に皮膚を通過しなければビタミンDは生成されない．後者の要件は，一般に栄養状態が高いレベルにある現代ではあまり重要ではないものの，厳しい先史時代で生き延びるためには強力な選択要因になっていただろう．食事によって摂取されるビタミンDの量が少ない場合，日光を適度に吸収できないと，くる病にかかることになる．くる病はビタミンDの不足により骨がひどく変形する病気である．ビタミンDは食物からカルシウムを吸収するときに重要な役割を果たす物質で

ある．色素の適切な発現は浴びることができる紫外線の量に依存している．骨格の奇形や生殖能力の減退につながるくる病と，死亡率の高い皮膚がんの原因となる過度の日焼けとの間でバランスが保たれているのである．

　肌の色が明るいコーカサス人が熱帯地方へ移住すると皮膚がんにかかる率が上昇することは十分に立証済みである．同様に，北半球で生活する黒人やアジア人の間でも，ビタミンの補助食品が主食に多量に採り入れられるようになるまでは，くる病の発症率が高いことが記録されていた．20世紀初頭，ニューヨークに住む黒人の子どもの90％が，くる病にかかっていたことが報告されている．ごく最近の1970年代になっても，英国に移住してきたアジア人の子どもが高い割合でくる病にかかっていたことが，例えばグラスゴーを中心とした調査に記録されている．英国などの国に移住したアジアの人々が浴びている日光の強度は，発現している色素レベルに対して明らかに不足しているが，栄養を強化した食事やビタミンの錠剤を日常的に摂取するようになったため，日光不足は大体補われるようになっている．言うまでもなく，このような補助食品を先史時代に口にすることはできなかった．

　人類の進化が起こった更新世の時代には，地球は250万年近く続いた氷河期に閉ざされていた．この時代に温暖な間氷期が時折訪れている．間氷期はそれぞれ1万年ほど続いたが，このような温暖な期間を全て合わせても更新世全体の10％ほどにしかならない．そして地球が最後の氷河期から脱出したのは1万1,000年前のことであった．

　氷河期の間，地球の平均地表温度は今よりも摂氏で10度ほど低く，氷床は現在の約3倍の範囲に広がっていた．肌の色が白い北方人種は，薄暗い空の下，表面がごつごつとした吹きさらしの氷床の周縁部近くで生活していたが，くる病にかからずに生き延びるため，集められる食物は全て手に入れ，太陽から降り注ぐ紫外線の全ての光子を利用することで，ぎりぎりのところで命を長らえていたことだろう．北方人種にとって，メラニンに関係する遺伝子が抑制されていることで生死が大きく左右されていたのである．しかし熱帯地方で暮らす人々は，氷河期でも乾燥していて空には雲が少ない環境で暮らしていたので，紫外線が容赦なく肌に降り注いだことだろう．熱帯の人々にとっては，メラニン遺伝子が完全に発現し可能な限り肌の色が黒くなることが生き延びるために

は重要であった.

　南方からの移住がランダムに行われる間に,氷床の周縁部で生活する白人は,暗い色の肌をした人々との間での交配が進むことによって[種の継続の]危険にさらされるようになったと思われる．黒人種と白人種との間で交配が進むと,その子孫は肌の色が暗くなり,くる病にかかりやすくなっただろう．このような子どもたちのほとんどが生殖可能年齢に達することができず,したがって黒人種と白人種との交配によって白人種は実際に絶滅する脅威にさらされることになったのである．このような状況を考えると,交配が禁止され,有色人種に対する偏見が生まれたのは自然の成り行きであったかもしれない．こうした偏見は,社会的な伝統や言語や神話や宗教の中に根強く残っているだろう．そのため,悪魔が黒い姿をしているのも,一般的に黒が邪悪なものと結び付くのも偶然ではない．現代の人種差別における強烈な感情の吐露はこのような点を考慮すると理解できる．しかし,それでも許してはならないことだ．

1997年, ヘール・ボップ彗星の最接近

　ずいぶん脇道に反れてしまったが,また私たちの主たる活動に戻ろう．鉄ウィスカの断面に関する初期の計算の背後にある理論について,さらに慎重に検討を行った．これらの計算が,宇宙マイクロ波背景放射についての非宇宙論的説明をする上で非常に重要であったということは既に述べた通りである．私たちを不安に陥れた初期の研究での一つの欠陥は,低温と低周波数における鉄の電気伝導度と関連して私たちが立てた仮説であった．私たちはいささか恣意的に,周波数に依存しない電気伝導度として 10^{18} s^{-1} という数値を取っていた．しかしこの問題に対処するのに,ほかにもっと良い方法があっただろうか？　この疑問に対する答えを出そうとして,私たちはドルーデ理論として知られている金属に関して十分立証された理論を用いて,周波数に応じた低温での鉄の誘電関数を割り出した．ここで必要な唯一の入力はもちろん誰でも知っている鉄の直流伝導度だった．新たな突破口となった私たちの計算結果は,1994年に出版され(Wickramasinghe and Hoyle, *Astrophys. Space Sci.* 213, 143-154, 1994),その中に示した公式は,鉄ウィスカに関するその後のあらゆる計算で

も使用されている．

　星間空間を漂う塵には30年以上経った今でも幾度となく驚かされている．この分野での最先端の状況をフォローしていた私たちは，これまでほとんど誰にも気づかれずにいた重要な観察結果を見つけ出した．反射星雲や，惑星状星雲，HⅡ領域，高緯度の銀河巻雲，銀河系外星雲M82の広大なハローなど，さまざまな天文学的状況にある塵が，6,000〜7,000Åの波長帯で幅広い放射特性を示していたのである．天文学者たちはこの特性を，星間空間に存在するいわゆるPAH（多環芳香族炭化水素分子）の影響によるものだと考え，それを確かめようとしていた．しかし，このデータと関連性があると見られている無機的なPAH分子とは一致が見られないままであった．私たちは，多くの生物色素に関してよく知られている蛍光発光現象を考慮することで，はるかに良い一致が見られることを発見した．M82のような銀河はヒカリキノコバエの幼虫と同じような色素によって光っているように見えた！（F. Hoyle and N.C. Wickramasinghe, *Astrophys. Space Sci.* 235, 343-347, 1996）

　巨大なヘール・ボップ彗星の初お目見えは1997年春のことだった．この彗星は確かに一定の期間観測された中でも最も明るい彗星だった．その核の直径は推定40 km，太陽系の外れからやって来る軌道周期は約4,200年である．4月1日の近日点通過の頃には，急激に明るさを増すとともに尾の長さも10度から30度以上にまで達した．そして1997年の3月から4月までのほとんどの間，見事な光景を披露し続けた．有機分子も含む多くの分子がヘール・ボップ彗星のコマから発見されており，また太陽から2.9 auの距離にあったときに2.5〜45 μmの波長帯の赤外線スペクトルが，欧州宇宙機関の赤外線宇宙天文台（ISO）衛星によって観測されている．図16のぎざぎざになった曲線で示されているのが，このスペクトルである．一方，破線で示したのは質量の約90％が珪藻を含む培養物，10％が不純物のない橄欖石（かんらん）の塵からなるモデルについてわれわれが算出したものである．10 μm近くのピークでの一致には無機的な橄欖石の成分が必要だが，これだけではデータ全体の説明には全く役に立たない．正確な説明には有機(生物学的)成分の存在を想定しなければならない．橄欖石が約10％を超えてしまうとデータと一致しなくなる．私たちはこの研究結果を，1997年5月に新しいインターネットジャーナル『*Natural Science*（自然科

学)』で発表,その後『天体物理学と宇宙科学』誌でも発表した (268, 379-383, 1999).

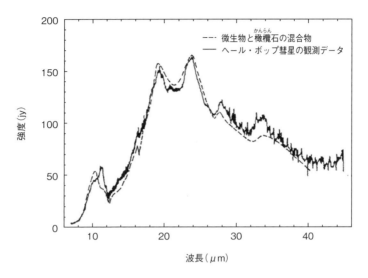

図16 ヘール・ボップ彗星の観測データと,微生物と結晶橄欖石の混合物とのスペクトルの一致.

　彗星と生物との関連を示すさらなる証拠は,彗星が太陽から比較的離れた木星の軌道の向こう側にいるときに,かなりの活動を示すことの発見である.これは,1986年にハレー彗星が近日点通過の後,太陽から6〜10 au遠ざかったときにも観測されている.これと似たような散発的なアウトバーストが起こることは,シュワスマン・ヴァハマン第1彗星についても知られていた.この彗星は15年周期で,木星と土星との境界の外側の軌道を回っている.そして今回,新たに発見されたヘール・ボップ彗星では,近日点へと接近する前(1995年の8月, 9月, 10月)に,塵と一酸化炭素のハローを広範囲にわたって放出していることが報告された.私たちはこのデータを分析した結果,生物学的な気体放出が起こっていることの確かな証拠になり得ると結論した.無機的な彗星では,ヘール・ボップ彗星が[近日点から離れた]冷たい宇宙の彼方で爆発した方法では,爆発するとは考えにくい.しかし,凍った外殻の下で生物学的活

動が継続的に行なわれていれば，ときどき遭遇する隕石の衝突によって高圧の気体の領域が形成され，それが断続的に爆発し気体や塵の微粒子が放出される可能性があると思われる (N.C. Wickramasinghe, F. Hoyle and D. Lloyd, *Astrophys. Space Sci.* 240, 161-165, 1996)．

火星の隕石 ALH84001

1996年8月には，火星起源の隕石から微生物の化石らしきものが発見されたという発表があり，パンスペルミア説が多くの注目を浴びた．ALH84001隕石は彗星の衝突によって火星から放出された岩石の破片である．デイヴィッド・S・マッケイを中心とする科学者チームの調査研究により，この隕石は，μmサイズの炭素塩の小粒に複雑な有機分子が含まれていることが明らかにされた (D.S. McKay *et al.*, *Science* 273, 924, 1996)．そしてマッケイのチームは，この有機物は生物学的に生成されたと思われるという驚くべき主張をした．図17に示すような構造は細菌の化石を示している可能性が高いというのである．この研究から，「人類は火星からやって来た」という記事が一面を飾ると，大変な論争が沸き起こり，それは今もなお続いている．

以来，この主張そのものに対する反論が展開されているものの，その間も発表当時の衝撃が衰えることはなかった．突如としてアストロバイオロジーが新たな科学の分野として登場し，NASAをはじめとするいくつもの国際的な機関から，この全般的な分野の調査への参加が表明された．差し迫ったパラダイムシフトが回りくどいやり方で火星と結びつけられたのは，政治的に抜け目のない決定であった．なぜなら火星の生命という概念は遅くとも1898年にH・G・ウェルズの小説『宇宙戦争』が最初に出版され，火星人が地球侵略の脅威となるという恐怖の物語が世に広まって以来，ゆっくりと一般大衆の意識に浸透していたからである．

火星の隕石ALH84001には，おそらくは微生物の細胞のような明らかに複雑な有機構造までもが，生存可能な形で惑星から惑星に運ばれていた可能性があることが明確に示されていた．惑星間パンスペルミア，すなわちトランスペルミアという概念が近年知られるようになったが，これは決して新しい理論で

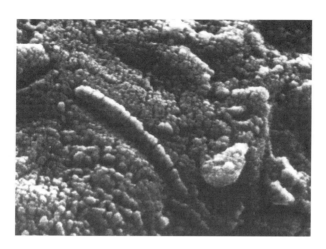

図17 火星起源の隕石 ALH84001 から発見された,微生物の化石と思われるもの(NASA 提供).

はない.ケルヴィン卿が100年以上も前に主張していた理論である.1881年に開催された英国学術協会の会合で議長として挨拶を務めたとき,ケルヴィン卿は次のような注目に値する描像を述べている.

「宇宙空間で二つの巨大な天体が衝突すれば,それぞれの天体の大部分はきっと融解してしまうでしょう.しかしその一方で多くの場合,大量の破片があらゆる方向に飛散することも確かです.この破片の多くは,土砂崩れや火薬の爆発によって岩石の破片が受ける以上の大きな力を受けることはないと思われます.この地球が同じくらいの大きさをした別の天体と衝突することになったときに,まだ地球上が現在と同じ植生に覆われていたとしたら,間違いなく生きた植物や動物の種を含んだ大量の小さな破片は宇宙空間にまき散らされることになるでしょう.したがって,私たちの誰もが太古の昔から現在に至るまで地球のほかにも数多くの生物界がこの宇宙に存在していると確信しているように,(生物の)種を含んだ無数の隕石が宇宙空間を飛び回っている可能性が非常に高いに違いないのです.今この瞬間,地球上に何の生物も存在していなくとも,このような石が自然的要因により一つ落ちてくることで,地上は植物に覆われることになるか

もしれないのです」

　したがって，最近になってようやく科学的議論の中心となったこの発想は，123年以上も前から広く知られていたのである．ケルヴィン卿が述べたような惑星間で生命が行き交うという考えはもちろんあり得る話ではある．しかし，これは宇宙規模で生命の分配という観点からするとあまり重要でないものだと私たちは考えている．また，この発想ではどうやって生命が最初に太陽系に現れたのかという極めて重要な疑問を解決することができない．私たちが既に述べた通り，火星や地球など生命が生存可能な惑星には，はるかに巨大な体系の中で誕生した生命が彗星によってもたらされたと考えることがふさわしい．彗星はあらゆる惑星と衝突するから，彗星によるパンスペルミアは確かに宇宙の生命が運ばれる主な過程となるはずである．

極限環境で生き延びる細菌

　星間空間でのパンスペルミアは，浮遊する細菌が紫外線および電離放射線にさらされる危険があるため考えにくいと広く主張されていた (C. Mileikowsky, et al., Icarus 145, 391, 2000)．銀河間での移動時間はたいてい数百万年かかる．私たちの理論が正しいことを証明するのに必要な，生きのびる細菌数の割合は 10^{-22} よりも小さな値である．まず第一に，私たちは紫外線放射は簡単に防げると主張している．つまり，細菌の周りを炭素の薄い層によって覆えば紫外線はほぼ完全に遮断される．電離放射線もまた大きな脅威となり得るものだ．それでも細菌は必ず生き延びることができる．少なくとも彗星本体によって，生命が存在する一つの惑星系から発生期にある別の惑星系へと移動する場合には生き延びられよう．個々の細菌，または細菌群であっても，移動する間に受ける電離放射線の線量を耐え抜くことができると思われる．このことを否定する実験では数秒または数分間，大量の電離放射線を照射する．しかし，星間媒質では，このような放射線は数百万年にほんの一瞬しか浴びることがない．この二つの条件は劇的に異なっており直接の比較は不適切である．ヒドロキシ基をはじめとする遊離基による酸化作用はDNAが損傷を受ける原因の90％以上を

占める．このことはよく知られている．したがって水分含量が減少する（ヒドロキシ基により）ことで,電離放射線による致死効果は劇的に低下する．さらに，星間空間のような不活性大気や，真空状態における照射の場合は損傷を受けにくくなる．そのほか低温状態のときにも，遊離基が動かなくなり拡散が妨げられることで，同じく損傷は受けにくい．これら全ての理由を考え合わせると，宇宙放射線が惑星間または星間細菌に及ぼす影響にはかなりの不確実性が存在すると推測しても差し支えないだろう．凍結乾燥された休眠中の細菌（H_2Oおよび空気がない状態）に対して，天文学的なタイムスケールで放射される低流量の電離放射線は，これと同等の線量を実験室の植物培地に照射した場合とは，まったく比べものにならないと思われる（N.C. Wickramasinghe and J.T. Wickramasinghe, *Astrophys. Space Sci.* 286, 453, 2003）.

地球近傍の放射線環境にさらされた細菌が生存できることは，NASAの長期曝露施設を使用して直接実証されている（G. Hornek, *et al., Adv. Space Res.* 14, 41, 1994）．生きている細菌の培養物は,掘削された50万年前の氷や，2,500万年〜4,000万年以上前の琥珀からの分離株（R.J. Cano and M. Borucki, *Science* 268, 1060, 1995）や，1億2,000万年前の物質（C.L. Greenblatt *et al., Microbial Ecology* 38, 58, 1999）から回収されている．また同様に，2億5,000万年前のニューメキシコ州の岩塩坑で採掘された塩の結晶からも生きた細菌が回収されている（R.H. Vreeland, W.D. Rosenzweig and D. Powers, *Nature* 407, 897-900, 2000）．自然放射能による地球上での電離放射線の，現在の線量率は年間0.1〜1ラドの範囲である．すると，1億年後でも休眠中の細菌や胞子を回収できることが立証されているということは,「むき出しの」細菌であっても1,000万〜1億ラドの範囲の総線量への耐性があることを示すものである．こうした全てのことから,「むき出しの」細菌または細菌群であっても，パンスペルミアの役割を果たせるだけの多くの数の細菌が生き延びられると言えよう.

2000年代初頭のBSEの流行

ホイルと私との生涯の旅の間に発展させた理論では，約40億年前に初めて生命が彗星によって地球に運ばれたことになる．そしてそのプロセスが大昔だけだったということはない．彗星は今でも宇宙を巡っているし，地球にはその彗星から放出された破片がからみついているのである．現在でも毎日100 tもの彗星の物質が地球上に到達していることが知られている．そこでこんな風に尋ねられるかもしれない．どんな証拠があって，生きている微粒子つまり微生物が，このような破片と一緒に地球にやって来たというのか？　もちろん，落下してくる彗星の破片の多くはミリメートルほどの大きさの微粒子の隕石として突入時に燃えてしまうだろう．それでも，落下してくる彗星物質のかなりの部分は大気中を安全に通り抜けられる大きさをしていると思われる．私たちの考えに従うならば，この中には彗星の表面から最近放出されたばかりの，細菌群やナノバクテリアやウイルスなどが含まれているはずである．

私は前に，宇宙からの爆撃によって高度な生命体との間に病気の発生という相互作用がもたらされたという，1980年代に私たちが提唱した理論について述べた．このプロセスに対する私たちの関心は薄れることはなかった．2000年12月，BSE（牛海綿状脳症）が蔓延して英国の酪農場で猛威を振るっていたときのことだが，私たちは次のような手紙を『インディペンデント』紙に送っている．

　BSEの原因について

　前略　古くから植物や動物の病気には不思議な現れ方をするものがあります．例えば，劇中，何の脈絡もなく現われる不思議な登場人物のようなものです．一例ですが，何年か前に致命的な呼吸器疾患が遠く離れたシベリアのバイカル湖に生息するハイイロアザラシを突如襲いました．

　遺伝子系が驚くほどに複雑であることがわかってくるのにつれて，次第に宇宙のほかの場所から隔離された地球上でこれほど複雑な生命が進化したと考えることは不可能なことが必然的に明確になりました．地球上の生

命は，実は非常に複雑なはるかに広大な体系の一部であるからです．

　私たちの考えでは，このような関係は彗星を起源とする物質が地球上にかなりの量到達していることによります．最新の研究では，彗星から放出された大量の物質のほとんどが生体物質とは区別できないような有機粒子の形をとっていることが明らかにされています．彗星によって地球にもたらされる物質の量は一日当たり約100 tにもなると言われますが，この物質が全て細菌であると仮定した場合，1 m^2に数十万個の細菌が毎日地球にやって来ているということになります．その大部分は，無害な物質であることはわかっています．そのような物質は消失するだけです．ところが，ごくまれに何らかの結びつきが起こり，たいていは偶然によるものですが，その結びつきによって新たな病気が発生します．

　細菌やウイルスのような微粒子は，たいていは冬の何カ月かの間に地球の成層圏を通って降下してきます．これは私たちの考えですが，英国の酪農場で特にBSEが大流行したのは，冬に家畜を放牧する英国独自の習慣のためではないでしょうか．英国の酪農家は家畜を牧場から牧場へと頻繁に移動させます．すると，空から草の上に降下してきたと思われる病原菌と接触する可能性は高くなってきます．

　一度，原因物質（遺伝子片または感染型タンパク質の一部）が数頭の家畜に侵入してしまえば，その後は人が感染した家畜を肉骨粉にしてもっと多くの家畜の餌に混ぜることで，感染に手を貸すことになります．後から考えてみるとばかげたことが行われていたと思えますが，当時の状況を知らなくとも経済的な理由を考慮すれば何となく理解できることです．

　今の私たちは，マスコミによって容赦なく煽り立てられながら，誰かを非難する文化の中で生活しています．誰かにBSEに対する責任を取らせなければならないという話を常に耳にします．しかしながら，私たちの見解では，誰の責任でもありません．強いていえば無知の責任です．政府当局は感染した家畜の肉骨粉を家畜の飼料に混ぜることを禁止して，すみやかにその役割を果たしたと言えそうです．

　しかし，牛由来品を医療用ワクチンに使用することまで禁止しなかったことについては，大きな疑問が残ります．

早々

サー・フレッド・ホイル教授
チャンドラ・ウィックラマシンゲ教授

インドでの気球実験

　1999年2月に，ヴィルト第2彗星を目指したスターダスト計画が始まった．この計画の目的は，着地実験を実施し彗星塵のサンプルを採集することにある．彗星とのランデブーと採集活動は2004年1月に行われた．採集活動は，エアロゾルのブロックを使用して衝突する彗星粒子を穏やかに減速させるようにしてあった．しかし，それでも微生物がエアロゾルとの衝突を生き延びられるとは期待されていなかった．採集した物質がようやく地球に持ち帰られたのは2006年のことだった．ところが，生命の存在を示すまぎれもない証拠は有機構造の断片以外は発見されなかった．

　彗星の中に含まれている微生物の検出方法として特に期待されたのは，上部成層圏に上げられた気球での無菌採集システムだった．圏界面[*1]は，熱帯地方では18 km，中緯度では10 kmにある．それよりも上層では，細菌群を含む1〜10 μmのエアロゾルは長くて数週間という非常に短いタイムスケールでしか滞留できない．このようなエアロゾルは重力によってすぐに降下する．めったにないことだが，例えば火山の噴火の後で少量の細菌が地球の表面からかなりの高度まで舞い上がったとしても，すぐに降下する．40 km以上の高度では，普通の状態では地上の細菌が発見されることはまずあり得ない．したがって，成層圏でかなりの量の細菌が発見されたとすれば，それはパンスペルミアの確かな証拠になる．

　何年もかけてフレッド・ホイルと私は，各方面に対して，潜在的価値のあるプロジェクトの実験を実施できるようにしてほしいと説得してきた．それに対して受け取った返事にはいつでも落胆させられたが，1回だけ違った返事をも

[*1] トロポポーズ(tropopause)．対流圏と成層圏の間．

らった．フレッド・ホイルは，1980年代にタタ基礎研究所のジャヤント・ナリカールを何回か訪ねた．そして研究所に，殺菌した機器を気球に載せて成層圏から彗星塵を採集してみてほしいと提案していた．タタ基礎研究所の気球打ち上げ施設では，1950年代に宇宙線の検出に関する先駆的な研究に携わって以来，すばらしい成果を収め続けている．フレッド・ホイルの話にインドの科学者たちが真剣に聞き入っていたのは確かだったが，当時の全体的な印象は，この実験は採集手順で十分な無菌状態が得られないため実施できないというものだった．増幅技術を使用するなどして少量のDNAを検出する方法も当時はまだ開発されていなかった．しかし1990年代後半までに状況は大きく変化していた．ジャヤント・ナリカールを中心とする，物理学者と生物学者とのチームが，フレッド・ホイルと私が提案したような実験の実施をインド宇宙研究機関(ISRO)に申請した．そして2000年に実験への資金提供が承認されたのである．

　実験の目的は，成層圏の大気を無菌状態で採集し，生命の兆候がないかを実験室で調べることであった．プロジェクトで使われる採集機器が次のとおりである．特別に製造し殺菌されたステンレス鋼製の筒を何本も用意し，中をほぼゼロ気圧の状態にして，地上からの遠隔操作によって開閉可能な弁を取り付ける．この筒を組み立てて，液体ネオンの入った容器内に吊るし極低温状態に保っておく．そして，これだけの重さのものが気球に積み込まれ，2001年1月21日にインドのハイデラバードにあるタタ基礎研究所から打ち上げられた．筒に取り付けられた弁があらかじめ決められた高度で開放されると，真空状態の内部に周辺の大気が取り込まれ，筒の内部は非常な高圧になる．そして一定の時間が経った後で弁が閉鎖され，筒は密閉された状態でパラシュートによって地上に降ろされた．

　筒のセットは2001年2月にカーディフ大学に送られてきた．カーディフ大学当局との間の官僚主義的な不都合などによって，2001年4月になってようやく筒からサンプルが抽出された．フレッド・ホイルは，気球実験が進む間もずっと貴重な意見をあらゆる段階で助言をしてくれた．プリヤと私が最後にフレッド・ホイルと会ったのは，2001年2月21日，ボーンマスでのことだった．まずフレッド・ホイルから「気球のサンプルから何か見つかったかい？」と質問された．私は，その作業をする助手が任命されるのを待っているところですと

答えた．これはフレッド・ホイルには理解し難い状況であった．

　ようやく私は，カーディフ大学からの最低限の支援を約束させることができ，短期間の研究助手が派遣されることになった．筒が開けられ，成層圏で集めた大気が汚染のない環境下で殺菌された膜フィルターに通された．成層圏の大気サンプルに細菌や細菌群が存在していればこのフィルターで集められる．分析はまずカーディフ大学の微生物学科が行い，次にシェフィールド大学でミルトン・ウェインライトのチームが実施した．

　2001年7月にウェインライトの研究の第1段階が終了し，私たちは高度41 kmで集めた大気サンプルに生きた細胞群が含まれていたという明らかな証拠を手に入れた．これは，局所的な圏界面(16 km)よりもはるかに高く，普通ならμm単位のエアロゾルが低層から吹き上げられることもないような高度である．細胞群は，電子顕微鏡像と，シアニンと呼ばれる生きた細胞の細胞膜だけに吸収される蛍光染料とを使って発見された(図18を参照のこと)．そして，染料で処理した分離株を特殊な顕微鏡で観察したところ，図19のような画像を撮影することができた．また，別の蛍光法を使ってこれらの細胞群のDNAも検出された．

　このような細胞の空間密度が高度によって異なっているのは，細菌の細胞が宇宙から降下してきたことをはっきりと示すものである．暫定的な試算により，このような生体物質は地球全体で毎日3分の1～1 tの量が降下してくると推定された．これだけの量の有機物が全て細菌だとすれば，年間で10^{21}個の細菌が地球に降下して来ることになる．この調査結果は，2001年7月末にサンディエゴで開催されたSPIE(国際光工学会)の会合での，「アストロバイオロジーのための器具，方法および探査 IV」と題したセッションで発表された．そして，メラニー・J・ハリス，チャンドラ・ウィックラマシンゲ，デイヴィッド・ロイド，ジャヤント・ナリカール，P・ラジャラトナム，M・P・ターナー，シルワン・アルマフティ，M・K・ウォリス，S・ラマドゥライ，フレッド・ホイルの共同執筆による「成層圏で採集したサンプルから検出された生細胞」と題した論文が発表されている(*Proc SPIE* 4495, 192, 2002)．悲しいことに，これがフレッド・ホイルと共同で執筆した最後の論文になった．当日の発表は世界中で注目された．地球中心の世界観を持つ懐疑論者たちからは，当然のように汚染の疑いが持た

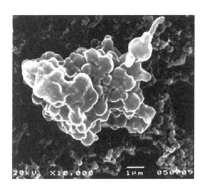

図18 成層圏で採集されたサンプルから発見された微生物群と思われる塊の走査電子顕微鏡画像.

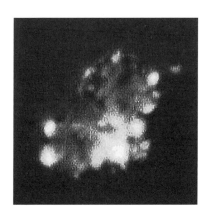

図19 高度41 kmで採集されたサンプルから,生きた細胞のみが吸収する蛍光染料によって特定された生きた微生物群.

れた.しかし発表以後,私たちが得た最初の結果は,シェフィールド大学のミルトン・ウェインライトが行った研究によって広く確認立証されることになった.(M. Wainwright, N.C. Wickramasinghe, J.V. Narlikar and P. Rajaratnam, *FEMS Microbiology Letters*, 218, 161, 2003; M. Wainwright, N.C. Wickramasinghe, J.V. Narlikar, P. Rajaratnam and J. Perkins, *Int. J. Astrobiol*, 3, 13, 2004).

科学は,フレッド・ホイルと私が数十年をかけて発展させた見解を正しいと

証明する方向に進展している．私は最近，以前の研究を補うパンスペルミアへと通じる別の道を探っている（W.M. Napier, *Mon. not. R. Astron. Soc.* 348, 46, 2004; M.K. Wallis and N.C. Wickramasinghe, *Mon. not. R. Astron. Soc.* 348, 52, 2004）．彗星や小惑星は，生命が存在する地球に衝突して種を絶滅させることがあり得るのと同じように，生命で満たされた物質を宇宙にまき散らす可能性もあると思われる．生命を運ぶ物質のかけらは，この放出プロセスを生き延び，実際に太陽系の外に出ることができる．太陽系（地球も含めて）は，銀河系の中心を軸にして2億4,000万年かけて1回転している．そして，地球から放出された生命を運ぶ物質は，数億もある誕生したばかりの彗星や惑星系に接近したとき，定期的に生命の種を提供することになる．その後，このような新たに形成される惑星系は，生きた微生物という形で地球の生命を受け入れることになるだろう．そして，地球だけが生命の中心であるはずがないから，これと同じ拡散プロセスが，生物が存在するその他のあらゆる惑星系で起こっていると思われる．

ヴィルト第2彗星の探査

　彗星の探査は2004年にようやくスタートしたと言ってもいい．1986年に探査機「ジオット」がハレー彗星の探査を行って以来，彗星に関する標準的な主張は修正され続けてきた．そしてまぎれもなくその動向は，1979年に初めて私たちが提唱したとおり，無機物の彗星から有機物で生命が存在する彗星へと移行しつつある．そして最近では2004年2月に，チュリュモフ・ゲラシメンコ彗星を探査するロゼッタ計画（私もこのミッションに参加した科学者チームの一員だ）がスタートし，2014年に彗星の表面への着陸が計画されている．しかしながらその前に，2004年1月にヴィルト第2彗星からわずか236 km（147マイル）の距離から取得した最新データが探査機「スターダスト」から送られてきた．スターダスト計画の主任研究員であるドナルド・ブラウンリーは次のように報告している．

　　ヴィルト第2彗星は，黒く汚れたけば立った雪玉のようだと考えられて

いた．ところが最初の画像を見ると，その代わりにさまざまな地形が写っていたのにはひどく驚かされた．山の頂やくぼみやクレーターは，結合力のある凝集性の表層によって支えられているに違いない……．

　スターダストが撮影したヴィルト第2彗星の画像には，高さ100 mの山頂や150 m以上も深くえぐれたクレーターが写っていた．彗星全体は長さ5 kmほどの大きさしかないが，最も大きなクレーターには差し渡しで1 kmにもなるものがあった．近くで撮影されたヴィルト第2彗星の4分の1の画像（図20を参照）には，20世紀の彗星に関するさまざまな理論の中でも特に神聖視されていた，かつての「汚れた雪玉モデル」からかなりかけ離れた特徴が示されていた．最も当惑させられたのは，拡大したガスの噴出口が十数カ所も見られたことだ．中でも，太陽光線の当たっていない彗星の暗い側に見えるガスの噴出口が目を引いた．ヴィルト第2彗星の凍結した外殻の底部では，有機物が熱く煮えたぎっているという驚くべき証拠を得ることができた．外殻の脆い部分がときどき裂けて，その下にあった高圧の液体が噴出し，噴出口が作られる．この新しいデータは，私たちが考えた彗星の生物学的モデルと驚くほどに一致している．宇宙の生命を裏付ける証拠は，今や避けることのできない必然的なものになったと思われる．

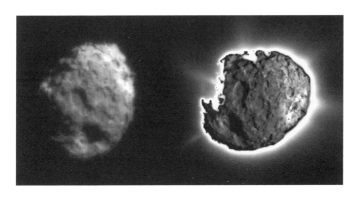

図20　スターダストに搭載されたカメラが2004年1月に撮影したヴィルト第2彗星の画像（NASA, JPL提供）．

2001年，フレッド・ホイルとの別れ

　500年以上も昔，ポーランドの天文学者ニコラウス・コペルニクス（1473‑1543）は，それまで宇宙の中心にあると思われていた地球を，その絶対的な地位から引きずり下ろした．それでも地球は，20世紀に入っても生命の中心としての高貴な地位を保ち続けた．生命は，外の宇宙とは無縁に単独で起こる地球の進化プロセスの結果だと見なされていた．フレッド・ホイルと私は，2人の共同研究の旅の間，科学のさまざまな分野から得られた証拠を示しながら，地球が占めるこの絶対的な地位に対してずっと異論を唱え続けてきた．地球の生命を，銀河のほかの場所から切り離されたものだと考えることは不可能である．われわれは，宇宙の莫大な遺伝子プールの中の一部なのだ．生命の革新は，地球上では一切起こっていない．地球は単に一つの受け入れ場所であって，宇宙の生命という想像を超えた複雑な体系を築くための一つの培養の場にすぎない．いずれ，生命が宇宙からやってきたという概念に対する偏見は自然に消滅する．そのとき，私たちの発想が自明の真理と見なされるようになる．今日，太陽が太陽系の中心にあることを当たり前と思っているように，将来の世代は，生命の起源が宇宙にあり，生命は宇宙規模であることを当たり前のことと思うようになるだろう．

　フレッド・ホイルが86歳で亡くなったという悲しい知らせを受けとったのは，2001年8月21日のことだった．それは20世紀科学の一時代の終わりを告げるときであった．フレッド・ホイルは，この世界の本当の姿を知りたいという知的好奇心に突き動かされていた．フレッド・ホイルによって，社会学的な制約は取り除かれ，さまざまな科学の分野を隔てていた人為的な境界は崩れ落ちた．フレッド・ホイルは，宇宙は人が勝手につくる境界など全く意に介さないとよく言っていた．1940年代から1950年代にかけてフレッド・ホイルが取り組んだ，元素の起源に関する記念碑的な研究は原子物理学を天文学に採り入れることになったが，それがフレッド・ホイルの信条を典型的に示している．また，この本でも書いているが，フレッド・ホイルと私とによる共同研究が生物学と天文学との間にある障害を取り払い，アストロバイオロジーという急速な発展を見せる新たな科学の分野を生み出すことになったのも，この信条の表

れである．

　40年近くも続いたフレッド・ホイルとの旅は，行動にあふれた旅だった．時には地図に載っていない危険な場所に踏み込んで，新たな発見をするという刺激的な旅だった．もう一度チャンスを与えられても，私は喜んで同じ道を歩みたいと思う．

Where our journey ends	一つの旅が終わっても
Another must begin	次の旅がきっと始まる
In some distant corner of the Universe	遥かなる宇宙の片隅へ
Following inexorably	いやおうなしに導かれる
The selfsame path	まったく同じ道を

エピローグ —— 2012年から振り返る
Epilogue —— Reflections in 2012

　ひとにぎりの科学者を別にして，ほとんどの科学者は商業的選択と自然選択との基本的な違いを見落としていた．商業的選択がうまくいくのは，製品の適性や品質を向上させようと常に努力する人間の知性がその背後にあるからである．したがって商業的選択は，生物学の無目的に行われる自然選択とは似ても似つかぬものである．

　実際，自然選択というのはふるいのような役割を果たす．その中に入った種をより分けることはできるが，最初にどの種をより分けるかを決めることはできない．ふるいの中に何を入れるのか．そこに入るのは地球生物だけでなく，地球の外からやってきた宇宙の生物である．……今ではこの見解を裏付ける証拠が山ほど見つかっている．

フレッド・ホイル『知性ある宇宙』(1983年)
(*The Intelligent Universe*, Michael Joseph, London)

生命の起源を探る

　この本の初版［2005年］が出てから，生命は宇宙的現象であるという私たちの命題を検証する科学の発展が数多くあった．新しい発見はいずれも私たちの理論を否定するのではなく，裏付けることになった．この事実によって，私たちは宇宙の起源を解き明かすための正しい道を歩んでいるのだという自信を深めていった．

　1950年代に，ハロルド・ユーリーとスタンリー・ミラーが成功を収めた後，生命の起源に関する研究は，無機物からどうやって生命が誕生するかを理解する上での飛躍的な発展がいつかは成し遂げられるだろうと願って，多くの研究所で依然として続けられている．遺伝子工学や遺伝子操作においては，DNAを持たない細菌の細胞内にゲノムを再生するなどの画期的な成功が成し遂げら

れた(Gibson *et al.*, 2010). しかし, こうしたことはいずれも, 生命の起源そのものを理解することからかけ離れている. 2012年段階で, 生化学と微生物学との最新の知識に基づいて下すことができる結論は, 1980年代初めに出された結論と大して違いはない.

　地球上で生命が誕生したことを証明するものは何一つない. 実際, 地質学や天文学に基づいた証拠の全ては, 生命の起源はわれわれの住む惑星の外にあることをはっきりと示している. これは, フレッド・ホイルと私が, 1979年から1981年にかけて最初に提唱したのとまったく同じことである. そこから見えてくるイメージは, まず生存可能な細胞型生命が[地球外から]注入されてわれわれの地球に根付き, その後進化をし, 時折, 地球外を起源とする遺伝子によって遺伝的に拡大することで, 新たな生命の王国, 生物分類上の門や属や種の発達が可能になったというものだ. 30年前にはまったくの異端であると思われたことが, 不承不承ながらもついに受け入れられるようになったのである.

異端者の犠牲

　科学の歴史には, その発想が時代を先取りしていたために受け入れてもらえなかった革新者たちが数多く登場する. こうした人々は, 残虐な罰を受けることも多かった. アナクサゴラス(BC500頃 - BC428頃)は, 太陽は真っ赤に焼けた石で, 月は土からできていると主張したことで知られているが, その考えが不敬であるとしてアテナイから追放された. ジョルダーノ・ブルーノ(1548 - 1600)は, 宇宙には生物のいる惑星がいくつもあると主張して, やはり不敬に当たるとして火刑に処せられた. 今の世界はもっと文明的だから, せめて口先だけでも寛容であれという自由主義のもとに, さまざまな意見を奨励するようになっている. だからフレッド・ホイルと私が旅の途中で経験した追放や妨害は, 昔のことを考えればおとなしいものだったと思わなければならない. これまでの章で指摘したとおり, 私たちの研究は権威に対する敬意に欠けていると思われることが多く, そのせいで嫌がられていた. 研究を無視されるのは, かつてのように著作を焼き捨てられるといった迫害を受けるより, はるかにましなことだと思う.

数十年にわたって私たちが経験したことは，20世紀と21世紀の科学を支配する社会学の危険な現代傾向を浮かび上がらせるものだった．現代でも権威ある者が，正統的な意見に従わない研究を支持したり認めたりさせないように力を行使する傾向がある．こうしたことが，フレッド・ホイルと私との物語のさまざまなときに起こった．

　生命の有機的な基礎的構成物は，大気中で合成されたのではなくて，彗星によって地球にもたらされたという発想は，1978年に私たちが書いた『生命は星雲からやってきた』の中で最初に展開したものである．当初，この考えに対しては強硬な反対を受けた．しかし，ゆっくりとだが科学界の間で認められるようになっていった．それは，この考え方が「地球上の原始スープ」という一般的なパラダイムに含まれると思われたためである．もっとも原始のスープ自体，宇宙から入ってくるものでなければならなかったが．

　20世紀を通じて，また21世紀の最初の10年間に天文学の飛躍的進歩が達成されるごとに，銀河や恒星や惑星で形成される宇宙の広大さが再確認された．そして，生化学と微生物学における進歩により，どんなに単純な生細胞であってもとまどうほどに複雑な分子配列を持っていることが判明した．このことは，生命の起源は地球ではなく宇宙にあることを示唆している．

　ある種の微生物が，地球上の「平均的な」条件とは明らかに関係のない特性を持っていることは長い間知られていた．「極限環境微生物」が持つ特性やその分布に関する調査研究は，確かに生命が宇宙の非常に厳しい環境下でも生き延びることを示している．そして，生命はある銀河から別の銀河に運ばれる可能性が大いにある．2010年に，国際宇宙ステーションの外側に付着していたシアノバクテリアは，18カ月間にわたって交互に訪れる，凍結と加熱と強力な電離放射線への被曝という環境を生き延びていたことが明らかになった．つい10年前には，このような微生物が存在することなどあり得ないと言われていた．

天文学上の予言：彗星と隕石について

　宇宙の生命の起源に関する私たちの理論は，星間塵が持つ赤外線および紫外線のスペクトル特性が生物学的物質と一致することを予言するものだった．そ

して，このようなスペクトルが最初に発見されたときに，それは確信へと変わった．さらに私たちは，彗星の塵（これまで無機物の氷でできていると考えられていたもの）は確かに有機物であることも予言していたが，これもまた，ハレー彗星や1986年以降のその他の彗星の観測によって正しかったことが証明された．

　私は第20章で，インド宇宙研究機関（ISRO）が高度41 kmの成層圏で，彗星の塵を含んでいる可能性がある大気サンプルを無菌状態で収集したという話をした．そしてこのサンプルから，彗星を起源とすると思われる微生物が一日に平均0.1 tも地球全体に降下していることの証拠が得られた（Wainwright *et al.*, 2003）．それから数年して2回目の成層圏でのサンプル採集が行われ，極めて強い紫外線耐性を持つ細菌を新たに3種類分離することができた．そのうちの1種は，フレッド・ホイルに敬意を表して *Janibacter hoylei* と命名されている（Shivaji *et al.*, 2009）．新しい細菌にフレッド・ホイルの名前をつけることが決まったのは，小惑星帯の小惑星8077「ホイル」（1986 AW$_2$）の命名が，天文学に対する長年にわたる貢献を称えたものだったのと同じように，フレッド・ホイルがアストロバイオロジーにおいて先駆的な研究を行っていたと認めたためだったからであろう．

　その他の独立した宇宙機関で類似の実験を実施すべきであることは，どんなに強調しても，し過ぎることはない．特に，これらの生物が彗星を起源とすることを確かに証明するという意味で大きな重要性を持っている．こうしたプロジェクトの費用対効果については議論の余地はない．しかし私が見たところ，実験の実施をためらうのは，地球を中心とする生命論という長い間保たれてきたパラダイムが，根本から覆されることに対する恐れと関係があると思う．最近行われた宇宙探査計画で，生命体探査実験が特に行われていないのも，地球以外の生命の起源を認めたくない正統派の科学者の心理状態を反映したものだった．

　2006年，NASAのスターダスト計画で採集されたヴィルト第2彗星のサンプルが無事に地球に回収された．予想していたとおり，彗星からの粒子はサンプル採集用のエアロゾルのブロックに高速で衝突したため，本来の有機粒子や細胞らしきものの痕跡はほとんど残っておらず，分子のかけらだけがわずかに

発見された．分子のかけらから生細胞は回収されなかったものの，アミノ酸などの複雑な有機分子が数多く見つかった．これらは，生物が衝突で破壊されてできる物質と一致するものである．このような生物学的説明の方が，有機物はより単純な分子から放射線処理によって生成されたものであるという主張よりもはるかに説得力がある．有機物のほかにも採集された物質には，キューバイトと呼ばれる鉱物粒子が含まれていた．キューバイトは，液体の水が存在する場所でしか形成されないものである．したがって，この発見は1970年代に私たちが予測していたとおり，原始の彗星には液体の水が存在し，それが彗星における細菌の複製に重要な役割を果たしているという説を劇的に証明することになった．

　2004年にヴィルト第2彗星とランデブーした探査機「スターダスト」は，2011年には，搭載されたカメラでテンペル第1彗星の写真を撮影した．そこに彗星から水の噴出が起こっていることの直接の証拠が発見されている．これらの水の噴出は，細菌の代謝活動により内部の気圧が高まり，彗星の外殻に亀裂が生じたためで，その結果気体や塵が放出されることになったと考えられる（Wickramasinghe, Hoyle and Lloyd, 1996）．

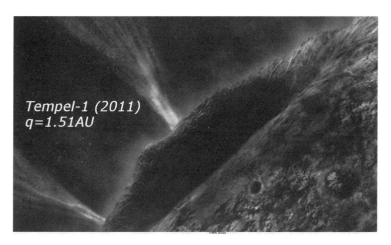

図21　2011年2月に探査機「スターダスト」が観測した，テンペル第1彗星表面で，からみあって噴出する水の想像図．

NASAにより，テンペル第1彗星へのディープ・インパクト計画が実施された．2005年7月4日に，時速3万7,000 kmという高速で衝突体を彗星表面に衝突させ彗星の外殻を破壊し,彗星に含まれる物質を放出させる実験を行った．生命に関係する可能性があると思われる水や複雑な有機物や鉱物粉末が存在することはわかったものの，実験が生命の発見を想定して計画されていなかったため生細胞をはっきりと発見することはできなかった(Wickramasinghe, Wickramasinghe, Napier, 2010)．

　ESA（欧州宇宙機関）によるチュリュモフ・ゲラシメンコ彗星へのロゼッタ計画（私もこの大きな調査研究チームの一員である）は，2004年3月にスタートした．2014年11月に彗星表面に着陸し，さまざまな実験が行われる予定である．彗星の構造や化学的性質や物理学に関する深い洞察が得られると期待される．

　第13章でも取り上げているが，炭素質コンドライトと呼ばれる種類の隕石は，かつて微生物を含んでいた彗星の残骸であると考えられている．したがって，予想されていたような隕石から化石化した微生物が発見できるのではない

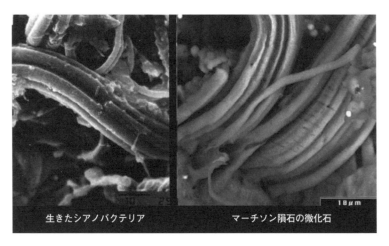

図22　マーチソン隕石に見られる構造（Hoover, 2005）と，生きたシアノバクテリアとの比較（Hoover, 2005, 2011）．

かと期待されていた（図13を参照のこと）。既に前の章で，1980年代にハンス・プフルークが，当時使用可能だった最高の機器と汚染を回避する厳格な予防措置をとったうえで，予想されていたような微化石を発見したという先駆的研究の紹介をした。プフルークの研究はあまりにも時代の先を行っていたために，それに見合った注目を浴びることはなかった。しかし，NASAのマーシャル宇宙飛行センターで，リチャード・フーヴァーの指揮の下，同じ研究プログラムが続行されていた。フーヴァーは，自分が特定したさまざまな微生物の化石化した微生物構造に関する膨大な量の目録を出版していた (Hoover, 2005, 2011)。フーヴァーが，マーチソン隕石の表面にできたばかりの裂け目からSEM（走査電子顕微鏡）で発見した微生物構造の画像を図22に示す。比較のため左には，現在の生きたシアノバクテリアの標本を示した。隕石から発見された有機構造が，汚染ではなくもともと隕石に含まれていたという主張を裏付ける多くの証拠がある。隕石の構造には確かに化石構造であることを示す化学的証拠（窒素分が少ないなど）が見つかっている。したがって，最近になって汚染されたことはあり得ない。

第20章でも触れた，火星を起源とする隕石ALH84001に関する研究は，微化石が検出されたという最初の主張と一致する成果を出し続けている。2011年7月には火星起源の別の隕石がモロッコの砂漠に落下し，その後すぐ10月にティシント村の近くで発見された。通称ティシント隕石は，数百年前の彗星か小惑星との衝突によって火星から放出されたものである。最近，隕石の一部に関する調査研究を，私の研究室の大学院博士課程の学生ジェイミー・ウォリスたちが共同で行っている。この隕石からも「絶滅した生物の痕跡」が発見されたことが報告されている (Wallis *et al.*, 2012)。

そして，炭素と酸素を豊富に含む小球体が隕石の内部から発見された。図23は，高エネルギー電子ビームの照射により卵のようなひび割れができた際の中空構造を示したものである。

図23 ティシント隕石内部に見つかった，炭素と酸素を豊富に含む粒子．炭素と酸素を豊富に含む，卵形の球体にできた金被覆のひびは，走査電子顕微鏡による分析中に金の皮膜を張り付ける際にできたもの（Wallis et al., 2012）．

天体分光学

私たちが宇宙の炭素粒子の存在に関する論文を発表してから，ちょうど50年が経った（Hoyle and Wickramasinghe, 1962）．この論文がきっかけになって，星間塵に含まれる有機物に関する理論へと発展し，最終的に宇宙の生命の理論へとつながった．私たちのモデルによる予測と天体観測とが一致したことは，この本の前の方で取り上げているが，スピッツァー宇宙望遠鏡のような新しい望遠鏡が使用できるようになってデータの質が向上し，その正しさが次々と確認されている．銀河および銀河系外の高分解能赤外線スペクトル放射源から，生物学的に生成された複素環式芳香族分子であるとしか合理的には解釈のしようがない塵のスペクトル特性（主に3.3，6.2，7.7，8.2および11.3μmでの「未同定赤外線帯（UIB）」）が明らかにされている（Wickramasinghe, 2010; Rauf and Wickramasinghe, 2011）．非生物学的説明が提唱されているが，不自然であるだけでなく，発見された結果と全て矛盾している．

芳香族分子または生体分子の赤外線特性を示す最も遠く離れた銀河の中に，

z = 2.69という強い赤方偏移を示す明るい赤外線銀河が存在する (Teplitz *et al.*, 2007). そのスペクトルを図24に示す. この銀河は, 標準的なビッグバン宇宙論によれば宇宙がまだ誕生して間もない誕生後20億年に光を放射していた. 同じくらい遠く離れた場所の銀河からも生化学的物質であることを示す紫外線のスペクトル特性 (2,175Åでの吸収特性) が発見されている (Elíasdóttir *et al.*, 2009; Motta *et al.*, 2002; Noterdaeme *et al.*, 2009).

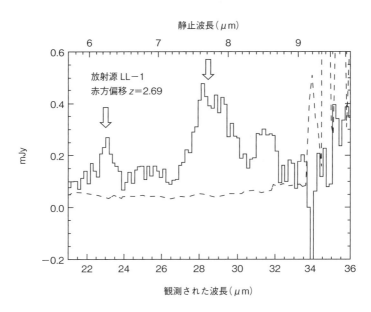

図24 赤方偏移した放射源の6.2, 7.7 μmの波長帯でのスペクトル (Teplitz *et al.*, 2007).

このような放射の原因となる物質が生物学的な分解生成物であるという考えは, 私たちがもともと提唱し強調し続けているものだ. 系外生命体の証明は, その裏付けのために「途方もない証拠」を必要とする「途方もない仮説」である. しかし, 生命は地球の中だけに閉じこめられているという考えは, はるかに途方もない仮説である. 銀河全体に微生物を運ぶことができるメカニズムが明らかにされている今では, とても筋が通ったものとは思われない (Wickramasinghe *et al.*, 2010).

生物分子は，宇宙の歴史のかなり早い段階で存在していた可能性があるが，このような分子が発見されるのはまだ先のことである．塵による減光に関する証拠ははるか遠くの銀河で見つかっており，最近になって，遠く離れた赤方偏移 $z = 5.19$ の電波銀河に生命の成分となる炭素が高濃度で存在することが示された (Matsuoka *et al.*, 2011)．もし生命の存在が，炭素が豊富に存在することで判断されるとすれば，生命の最初の兆候はビッグバンから10億年以内に現れ，その後，彗星パンスペルミアの準備が整ったと推定できる．

ビッグバン宇宙論

　ビッグバン理論そのものは，フレッド・ホイルがその経歴のほとんどをかけて疑問をぶつけていた考えである．実は「ビッグバン」という語は，こんな宇宙モデルには賛成できないという意味で，それを嫌っていたフレッド・ホイルがつけた蔑称だ．しかしながら，2012年現在，現代の観測結果の大部分が137億5,000万年前にビッグバン式の宇宙が始まったことを示すものだと解釈されている．最も強力な望遠鏡で観測可能な物体の(全てではなくとも)ほとんどが，このような大「爆発」によって生成されたという．しかしながら，これは唯一の「宇宙の創造」なのか，同じような出来事が無限に起こり，そのうちの一つなのか(多元宇宙論，振動宇宙論または準定常宇宙論)という問題は依然として残されている．

　2011年のノーベル物理学賞は，宇宙で最もおぼろげなIa型超新星の赤方偏移(距離)を観測した，ソール・パールマッター，ブライアン・シュミット，アダム・リースの3人に授与された．この研究により，宇宙が膨張する速度が次第に増しているという結論が導き出されている．宇宙が通常の物質によって占められているとすればこのようなことはあり得ない．必然的に重力によって速度は落ちていき加速するはずはない．このジレンマを解決するために，重力に打ちかつ斥力源として「暗黒エネルギー」が引き合いに出された．この結果生まれたのが，いわゆる「標準調和モデル」である．この説によれば，宇宙は23%の暗黒物質と73%の暗黒エネルギーと4%の通常物質とでできていることになっている．第19章で指摘したことだが，生命の起源をビッグバン宇宙論で考え

ることは難しい．この宇宙論では炭素系物質が10^{40} gしかつくられない．これではあまりにも薄くて拡散しすぎである．

　標準的なビッグバン宇宙論の変形として，最近私がおもしろいと思っているのは，カール・ギブソンとルディ・シールドとが提唱したいわゆるHGD（重力流体力学）宇宙論である（Gibson, 1996; Gibson and Schild, 2010）．HGD宇宙論では，ビッグバンから約30万年後に初期の宇宙のイオン化した気体が不安定な状態になったと考える．それは，イオン化した気体から不活性ガスへの再結合が起こったときである．そしてこのとき，宇宙全体は本質的に巨大彗星によく似た地球質量の惑星状天体（全部で10^{80}個もある）がその空間を満たす「海」になった．このような惑星体のごく一部が衝突して合体し，急速に巨大な恒星へと進化していった．そしてその中で，短いタイムスケールで核反応が起こることにより，生命に関わる化学元素が合成されたというのである．その後，超新星爆発によってこれらの化学元素がばらまかれ，多数の原始惑星へと集積し，これら天体の温かい液体状の内部——つまり宇宙論的原始スープを形成する——そこが生命が発生するのに最適の場所になったと考えられている（Gibson *et al.*, 2010）．

　このようなHGD宇宙論によれば，宇宙に存在する暗黒物質は生命を宿している原始惑星からできていることになる．われわれの銀河系ではこのような惑星は巨大なハローの中に位置している．そのハローは，らせん状に腕を伸ばし，恒星系や惑星系を形成する．宇宙が誕生してから最初の数百万年で発生した微生物的生命は凍結した休眠状態にあり，新たに形成された惑星系の彗星の内部に取り込まれ，その後地球のような生物が生存可能な惑星に運ばれる．

惑星

　前の章で述べた宇宙の生命論では，微生物がわれわれの太陽系内にある全ての生存可能な特定領域でコロニーを作っていなければならない．彗星や成層圏内に降下した彗星の塵や炭素質隕石となった彗星の残骸に微生物が存在する証拠については既に述べたとおりである．何年も前に地球に持ち帰られた月の石には生命の存在を示すものは何も見つからなかった．その理由は，大気のない

月では，生命を運ぶ彗星の塵の粒子は降下速度が減速されず，軟着陸することができずに秒速10 km以上の速度で地表に衝突するためである．これほどの高速では有機化合物の結合が切れてしまう．そして，しばしば主張されているとおり，月の石に過剰に炭素が含まれているという不思議な結果を生むことになる．

　火星は，生命が検出される最初の地球外惑星になる可能性が最も高い．最近の地球極限環境で発見された微生物のことを考えると，まもなく火星で微生物が発見されるに違いない．火星探査機「バイキング1号」と「バイキング2号」がそれぞれ1976年の7月20日と9月3日に火星に着陸したときの主な目的は，実は微生物を探索することだった．そして，この計画の主任研究員であったギル・レヴィンは確かに1976年に火星に微生物を発見していたのだが，残念なことに誰からも注目されなかった．最近実施された，1976年のバイキング計画の全てのデータに関する徹底的な再調査と再評価によって明らかになったのは，バイキング探査機によって得られた調査結果を説明するには，火星における生命を肯定するしかない．

　バイキング計画以降に実施された火星に着陸する無人の探査ミッションの多くで，生命体探知実験がまったく行われなかったのは遺憾なことである．将来の火星サンプル回収ミッションにおいて岩石サンプルが地球に持ち帰られるときに偶然，微生物が回収され，人類に対する病原性があったら困るという理由から，手の込んだ「地球防衛」策が採用されているのは皮肉なことだ．

　1976年以来，火星を目指すミッションがいくつも実施された．そして，火星には地下水や干上がった川床が存在し，上層大気にはメタンが含まれていることの証拠が見つかった．これらは全て地表近くの特定領域で微生物がまだ生存していることを示すものである．そしてはるか昔，火星に川が流れていたときには，もっと多くの生物が存在した可能性がある．

　最先端の移動実験室を搭載したNASAの探査車「キュリオシティ」は，2012年8月6日に火星のゲール・クレーター内に着陸した．そして間接的にではあるが，過去および現在の生命の存在に関する証拠を数年かけて探査している．火星に生命が存在していることが明らかになれば，当然1976年にレヴィンが成し遂げた発見が今ごろになってようやく正しいと認められることになる．

かなり興味深いプロジェクトとして，木星の凍った三つの衛星，カリスト，エウロパ，ガニメデで，その場での探査を行うというものもある．これらの木星の三つの衛星には，いずれも周期的に熱せられる液体の海が地下にあるため，そこに生物が生息していると考えられる．このプロジェクトは，2012年にESAからの資金提供が承認されている．このミッションがスタートするのはさらに10年後で，木星への到着も2030年のことだが，今のところアストロバイオロジー上の大きな進歩になる可能性は非常に高い．

　2009年のNASAのケプラー計画以後，太陽系外で生物が生存可能な惑星の探査が勢いを増している．ケプラー計画では「トランジット法」を用いて惑星を検出するが，そのために直径0.95 mの軌道望遠鏡が配備されている．トランジット法では，軌道を回る惑星が恒星の前を通過するときに恒星光を部分的に遮ることで起こる，周期的な恒星の輝度の低下をとらえる．そして2012年8月までに，太陽系の外に1,000個以上もの惑星（系外惑星）が見つかっている．観測の為に定めた選択バイアスのため，発見された惑星のほとんどは，その中心の星近くの軌道を通る巨大ガス惑星（木星型または海王星型惑星）であることが明らかになった．しかしながら，地表面に液体の水が存在し，したがって生命を維持することができるという距離[ハビタブルゾーン]で親星の周囲を回っている巨大な地球型惑星と言えそうな惑星がいくつか見つかっている．

　最近の系外惑星の発見の中でも最も興味深いのは惑星ケプラー22bであろう．この惑星は，約600光年離れたはくちょう座に位置する太陽によく似たG型の恒星（ケプラー22）の周囲を回っている．半径は地球のほぼ2.4倍で，太陽に似た恒星（G型矮星）のハビタブルゾーン内に位置する．さらに調査を進めることで，近い将来，類似した系外惑星が数多く発見されると思われる．現在のところ，このような太陽系外の地球型惑星が銀河系内にどれだけあるかについて，太陽から半径1000光年の範囲内でも合計で数万個になるだろうと推定されている．現在計画されているとおり，系外惑星の調査のため，さらに大型の宇宙望遠鏡が配備されることになれば，ケプラー22bのような惑星のスペクトルもそのうちに観測できるかもしれない．また水蒸気，酸素，オゾン，二酸化炭素，メタンなどの生命の兆候を示すと思われる気体の化学的特徴も見つかるのではないかと期待されている．

中心の星の周囲の軌道上にある惑星のほかにも，星間空間を自由に浮遊する惑星が存在する多くの証拠が見つかっており，このような惑星の総数は恒星の数の数千倍以上にもなるかもしれない(Wickramasinghe et al., 2012). このような星間惑星は，親星からの放射熱によって地表が熱せられてはいないだろうが，その内部では液体の水が放射性熱源によって熱せられているかもしれない．

進化に関する予測

われわれの宇宙の生命に関する理論には，特に生物学的進化に関連するものも含まれている(Hoyle and Wickramasinghe, 1979, 1981). 私たちは，もし彗星が40億年前に最初の生命を地球にもたらしたのだとすれば，彗星から微生物が飛来するプロセスは地質年代を通じて続いており，したがって進化において何らかの役割を果たしていたのに違いないと主張した．このような考えは後に，地球のような惑星で起こった局所的な進化による遺伝子生成物が，銀河系規模で拡散し混ざり合ったというモデルへと発展した．また彗星の衝突が，例えば恐竜の絶滅につながった6,500万年前のK/T境界で起こったとして，このようなイベントを通じて，局所的な進化の生成物を持つDNA断片が宇宙空間にまき散らされたという主張も行った(Wallis and Wickramasinghe, 2004; Napier, 2004; Wickramasinghe et al., 2010). 局所的に進化した生命体が持つDNA鎖は，たとえ一部破壊されたものであっても，生命の情報を広く遠くまで伝えることができると思われる(Wesson, 2011). このモデルでは，われわれの惑星系を取り巻く彗星の雲が星間雲の近くを通過するとき，その重力の影響によって攪乱されるときには必ず，同様の衝突イベントによって遺伝子がまき散らされる事象が繰り返し起こると思われる．衝突が起こる間隔は平均で4,000万年くらいである．したがって最初の生命が地球上に現れたときから，このような遺伝子の拡散が100回は起こっているだろうと推定した(Wickramasinghe et al., 2010). 地球から放出された遺伝子は，こうして天の川銀河全体に存在する何百万もの発生期の惑星系へと運ばれたと考えられる．

地球や太陽系が特殊な存在であるとは考えられない．よって，遺伝子が拡散する同様のプロセスが，銀河にある生命が存在する全ての惑星で同じように働

いていると想定しなければならない．そして結果的に，ダーウィン進化論が起こる生物圏は，われわれの太陽系を越えて銀河系の大部分にまで広がる．分子雲との遭遇による遺伝子獲得という事象は，当然のことながら，例えば地球の生命の記録においてはっきり観察されている化石の突然の変化などの生物学的進化の確率と関連している．

1982年からの明確な予測

『*Proofs that Life is Cosmic*（宇宙の生命の証拠）』(Hoyle and Wickramasinghe, 1982) p.73, 74の中で，私たちは次のように書いている．

> 進化はことごとく地球上で起こる出来事であるという知識に固まっているとすれば，当然，地球の外からやって来るウイルスが，地球上で進化した細胞とどのようにして密接に相互作用できるのであろうかを理解することは難しいだろう．だがわれわれには，そのことに関する知識はない．そのような知識がないから，この段階でいえることは，ウイルスと進化とは一体のものだと考えるしかない．そして，もしウイルスが宇宙から入り込んだと仮定するのであれば，進化もまた宇宙からもたらされたものでなければならないとなる．どうすればそんなことが可能になるのか？ ウイルスは必ずしも侵入する宿主の細胞を破壊するわけではない．ウイルス粒子は，必ずしもその複製のために細胞の遺伝機構を支配するのではなく，細胞内の染色体にこっそりと自分自身を加えているのかもしれない．万が一このようなことが生殖細胞で起こるとすれば，細胞子孫が増殖するごとにウイルス由来の遺伝子が複製されるため，その細胞子孫には新たな遺伝子型が生まれることになる……．
>
> ある遺伝子は，一方の生命体の適応にとって有用であっても，もう一方にとっては無用であるかもしれない．しかしながら宇宙から来たウイルスにその違いがわかるわけではない．遺伝子を細胞に公平に挿入するだけである．したがって，ある種において機能する遺伝子が，その他の種にとっては無意味な遺伝子となる可能性がある．これもまた事実である．ある種

にとって有用な遺伝子が，その他の種にとっては不要である遺伝子として存在する．一つまたはそれ以上の新しい遺伝子が，何種かの種に加わったと考えてみよう．そして，加わった一つまたはそれ以上の遺伝子が，その種の適応に有用であると思われる一つまたはそれ以上のタンパク質を生成する可能性があると考えてみよう．しかしながら，有利に働く新しい遺伝子を持ったこれらの種の細胞は，以前からある遺伝子に従って機能するため，新しい遺伝子がその種にとって有用なものとなるために，いつ自分の働きを切り替えるかという問題が発生する……有利に働くと思われる遺伝子が蓄積されればされるほど，大きな進化的飛躍を遂げるための可能性を獲得する．それによって，小さな変化が続く状態，すなわち「平衡」状態から脱出する……．

遺伝子の水平伝播 (HGT) のプロセスは，今では十分文献的に確立している (Keeling and Palmer, 2008; Boto, 2010) が，上記のわれわれの記述を説明してくれる．宇宙の生命理論では，宇宙の遠く離れた場所 (彗星または惑星) で進化した遺伝子が，時折，地球上で進化する生命体のところまで運ばれてくるという可能性が絶対に必要とされる (Hoyle and Wickramasinghe, 1979, 1982)．このようにして地球上の生物は，新しい情報を持った外来の遺伝物質が地球にやって来て，地球上の生物に受け入れられるようになるごとに，確率論的な基礎に従って進化的な利点や新しさを獲得することができたと思われる．かくして私たちは，遺伝情報が通常の交配を通じてだけでなく，もっと宇宙規模で運ばれているという遺伝子の水平伝播の天文学的プロセスについて，期せずして提唱することになった．

HGT は，受容する側の生物にとっての新しい遺伝子および機能の重要な供給源であり進化の推進力でもあるという説は，かつては議論の的となった．しかし，今ではそのことを裏付ける説得力のある証拠が示されている．また，遺伝子の水平伝播の理解によって，生物の系統樹の全生物共通祖先 (LUCA) を探る古代の系統発生関係を再構築する試みが期待に反しうまくいかないことが確認されている (Jain *et al.*, 2003)．そして，LUCA のような単一の生物はそもそも存在せず，宇宙史に匹敵するくらいの長期にわたり種々の宇宙の遺伝子が

地球に降りてきた結果，遺伝子が組み合わさった生物となったということが次第に明らかになりつつある．(Joseph and Wickramasinghe, 2011; Gibson *et al.*, 2011).

　入手可能な全てのデータを基にすれば，進化における突然の移行や，新しい形質の発生や，新たな種の到来は，新ダーウィン主義的な突然変異や自然淘汰などの緩やかなプロセスではなく，遺伝子の水平伝播を通じて起こったのだと推定することができる (Keeling and Palmer, 2008). 新ダーウィン主義的進化が起こっていることは否定しないが，それはおそらく長期的に見ると遺伝子の水平伝播と比べてはるかに見劣りするだろう．生物学者が「断続平衡説」と説明する現象は，進化の長期的な停滞が革新と進歩とが急激に起こることで中断されるというものだが，宇宙が介在する遺伝子の移動とは一貫性が見られる．長期にわたるゆっくりとした進化は，外の世界から遺伝子がもたらされないという地球にこだわる新ダーウィン主義的プロセスの特徴である (Wickramasinghe, 2012).

ゲノムのウイルス塩基配列

　ヒトゲノム配列の研究は，新たな千年紀の幕開けにふさわしい極めて注目すべき科学発展の一つである．ここから，ウイルスや病気や進化に関するわれわれの考え方を一変させるさまざまな発見がスタートした (Venter *et al.*, 2001). 驚くべきことに，ヒトのDNA（タンパク質をコード化する塩基配列）に含まれる［狭義の］遺伝子の数は，これまで考えられていたように10万個以上ではなく，せいぜい2万〜2万5,000個であった．また，ヒトのDNAの50％は，つきつめていくとウイルスに由来する配列であるとわかったことも驚きであった．最も綿密に研究されている配列は，RNAをDNAへと逆転写するRNAウイルスに由来する内在性レトロウイルスで，われわれのDNAの8％を占めている．このウイルスが病気の原因になるだけではなく，進化にも寄与するという点で重要であることは，つい最近になって理解されるようになった．注目すべきは1979年から1981年にかけての私たちの主張と驚くほどの一致が見られることである (Wickramasinghe, 2012).

ゲノム配列研究から得られた新たな証拠により，レトロウイルスによる感染（例えばHIVなど）が人間だけではなく，ほとんど全ての哺乳類の種の間で頻繁に起こっていることが指摘されている．デ・グロートほか（2002年）は，チンパンジー遺伝子の全ての遺伝子レパートリー（MHCクラス1遺伝子として知られる）を特定した．この遺伝子によりチンパンジーはチンパンジー由来のサル免疫不全ウイルス（ヒトHIVに似たSIV）に対する免疫を持つ．この推論では，現在存在するチンパンジーの個体群は，遠い昔に全ての祖先のチンパンジーを淘汰した可能性のあるSIVによる伝染病を生き延びた個体の子孫を代表する．フレッド・ホイルと私とによる，HIVは宇宙からの侵略者であるという主張は，最初に提唱したときにはまったくばかげていると言われたものだ．しかし近年の研究成果により，少なくとも合理的な仮説であると見直されるべきである．

ウイルスが「内在化」され宿主のゲノムに含まれるようになるプロセスは，レトロウイルスに限られたものではない．非レトロウイルス型RNAの転写体は，4,000万年前の齧歯類も含めた複数の哺乳類の種の生殖細胞系に組み込まれたように思われる（Horie et al., 2012）．そしてまた，細菌感染によっても遺伝子が挿入されることがある．最近発表された論文では，細菌感染に関連する二つの免疫調節遺伝子（SIGLECと呼ばれる）が，ヒトでは活動しないが，ヒトとつながりのある霊長類では活動していたことが明らかにされている（Wang et al., 2012）．この推論では，これらの遺伝子が活発に活動していたとき，おそらく10万年前，人類をほとんど絶滅させた可能性があるとしている．

パンスペルミアの旅は，さらに続く

フレッド・ホイルと私は，1980年代から1990年代にかけて発表した著作の中で，地球に入り込んでくると思われる病原体を成層圏で探し，必要に応じて将来的なパンデミックを回避するワクチンを開発するために，長期的な微生物学的調査を実施するのが賢明だという提案をした（Hoyle, Wickramasinghe and Watkins, 1986; Hoyle and Wickramasinghe, 1990）．その際，ウイルス粒子が成層圏の最上層に入り込んでから地上へと降下するまでには，普通数週間

から数カ月間かかると予測した．これだけの時間があれば十分に対策を講じることができるだろう．このような偶発事象に対して，惑星を防護するためのプロトコルを定めるときが来ているのではないだろうか．破滅的なパンデミックが発生し，彗星パンスペルミアの理論を裏付ける恐るべき証拠が示されてからでは遅い．

　私の旅は，1961年の秋，英国の湖水地方の澄み渡った静けさの中から始まった．そして，ほぼ半世紀が経ち，今，私はここにいる．オールド・ダンジョン・ギル・ホテルのひなびたおもむきや，フレッド・ホイルと一緒に暖炉のそばで語り合ったことは，今では遠き日の思い出となった．生まれて初めて登山靴を履いてラングデールの岩だらけの頂上まで登ったことも懐かしい．この本に綴った宇宙の起源を探る私たちの旅は，ラングデールの峰々を越えて，地図に載っていない危険な荒れ地を通り抜ける旅だった．至るところで危険に直面し敵との対立もあった．しかし，私たちはくじけることのない登山家精神に従ってゆっくりと歩み続け，障害に立ち向かっては乗り越えてきた．そしていつも私たちが提唱する宇宙の起源の真実が，あらゆる人々の前に明らかにされるはるかかなたのユートピアへと視線を向けた．このような目標が，ついに手の届くところまできたように思われる．かつては異端とされた私たちの考えは，確実に正統な科学の領域に入りつつある．われわれの祖先が宇宙にいることは，もはや否定することはできない．地球上の生命は宇宙の細菌を起源とし，そこから進化した．そして，やはり宇宙を起源とする遺伝子によって強化された．しかし，宇宙の非生物がはじめて生物へと変わった正確な方法やプロセスは，これからの世代が解決する問題として残されている．

初版のための参考文献
Bibliography to First Edition

論文

1. "A note on the origin of the Sun's polar field", F. Hoyle and N.C. Wickramasinghe, *Mon. not. R. Astron. Soc.*, **123**, 51, 1962.
2. "On graphite particles as interstellar grains", F. Hoyle and N.C. Wickramasinghe, *Mon. not. R. Astron. Soc.*, **124**, 417, 1962.
3. "On the deficiency in the ultraviolet fluxes from early type stars", F. Hoyle and N.C. Wickramasinghe, *Mon. not. R. Astron. Soc.*, **126**, 401, 1963.
4. "Impurities in interstellar grains", F. Hoyle and N.C. Wickramasinghe, *Nature*, **214**, 969, 1967.
5. "Condensation of the planets", F. Hoyle and N.C. Wickramasinghe, *Nature*, **217**, 415, 1968.
6. "Solid hydrogen and the microwave background", F. Hoyle, N.C. Wickramasinghe and V.C. Reddish, *Nature*, **218**, 1124, 1968.
7. "Condensation of dust in galactic explosions", F. Hoyle and N.C. Wickramasinghe, *Nature*, **218**, 1127, 1968.
8. "Interstellar grains", F. Hoyle and N.C. Wickramasinghe, *Nature*, **223**, 459, 1969.
9. "Dust in supernova explosions", F. Hoyle and N.C. Wickramasinghe, *Nature*, **226**, 62, 1970.
10. "Radio waves from grains in HII regions", F. Hoyle and N.C. Wickramasinghe, *Nature*, **227**, 473, 1970.
11. "Primitive grain clumps and organic compounds in carbonaceous chondrites", F. Hoyle and N.C. Wickramasinghe, *Nature*, **264**, 45, 1976.
12. "Organic molecules in interstellar dust: a possible spectral signature at 2200 Å?", N.C. Wickramasinghe, F. Hoyle and K. Nandy, *Astrophys. Space Sci.*, **47**, L1, 1977.
13. "Polysaccharides and the infrared spectrum of OH26.5 + 0.6", F. Hoyle and N.C. Wickramasinghe, *Mon. not. R. Astron. Soc.*, **181**, 51P, 1977.
14. "Spectroscopic evidence for interstellar grain clumps in meteoritic inclusions", A. Sakata, N. Nakagawa, T. Iguchi, S. Isobe, M. Morimoto, F. Hoyle and N.C. Wickramasinghe, *Nature*, **266**, 241, 1977.
15. "Polysaccharides and the infrared spectra of galactic sources", F. Hoyle and N.C. Wickramasinghe, *Nature*, **268**, 610, 1977.
16. "Prebiotic polymers and infrared spectra of galactic sources", N.C. Wickramasinghe, F. Hoyle, J. Brooks and G. Shaw, *Nature*, **269**, 674, 1977.
17. "Identification of the 2200 Å interstellar absorption feature", F. Hoyle and N.C.

Wickramasinghe, *Nature*, **270**, 323, 1977.
18. "Origin and nature of carbonaceous material in the galaxy", F. Hoyle and N.C. Wickramasinghe, *Nature*, **270**, 701, 1977.
19. "Identification of interstellar polysaccharides and related hydrocarbons", F. Hoyle, N.C. Wickramasinghe and A.H. Olavesen, *Nature*, **271**, 229, 1978.
20. "Calculations of infrared fluxes from galactic sources for a polysaccharide grain model", F. Hoyle and N.C. Wickramasinghe, *Astrophys. Space Sci.*, **53**, 489, 1978.
21. "Comets, ice ages and ecological catastrophes", F. Hoyle and N.C. Wickramasinghe, *Astrophys. Space Sci.*, **53**, 523, 1978.
22. "Biochemical chromophores and the interstellar extinction at ultraviolet wavelengths", F. Hoyle and N.C. Wickramasinghe, *Astrophys. Space Sci.*, **65**, 241, 1979.
23. "On the nature of interstellar grains", F. Hoyle and N.C. Wickramasinghe, *Astrophys. Space Sci.*, **66**, 77, 1979.
24. "The identification of the 3 micron spectral feature in galactic infrared sources", F. Hoyle and N.C. Wickramasinghe, *Astrophys. Space Sci.*, **68**, 499, 1980.
25. "Organic grains in space", F. Hoyle and N.C. Wickramasinghe, *Astrophys. Space Sci.*, **69**, 511, 1980.
26. "Organic material and the 1.5-4 micron spectra of galactic sources", F. Hoyle and N.C. Wickramasinghe, *Astrophys. Space Sci.*, **72**, 183, 1980.
27. "Dry polysaccharides and the infrared spectrum of OH26.5 + 0.6", F. Hoyle and N.C. Wickramasinghe, *Astrophys. Space Sci.*, **72**, 247, 1980.
28. "Evidence for interstellar biochemicals", F. Hoyle and N.C. Wickramasinghe, in *Giant Molecular Clouds in the Galaxy*, (eds.) P.M. Solomon and M.G. Edmunds (Pergamon, 1980).
29. "Why Neo-Darwinism does not work", F. Hoyle and C. Wickramasinghe (University College, Cardiff Press, 1982).
30. "Comets — a vehicle for panspermia", F. Hoyle and N.C. Wickramasinghe (ed.) C. Ponnamperuma (D. Reidel Publishing Co., 1981).
31. "Infrared spectroscopy of micro-organisms near 3.4 microns in relation to geology and astronomy", F. Hoyle, N.C. Wickramasinghe, S. Al-Mufti and A.H. Olavesen, *Astrophys. Space Sci.*, **81**, 489, 1982.
32. "Infrared spectroscopy over the 2.9-3.9 micron waveband in biochemistry and astronomy", F. Hoyle, N.C. Wickramasinghe, S. Al-Mufti, A.H. Olavesen and D.T. Wickramasinghe, *Astrophys. Space Sci.*, **83**, 405-409, 1982.
33. "Interstellar absorptions at λ = 3.3 and 3.3 microns", S. Al-Mufti, A.H. Olavesen, F. Hoyle and N.C. Wickramasinghe, *Astrophys. Space Sci.*, **84**, 259, 1982.
34. "Organo-siliceous biomolecules and the infrared spectrum of the Trapezium nebula", F. Hoyle, N.C. Wickramasinghe and S. Al-Mufti, *Astrophys. Space Sci.*, **86**, 63, 1982.
35. "A model for interstellar extinction", F. Hoyle and N.C. Wickramasinghe, *Astrophys. Space Sci.*, **86**, 321, 1982.
36. "The infrared spectrum of interstellar dust", F. Hoyle, N.C. Wickramasinghe and S. Al-

Mufti, *Astrophys. Space Sci.*, **86**, 341, 1982.
37. "On the optical properties of bacterial grains, I", N.L. Jabir, F. Hoyle and N.C. Wickramasinghe, *Astrophys. Space Sci.*, **91**, 327, 1983.
38. "Interstellar proteins and the discovery of a new absorption feature at λ = 2800 Å", L.M. Karim, F. Hoyle and N.C. Wickramasinghe, *Astrophys. Space Sci.*, **94**, 223, 1983.
39. "The ultraviolet absorbance spectrum of coliform bacteria and its relationship to astronomy", F. Hoyle, N.C. Wickramasinghe, E.R. Jansz and P.M. Jayatissa, *Astrophys. Space Sci.*, **95**, 227, 1983.
40. "Organic grains in the Taurus interstellar clouds", F. Hoyle and N.C. Wickramasinghe, *Nature*, **305**, 161, 1983.
41. "Bacterial life in space", F. Hoyle and N.C. Wickramasinghe, *Nature*, **306**, 1983.
42. "The spectroscopic identification of interstellar grains", F. Hoyle, N.C. Wickramasinghe and S. Al-Mufti, *Astrophys. Space Sci.*, **98**, 343, 1984.
43. "Proofs that life is cosmic", F. Hoyle and N.C. Wickramasinghe, *Mem. Inst. Fund. Studies,* Sri Lanka, No. 1, 1983.
44. "2.8-3.6 micron spectra of micro-organisms with varying H_2O ice content", F. Hoyle, N.C. Wickramasinghe and N.L. Jabir, *Astrophys. Space Sci.*, **92**, 439, 1983.
45. "The extinction of starlight at wavelengths near 2200 Å", F. Hoyle, N.C. Wickramasinghe and N.L. Jabir, *Astrophys. Space Sci.*, **92**, 433, 1983.
46. "The radiation of microwaves and infrared by slender graphite needles", F. Hoyle, J.V. Narlikar and N.C. Wickramasinghe, *Astrophys. Space Sci.*, **103**, 371, 1984.
47. "The ultraviolet absorbance of presumably interstellar bacteria and related matters", F. Hoyle, N.C. Wickramasinghe and S. Al-Mufti, *Astrophys. Space Sci.*, **111**, 65, 1985.
48. "An object within a particle of extraterrestrial origin compared with an object of presumed terrestrial origin", F. Hoyle, N.C. Wickramasinghe and H.D. Pflug, *Astrophys. Space Sci.*, **113**, 209, 1985.
49. "On the nature of dust grains in the comae of Comets Cernis and Bowell", F. Hoyle, N.C. Wickramasinghe and M.K. Wallis, *Earth, Moon and Planets*, **33**, 179, 1985.
50. "Legionnaires' disease: Seeking a wider cause", F. Hoyle, N.C. Wickramasinghe and J. Watkins, *The Lancet*, 25 May 1985, p. 1216.
51. "Archaeopteryx — a photographic study", R.S. Watkins, F. Hoyle, N.C. Wickramasinghe, J. Watkins, R. Rabilizirov and L.M. Spetner, *British J. Photography* (8 March) **132**, 264, 1985.
52. "Archaeopteryx — a further comment", R.S. Watkins, F. Hoyle, N.C. Wickramasinghe, J. Watkins, R. Rabilizirov and L.M. Spetner, *British J. Photography* (March 29) **132**, 358, 1985.
53. "Archaeopteryx — further evidence", R.S. Watkins, F. Hoyle, N.C. Wickramasinghe, J. Watkins, R. Rabilizirov and L.M. Spetner, *British J. Photography* (April 26) **132**, 468, 1985.
54. "Archaeopteryx — problems arise, and a motive", F. Hoyle and N.C. Wickramasinghe, *British J. Photography* (June 21) **132**, 693, 1985.

55. "The availability of phosphorous in the bacterial model of the interstellar grains", F. Hoyle and N.C. Wickramasinghe, *Astrophys. Space Sci.*, **103**,189, 1984.
56. "The properties of large particles in the zodiacal cloud and in the interstellar medium and their relation to recent IRAS observations", F. Hoyle and N.C. Wickramasinghe, *Astrophys. Space Sci.*, **107**, 223, 1984.
57. "From grains to bacteria", F. Hoyle and N.C. Wickramasinghe (University College, Cardiff Press, 1984).
58. "Living Comets", F. Hoyle and N.C. Wickramasinghe (University College, Cardiff Press, 1985).
59. "Viruses from Space", F. Hoyle and N.C. Wickramasinghe (University College, Cardiff Press, 1986).
60. "On the nature of the interstellar grains", *Q. Jl. R. A. S.*, **27**, 21, 1986.
61. "On the nature of the particles causing the 2200 Å peak in the extinction of starlight", F. Hoyle and N.C. Wickramasinghe, *Astrophys. Space Sci.*, **122**, 181, 1986.
62. "The measurement of the absorption properties of dry micro-organisms and its relationship to astronomy", F. Hoyle, N.C. Wickramasinghe and S. Al-Mufti, *Astrophys. Space Sci.*, **113**, 413, 1985.
63. "The viability with respect to temperature of micro-organisms incident on the Earth's atmosphere", F. Hoyle, N.C. Wickramasinghe and S. Al-Mufti, *Earth, Moon and Planets*, **35**, 79, 1986.
64. "Diatoms on Earth, Comets, Europa and in interstellar space", R.B. Hoover, F. Hoyle, N.C. Wickramasinghe, M.J. Hoover and S. Al-Mufti, *Earth, Moon and Planets*, **35**, 19, 1986.
65. "The effects of irregularities of internal structure in determining the ultraviolet extinction properties of interstellar grains", F. Hoyle, N.C. Wickramasinghe, S. Al-Mufti and L.M. Karim *Astrophys. Space Sci.*, **114**, 303, 1985.
66. "The case for interstellar micro-organisms", F. Hoyle, N.C. Wickramasinghe and S. Al-Mufti, *Astrophys. Space Sci.*, **110**, 401, 1985.
67. "Some evidence against the authenticity of Archaeopteryx Lithographica", F. Hoyle, N.C. Wickramasinghe, L.M. Spetner and M. Magaritz, *Bild der Wissenschaft* **5**, 51, 1988.
68. "Interstellar extinction by organic grain clumps", F. Hoyle and N.C. Wickramasinghe, *Astrophys. Space Sci.*, **140**, 191, 1988.
69. "Polymeric complexes in comets and in space", F. Hoyle and N.C. Wickramasinghe, *Astrophys. Space Sci.*, **141**,177, 1988.
70. "Cosmic Life Force", F. Hoyle and N.C. Wickramasinghe (J.M. Dent, 1988).
71. "A diatom model of dust in the Trapezium nebula", Q. Majeed, N.C. Wickramasinghe, F. Hoyle and S. Al-Mufti, *Astrophys. Space Sci.*, **140**, 205, 1988.
72. "Mineral Grains in the 10 and 20 μm spectral features in the Trapezium nebula", F. Hoyle, N.C. Wickramasinghe and Q. Majeed, *Astrophys. Space Sci.*, **141**, 399, 1988.
73. "Archaeopteryx — more evidence of a forgery", F. Hoyle, N.C. Wickramasinghe, L.M. Spetner and M. Magaritz, *British J. Photography*, pp. 14-18 (7 Jan. 1988).
74. "The infrared excess from the White Dwarf star G29-38: a Brown Dwarf or dust?", F.

Hoyle, N.C. Wickramasinghe and S. Al-Mufti, *Astrophys. Space Sci.*, **143**, 193, 1988.
75. "Metallic particles in astronomy", F. Hoyle and N.C. Wickramasinghe, *Astrophys. Space Sci.*, **147**, 245-256, 1988.
76. "The organic nature of cometary grains", N.C. Wickramasinghe, F. Hoyle, M.K. Wallis and S. Al-Mufti, *Earth, Moon and Planets*, **40**, 101, 1988.
77. "Mineral and organic particles in Astronomy", N.C. Wickramasinghe, F. Hoyle and Q. Majeed, *Astrophys. Space Sci.*, **158**, 335, 1989.
78. "Modelling the 5-30 μm spectrum of Comet Halley", N.C. Wickramasinghe, M.K. Wallis and F. Hoyle, *Earth, Moon and Planets*, **43**, 145, 1988.
79. "Aromatic hydrocarbons in very small interstellar grains", N.C. Wickramasinghe, F. Hoyle and T. Al-Jubory, *Astrophys. Space Sci.*, **158**, 135, 1989.
80. "An integrated 2.5-12.5 μm emission spectrum of naturally occurring aromatic molecules", N.C. Wickramasinghe, F. Hoyle and T. Al-Jubory, *Astrophys. Space Sci.*, **166**, 333, 1990.
81. "Extraterrestrial particles and the greenhouse effect", N.C. Wickramasinghe, F. Hoyle and R. Rabilizirov, *Earth, Moon and Planets*, **46**, 297, 1989.
82. "Greenhouse dust", N.C. Wickramasinghe, F. Hoyle and R. Rabilizirov, *Nature*, **341**, 28, 1989.
83. "A unified model for the 3.28 μm and the 2200 Å interstellar extinction feature", F. Hoyle and N.C. Wickramasinghe, *Astrophys. Space Sci.*, **154**, 143, 1989.
84. "Linear and circular polarization by hollow organic grains", F. Hoyle and N.C. Wickramasinghe, *Astrophys. Space Sci.*, **151**, 285, 1989.
85. "The microwave background in steady-state cosmology", F. Hoyle and N.C. Wickramasinghe, *ESA SP-290*, 489, 1989.
86. "A unified model for the 3.28 μm and 3.4 μm spectral feature in the interstellar medium and in comets", F. Hoyle and N.C. Wickramasinghe, *ESA SP-290*, 67, 1989.
87. "Biologic versus abiotic models of cometary dust", M.K. Wallis, N.C. Wickramasinghe, F. Hoyle and R. Rabilizirov, *Mon. not. R. Astron. Soc.*, **238**, 1165-1170, 1989.
88. "The extragalactic Universe: and alternative view", H.C. Arp, G. Burbidge, F. Hoyle, J.V. Narlikar and N.C. Wickramasinghe, *Nature*. **346**, 807-812, 1990.
89. "The case for life as a cosmic phenomenon", F. Hoyle and N.C. Wickramasinghe, *Nature*, **322**, 509, 1986,
90. "Sunspots and influenza", F. Hoyle and N.C. Wickramasinghe, *Nature*, **343**, 304, 1990.
91. "Influenza -evidence against contagion: discussion paper", F. Hoyle and N.C. Wickramasinghe, *J. Roy. Soc. Med.*, **83**, 258, 1990.
92. "The microwave background: its smoothness and frequency distribution as an astrophysical product", F. Hoyle, N.C. Wickramasinghe and G. Burbidge, *29th Liege International Astrophysical Colloquium*, July 2-6, 1990.
93. "Mineral grains in interstellar space", N.C. Wickramasinghe, F. Hoyle, S. Al-Mufti and T. Al-Jabory, in *Dusly Objects in the Universe*, (eds.) E. Bussoletti and A.A. Vittone (Kluwer Academic Press, 1990).

94. "Back-scattering of sunlight by ice grains in the Mesosphere", F. Hoyle and N.C. Wickramasinghe, *Earth, Moon and Planets*, **52**, 161-170, 1991.
95. "The implications of life as a cosmic phenomenon: The anthropic context", F. Hoyle and N.C. Wickramasinghe, *J. British Interplan. Soc.*, **44**, 77-86, 1991.
96. "Cometary habitats for primitive life", M.K. Wallis, N.C. Wickramasinghe and F. Hoyle, *Adv. Space Res.*, **12**(4), 281-285, 1992.
97. "The extinction of starlight revisited", N.C. Wickramasinghe, B. Jazbi and F. Hoyle, *Astrophys. Space Sci.*, **186**, 67-80, 1991.
98. "Extinction properties of infinitely long graphite cylinders", B. Jazbi, F. Hoyle and N.C. Wickramasinghe, *Astrophys. Space Sci.*, **186**, 151-155, 1991.
99. "The case against graphite particles in interstellar space", N.C. Wickramasinghe, A.N. Wickramasinghe and F. Hoyle, *Astrophys. Space Sci.*, **196**, 167-169, 1992.
100. "The absorption of electromagnetic radiation by metal cylinders of finite length", N.C. Wickramasinghe, A.N. Wickramasinghe and F. Hoyle, *Astrophys. Space Sci.*, **193**, 141-144, 1992.
101. "Comets as a source of interplanetary and interstellar grains", F. Hoyle and N.C. Wickramasinghe, in *Origin and Evolution of Interplanetary Dust* (eds.) A.C. Levasseur-Regourd and H. Hasegawa (Kluwer Academic Publishers, 1991), pp. 235-240.
102. "Microdiamonds and the 3.4 micron feature in protostellar sources", F. Hoyle and N.C. Wickramasinghe, *Astrophys. Space Sci.*, **207**, 309-311, 1993.
103. "Absorption properties of astronomical iron whiskers: an accurate crogenic model", N.C. Wickramasinghe and F. Hoyle, *Astrophys. Space Sci.*, **213**, 143-154, 1994.
104. "Critique of Fischer-Tropsch type reactions in the solar nebula", S. R a m a d u r a i , F. Hoyle and N.C. Wickramasinghe, *Bull. Astron Soc. India* **21**, 329-334, 1993.
105. "Biofluorescence and the extended red emission in astrophysical sources", F. Hoyle and N.C. Wickramasinghe, *Astrophys. Space Sci.*, **235**, 343-347, 1996.
106. "Very small dust grains (VSDP' s) in Comet C/1996 B2 (Hyakutake)", N.C. Wickramasinghe and F. Hoyle, *Astrophys. Space Sci.*, **239**, 121, 1996.
107. "Eruptions from comet Hale-Bopp at 6.5AU", N.C. Wickramasinghe, F. Hoyle and D. Lloyd, *Astrophys. Space Sci.*, **240**, 161, 1996.
108. "Infrared signatures of prebiology — or biology", N.C. Wickramasinghe, F. Hoyle, S. Al-Mufti and D.H. Wallis, in *Astronomical and Biochemical Origins and the Search for Life in the Universe* (eds.) C.B. Cosmovici, S. Bowyer and D. Werthimer (Editrice Compositori, 1997).
109. "Comet P/Shoemaker-Levy 9 collision with Jupiter: a model of G-site dust composition", D.H. Wallis and N.C. Wickramasinghe, *Astrophys. Space Sci.*, **254**, 25-35, 1997.
110. "Spectroscopic evidence for panspermia", N.C. Wickramasinghe, F. Hoyle and D.H. Wallis, *Proc. SPIE*, **3111**, 282-295, 1997.
111. "The astonishing redness of Kuiper-Belt objects", N.C. Wickramasinghe and F. Hoyle, *Astrophys. Space Sci.*, **259**, 205-208, 1998.

112. "Microdiamonds and the ultraviolet extinction of starlight", *Astrophys. Space Sci.*, **259**, 379-383, 1998.
113. "Infrared evidence for panspermia: an update", *Astrophys. Space Sci.*,**259**, 385-401, 1998.
"Miller-Urey synthesis in the nuclei of galaxies", N.C. Wickramasinghe and F. Hoyle, *Astrophys. Space Sci.*, **259**, 99-103, 1998.
114. "Search for living cells in stratospheric samples", J.V. Narlikar, S. Ramadurai, P. Bhargava, S.V. Damle, N.C. Wickramasinghe, D. Lloyd, F. Hoyle and D.H. Wallis, *Proc. SPIE*, **3441**, 301-305, 1998.
115. "Panspermia in perspective", N.C. Wickramasinghe, F. Hoyle and B. Klyce, *Proc. SPIE*, **3441**, 306-318, 1988.
116. "Cosmological panspermia", N.C. Wickramasinghe and F. Hoyle. *Proc. SPIE*, **3441**, 319-323, 1998.
117. "Towards an understanding of the nature of racial prejudice", F. Hoyle and N.C. Wickramasinghe, *J. Scientific Exploration*, **13**,681-684, 1999.
118. "Cosmic Life: Evolution and Chance", F. Hoyle and N.C.Wickramasinghe, *The Biochemist*, **21**(6), 1999.
119. "Astronomical Origins of Life: Steps towards Panspermia", F. Hoyle and N.C. Wickramasinghe (Kluwer Academic Publishers, 2000).
120. "Cross-linked Heteroaromatic Polymers in Interstellar dust", N.C. Wickramasinghe, D.T. Wickramasinghe and F. Hoyle, *Astrophys. Space Sci.*, **275**, 181-184, 2001.
121. "A bacterial 'Fingerprint' in a Leonid meteor train", N.C. Wickramasinghe and F. Hoyle, *Astrophys. Space Sci.*, **277**, 625-628, 2001.
122. "The detection of living cells in stratospheric samples", Melanie J. Harris, N.C. Wickramasinghe, David Lloyd, M. Turner, F. Hoyle, J.V. Narlikar and P. Rajaratnam, *Proc. SPIE*, **4495**, 192-198, 2002.

書籍

Lifecloud: The Origin of Life in the Galaxy: F. Hoyle and N.C. Wickramasinghe (J.M. Dent, Lond., 1978). 『生命は星雲からやってきた』大島泰郎 訳, ダイヤモンド社, 1980年.
Diseases from Space: F. Hoyle and N.C. Wickramasinghe (J.M. Dent, Lond., 1979). 『宇宙から病原体がやってくる』小尾信彌ほか訳, ダイヤモンド社, 1982年.
Origin of Life: F. Hoyle and N.C. Wickramasinghe (University College Cardiff Press, 1979).
Space Travellers: The Bringers of Life: F. Hoyle and N.C. Wickramasinghe (University College Cardiff Press, 1981).
Evolution from Space: F. Hoyle and N.C. Wickramasinghe (J.M. Dent, 1981). 『生命は宇宙から来た――ダーウィン進化論は, ここが誤りだ』(カッパサイエンス) 餌取章男 訳, 光文社, 1983年.
Is Life an Astronomical Phenomenon?: F. Hoyle and N.C. Wickramasinghe (Universtiy

College, Cardiff Press, 1982).
Why Neo Darwinism does not Work: F. Hoyle and N.C. Wickramasinghe (University College Cardiff Press, 1982).
Proofs that Life is Cosmic: F. Hoyle a.ncl N.C. Wickramasinghe (Inst. of Fund. Studies, Sri Lanka, Mem, No. 1, 1982).
From Grains to Bacteria: F. Hoyle and N.C. Wickramasinghe (University College, Cardiff Press, 1984).
Living Comets: F. Hoyle and N.C. Wickramasinghe (University College, Cardiff Press, 1985).
Viruses from Space: F. Hoyle and N.C. Wickramasinghe (University College Cardiff Press, 1986).
Archaeopteryx — The Primordial Bird: A Case of Fossil Forgery: F. Hoyle and N.C. Wickramasinghe (Christopher Davies, Swansea, 1986). 『始祖鳥化石の謎』加藤 珪 訳, 地人書館, 1988年.
Cosmic Life Force: F. Hoyle and N.C. Wickramasinghe (J.M. Dent, Lond., 1988). 『生命(DNA)は宇宙を流れる』茂木健一郎 監修, 小沢元彦 訳, 徳間書店, 1998年. →『生命・DNAは宇宙からやって来た』(5次元文庫マージナル)茂木健一郎 監訳, 徳間書店, 2010年.
The Theory of Cosmic Grains: F. Hoyle and N.C. Wickramasinghe (Kluwer Academic Publishers, 1990).
Our Place in the Cosmos: F. Hoyle and N.C. Wickramasinghe (Weidenfeld and Nicholson, Lond., 1993). 『生命はどこからきたか』大島泰郎 監訳, 潮出版社, 1995年.
Life of Mars: The Case for a Cosmic Heritage: F. Hoyle and N.C. Wickramasinghe (Clinical Press, 1997).
Astronomical Origins of Life: Steps Towards Panspermia: F. Hoyle and N.C. Wickramasinghe (Kluwer Academic Press, 2000).

第2版のための参考文献
Bibliography to Second Edition

論文

1. "Horizontal gene transfer in evolution: facts and challenges", L. Boto, *Proc. R. Soc. B* 2010, **277**, 819-827, 2009.
2. "Evidence for an ancient selective sweep in the MHC class I gene repertoire of chimpanzees", N.G. De Groot, N. Otting, G.G.M. Doxiadis *et al., PNAS*, **99**, 11748-11753, 2002.
3. "Dust extinction in high-z galaxies with gamma-ray burst afterglow spectroscopy: The 2175 Å feature at z = 2.45", Á. Elíasdóttir, J.P.U. Fynbo, J. Hjorth *et al., Astrophysical Journal*, **697**, 1725-1740, 2009.
4. "Turbulence in the ocean, atmosphere, galaxy and universe", C.H. Gibson, *Appl. Mech. Rev.*, **49**, 299-315, 1996.
5. "Turbulent formation of protogalaxies at the end of the plasma epoch: Theory and observations", C.H. Gibson and R.E. Schild, *J. Cosmol.*, **6**, 1351-1360, 2010.
6. "The origin of life from primordial planets", C.H. Gibson, R.E. Schild and N.C. Wickramasinghe, *Int. J. Astrobiol.*, **10**(2), 83-98, 2011.
7. "Creation of a bacterial cell controlled by a chemically synthesised genome", D.G. Gibson, J.I. Glass, C. Lartigue *el al., Science*, **329**, 52-56, 2010.
8. "R.B. Hoover, in *Perspectives in Astrobiology*", (eds.) R.B. Hoover, A.Y. Rozanov and R.R. Paepe (Amsterdam: IOS press, 2005) p. 366, 43.
9. "Fossils of cyanobacteria in CII carbonaceous meteorites", R.B. Hoover, *Journal of Cosmology*, **13**, 2011.
10. "Endogenous non-retroviral RNA virus elements in mammalian genomes", M. Horie, T. Honda, Y. Suzuki *et al., Nature*, **463**, 84-87, 2010.
11. "Ocean-lie Water in the Jupiter-Family Comet Hartley 2", P. Hartogh, D.C. Lis, D. Bockelee-Morva *et al., Nature*, **476**, 218-220, 2011.
12. "On graphite particles as interstellar grains", F. Hoyle and N.C. Wickramasinghe, *Mon. Not. R. Astr. Soc.*, **124**, 417-433, 1962.
13. "Influenza — evidence against contagion", F. Hoyle and N.C. Wickramasinghe, *J. Roy. Soc. Med.*, **83**, 258-261, 1990.
14. R. Jain, M.C. Rivera, J.E. Moore *et al., Mol. Biol. Evol.*, **20**(10), 1598-1602, 2003.
15. R. Joseph and N.C. Wickramasinghe, *Journal of Cosmology*, 2011.
16. "Horizontal gene transfer in eukaryotic evolution", P.J. Keeling and J.D. Palmer, *Nature Reviews Genetics*, **9**, 605-618, 2008.
17. "Chemical properties in the most distant radio galaxy", K. Matsuoka, T. Nagao, R.

Mailino et al., *Astron. Astrophys.*, **532**, L10, 2011.
18. "Detection of the 2175 Å extinction feature at $z = 0.83$", V. Motta, E. Mediavilla, J.A. Muñoz et al., *ApJ.*, **574**, 719-725, 2002.
19. "A mechanism for interstellar panspermia", W.M. Napier, *Mon. Not. R. Astr. Soc.*, **348**, 46-51, 2004.
20. "Diffuse molecular gas at high redshift — detection of CO molecules and the 2175 Å dust feature at $z = 1.64$", P. Noterdaeme, C. Ledoux, R. Srianand et al., *Astronomy & Astrophysics*, 2009.
21. "Evidence for biodegradation products in the interstellar medium", K. Rauf and C. Wickramasinghe, *Int. J. Astrobiol.*, **9**(1), 29-34, 2010.
22. "*Janibacter hoylei* sp.nov., *Bacillus isronensis* sp.nov. and *Bacillus aryabhattai* sp.nov. isolated from cryotubes used for collecting air from the upper atmosphere", S. Shivaji, P. Chaturvedi, Z. Begum et al., *Int. J. Systematic and Evolutionary Microbiology*, **59**, 2977-2986, 2009.
23. "Measuring PAH emission in ultradeep Spitzer IRS spectroscopy of high-red-shift IR luminous galaxies", H.I. Teplitz, V. Desai, L. Armuo et al., *ApJ.*, **659**, 941-949, 2007.
24. "The sequence of the human genome", J.C.J. Venter, M.D. Adams, E.W. Myers et al., *Science*, **291**, 1304-1351, 2001.
25. "Microorganisms cultured from stratospheric air samples obtained at 41 km", M. Wainwright, N.C. Wickramasinghe, J.V. Narlikar and P. Rajaratnam, *FEMS Microbiology Letters*, **218**, 161, 2003.
26. "Discovery of biological structures in the Tissint Mars meteorite", J. Wallis, C. Wickramasinghe, D. Wallis et al., *J. Cosmol.*, **18** (http://journalofcosmology.com/JOC18/TissintFinal.pdf), 2012.
27. "Interstellar transfer of planetary microbiota", M.K. Wallis and N.C. Wickramasinghe, *Mon. Not. R. Astr. Soc.*, **348**, 52-57, 2004.
28. "Specific inactivation of two immunomodulatory SIGLEC genes during human evolution", X. Wang, N. Mitra, I. Secundino et al., *PNAS* Early Edition, doi/10.1073/pnas.1119459109, 2012.
29. "Panspermia, past and present: Astrophysical and biophysical conditions for the dissemination of life in space", P. Wesson, *Sp. Sci. Rev.*, **156**(1-4), 239-252, 2010.
30. N.C. Wickramasinghe, F. Hoyle and D. Lloyd, *Astrophys. Sp. Sci.*, **240**, 161, 1996.
31. "Life-bearing planets in the solar vicinity", N.C. Wickramasinghe, J. Wallis, D.H. Wallis, R.E. Schild and C.H. Gibson, *Astrophys. Sp. Sci.*, **341**, 295-299, 2011.
32. "The astrobiological case for our cosmic ancestry", N.C. Wickramasinghe, *Int. J. Astrobiol*, **9**(2), 119-129, 2010.
33. "DNA sequencing and predictions of the cosmic theory of life", N.C. Wickramasinghe, *Astrophys. Sp. Sci.*, DOI 10.1007sl0509-012-1227-y, 2012.

書籍

Viruses from Space: F. Hoyle, C. Wickramasinghe and J. Watkins (Univ. Coll. Cardiff Press, 1986).

Diseases from Space: F. Hoyle and N.C. Wickramasinghe (J.M. Dent & Sons, Lond., 1979).
『宇宙から病原体がやってくる』小尾信彌ほか訳, ダイヤモンド社, 1982年.

Evolution from Space: F. Hoyle and N.C. Wickramasinghe (J.M. Dent & Sons, Lond., 1981).
『生命は宇宙から来た――ダーウィン進化論は, ここが誤りだ』(カッパサイエンス)餌取章男 訳, 光文社, 1983年.

Proofs that Life is Cosmic: F. Hoyle and N.C. Wickramasinghe (Mem. Inst. Fund. Studies, Sri Lanka, Vol. 1, No. 1, 1981).

Comets and the Origin of Life: J.T. Wickramasinghe, N.C. Wickramasinghe and W.M. Napier (World Scientific, Singapore, 2010).

監修者あとがき

　本書は，著者チャンドラ・ウィックラマシンゲの大学院時代の指導教官であったフレッド・ホイルとの思い出をたどりながら，共に進めた研究の概論を述べたものである．ホイルの代表的な研究は，星の内部での元素合成や定常宇宙論に関する理論である．しかし本書では，著者との共同研究に主眼が置かれ，もっぱらパンスペルミアに関する仕事が紹介されている．彼らがパンスペルミア説にのめり込んでいくきっかけは，1960年代に本格化した赤外線天文学の発展にある．

　赤外線天文学とは，$1 \sim 100 \mu m$の電磁波を観測して，低温天体（$3,000 \sim 3 K$の放射に相当）の研究をする分野のことである．銀河における低温の放射現象や低温星，宇宙に分布する塵の正体を探ることが主たる研究テーマであった．それがなぜ重要なのか？　例えば，生まれつつある星や，惑星系円盤を構成しているガスと塵の構造や運動，あるいは，かつては暗黒星雲と呼ばれていたガスと塵から成る星間雲の構造や組成などが明らかにされるからだ．本書でも述べられているように，若き学徒であった著者はホイルからその分野の研究を進められ，宇宙塵の組成について研究を始める．ホイルと著者は，それがケイ酸や氷ではなく，炭素が主成分という新しいモデルを主張する．さらにその後も議論を進めて，宇宙塵が乾燥凍結したバクテリアではないかという驚くべきモデルの提出に至る．

　こうなると，パンスペルミア説へとのめり込むのは必然である．ダーウィンの進化論や，生命の起源論としての化学進化を批判し，宇宙からのウイルス飛来により進化が起こるという説や，それがインフルエンザ流行の原因であるという説など，頭の固い研究者には思いもつかないような論を展開し，学界からさまざまな批判を受けるようになる．それと共に『ネイチャー』誌や学会との対立は，抜き差しならない状況となる．本書を読むと，その対立が単なる主張以

上のもので，いかに激しかったか，そのことが主流派の学者批判の舌鋒の鋭さから分かるだろう．

　筆者は1970年代当時，太陽系起源論の研究をしていた．その関係で，国内の宇宙塵研究グループの研究会にも参加していた．ホイルやウィックラマシンゲの説は当時のホットな話題であり，最先端の研究であった．しかしその後1980年代になると，彼らのバクテリア説は旗色が悪くなる．現在はシリケイトと炭素質の二種があるというのが主流の考えだ．炭素質が何なのか，具体的な成分は分かっていない．彼らは学会からも無視されるようになり，特にホイルの死後に著者の研究グループは孤立し，その内に閉じて研究を進めるようになる．その学術論文の掲載は，自らの主張に近い特殊な学術誌に限られ，ほとんどの研究者の目に触れない状況が続いている．

　筆者は，赤外線天文学における当初のホイルや著者の研究は，斬新で説得力のある議論も多かったと高く評価している．しかし学界から孤立し，無視されるようになったころからの研究は問題が多い．特に，本書でも紹介されている隕石に関する研究や，成層圏での回収実験の分析は，反証可能性を理論の根拠とするカール・ポパーの基準に照らして，とても理論とはいいがたい．特に，赤い雨細胞の分析や，彼らがスリランカに落下した隕石と称する石の分析は，筆者のグループも独自にその分析を行っているが，彼らの主張を裏付けるものは何もない．その結果は既に著者にも連絡し，何度か議論もしているが，見解の相違は埋まっていない．

　それではなぜ筆者が，本書の監修を引き受けたのか？　それは本書が，科学史として重要な文献になると考えているからだ．彼らのアイデアは素晴らしい．問題は，その検証にある．観測結果や資料の分析結果と主張の展開に，あまりに乖離(かいり)があることが問題だ．またスペキュレーション先行が甚だしいことも挙げられる．一方で，生命の起源の研究はまだ，ポパーの言うような科学論の段階にはないのも確かである．学会主流の化学進化説もパンスペルミア同様，ポパーの言う理論には程遠い．そこで将来のため，科学史として彼

らの主張や行動を記録しておくことは重要と考えている．

そもそもホイルがなぜパンスペルミアにのめり込んだのか？　筆者の推測では，そのきっかけは，彼が恒星内部での元素合成理論のパイオニアとして，炭素原子核を合成するトリプルアルファ反応と呼ばれる核合成経路の可能性を発見したことだろう．この経路が自然で実現するためには，炭素原子核がある特定の値のエネルギー準位を持つことが必要である．ホイルはそのことを発見し，友人のカリフォルニア工科大のウィリアム・ファウラーにその測定を依頼する．そしてホイルの予言通り，その準位が発見されたのだ．1983年，ファウラーは天体内部での元素合成過程の解明への貢献で，ノーベル物理学賞を受賞する．その分野で主導的立場にあったホイルがなぜか選考に漏れた．その理由は謎とされる．

この準位の値は数学的演繹からは導けない．この宇宙には豊富に炭素が存在する．その事実を説明するためには，どんな準位でなければならないか，という発想から導かれた．この種の発想は，最近では自然定数の微調整と呼ばれる．そのような最初の例だ．なお自然定数というのは，理論物理学の数式に現われる，経験や実験でしか決められない定数のことである．このような定数が30くらい知られている．

その頃はまだ，人間原理という考え方（ブランドン・カーターにより1974年に発表された論文「大きな数のコインシデンスと宇宙論における人間原理」）は提唱されていなかった．人間原理という考え方が登場したその背景を少し説明しておこう．ホイルも含めて定常宇宙論を提唱した3人組の一人ハーマン・ボンディは，微視的世界と身の丈サイズの世界，宇宙というそれぞれの世界の最も基本的な物理量を選び出し，それらを組み合わせて作ったいくつかの量（電磁力と重力の比，宇宙の半径と核力の到達距離の比，宇宙に存在する陽子の個数の平方根）に，コインシデンス（偶然）が見られることを指摘した．いずれにも10^{40}という巨大数が現われるのだ．これはミクロとマクロを結ぶ何らかの深い関係を示唆しているのではないかという

のだ．

　それはつまるところ「この宇宙はなぜこのような宇宙なのか」という問いにつながる．この宇宙の構造を決める，基本的な四つの力の強さも，それを構成する基本粒子の質量や電荷などもろもろの物理量もバラバラだ．なぜそうなっているのか？　それらの疑問が「この宇宙はなぜこのような宇宙なのか」という疑問に直結する．このような議論が当時ホイルも在籍していたケンブリッジ大学の理論物理学者の間で共有されていた．ホイルの先生であるエディントンもディラックも，それぞれこの問題について論じている．それがカーターの人間原理という考えを生みだした背景にあったのだ．ホイルは自身の発見した炭素原子核合成の不思議さに，それと同じような疑問をもち，人間原理に似た考え方に至り，感動したのではないだろうか．

　この宇宙は炭素に満ち溢れる世界だ．だからこそ生命が誕生したのだろう．であるとすれば，この宇宙には生命が満ち溢れているはずだ．その証拠は宇宙のどこかに必ずあるはずだ．赤外線天文学の観測にのめり込んだのはこのような背景があってのことではないか．筆者も全く同様に考えている．この宇宙は生命や知的生命体を育むような宇宙なのだ．インフレーション期にそのように微調整された宇宙なのだ．この宇宙の外側には，生命を生まない並行宇宙も無数に存在する．しかしこの宇宙はそうではない．

　物理学の最先端の理論は，永久インフレーション理論も量子重力理論も，多宇宙を予言する．そしてこの宇宙だけは，生命を生むように自然定数が微調整されていることも示唆する．しかし，われわれはまだ地球生命しか知らない．それはフェルミのパラドックスを想い起こさせる．われわれはなぜ他の知的生命体と遭遇しないのか？

　その答えは文明の寿命にあるというのが筆者の考えだ．生命の宇宙探査が今始まったばかりなのに，地球環境問題など文明の崩壊を予兆させる問題が次々に顕在化している．逆説的だが，その段階の文明だからこそ宇宙探査ができるのだ．文明のパラドックスといっていいだろう．筆者のグループは独自に，パンスペルミアの実証的

検討の準備を進めている．ホイルとウィックラマシンゲはその先駆者ともいえるのだ．残念なことに，彼らは時代にあまりに先んじていた．観測手段も分析手段も不十分な段階で，功を焦りすぎたのかもしれない．パンスペルミアを検証するためのアイデアは，沸騰するお湯の泡のように次々と湧いてくる．今，その一つ一つを実現すべく，研究計画を立てているところだ．

2018年3月

松井孝典

事項索引

[A-Z]

AAT →アングロオーストラリアン望遠鏡
ALH84001　206
BN 天体　90, 91
BSE　210, 211
DNA 断片　234
EDSAC2　45
HGD 宇宙論　231
HGT →遺伝子の水平伝播
HIV　238
ISRO →インド宇宙研究機関
Janibacter hoylei　224
K/T 境界　234
LUCA →全生物共通祖先
NGC 4594（ソンブレロ銀河）　33
PAH →多環芳香族炭化水素
SERC（英国科学工学評議会）　81
UIB　228

[ア行]

アーカンソー裁判　157
アミノ酸（隕石に含まれる）　159
雨の凝結核　102
アングロオーストラリアン望遠鏡（AAT）　129, 183
暗黒エネルギー　230
『暗黒星雲』　xi, 26, 27, 33, 34
暗黒物質　230
『アンドロメダのA』　27, 90
遺伝子の水平伝播（HGT）　236
インド宇宙研究機関（ISRO）　162, 213, 224
インフルエンザ　105-114, 181, 194, 195
　　イートン・カレッジの──　110, 195
　　日本の──　110
ヴィジョダヤ大学　52
ウイルス　235
（伝統的な）ヴェーダ　2
ウェスタン・オンタリオ大学　78, 79, 99
『宇宙から病原体がやってくる』　114, 161
『宇宙の生命の証拠』　235
宇宙マイクロ波背景放射　50, 59-61, 192, 193, 197, 198, 203

エウロパ　233
　　──のひび割れ　177
王立天文学会（RAS）　127, 145, 159, 164
オールド・ダンジョン・ギル・ホテル　29, 32, 41, 239
オデッセイ（火星探査機）　87
オリオン座の星間雲複合体　37
オルゲイユ炭素質隕石　143

[カ行]

カーディフ大学　76, 83, 95, 127, 189
　　──天文学科　76, 78
火星　232
　　──のゲールクレーター　232
　　──の生命　206
（途方もない）仮説　229
ガニメデ　233
カリスト　233
カレル大学　80
かんむり座 R 型変光星　46
基礎科学研究所（スリランカ）　157, 158
キナゾリン　93
キノン　94
キュリオシティ　232
極限環境微生物　223
巨大分子雲　34, 98, 99
金星の細菌　140
クラークソン・クロース　20, 22, 27-29, 179
グリコールアルデヒド　36
グリシン　36, 85
グレギノグ・ホール　98, 197
系外惑星　233
珪藻　134, 135, 176
ケプラー計画　233
ケプラー 22b　233
ケロッグ放射線研究所　53
減光　52, 69, 72, 191
原始スープ　223, 231
原始惑星　231
黒鉛粒子　51, 56, 69, 88
湖水地方　28, 30, 31, 38, 46, 76
ゴダード宇宙飛行センター　50, 51, 52

259

固体水素　61, 116
コックリー・モア　76, 91, 96, 102, 119
コロネン　192

[サ行]

酢酸　36
シアノバクテリア　226, 227
ジーザスカレッジ　48, 52, 54, 55, 73
　――のフェロー　48, 54, 73
シェフィールド大学　215
ジオット（探査機）　216
始祖鳥　171-173
準定常宇宙論　196
『清浄道論』　11
進化に関する予測　234
人種的偏見　200
新ダーウィン主義　237
彗星　65
　――からの水の噴出　225
　――パンスペルミア　239
　ヴィルト第2彗星　212, 216, 217, 224, 225
　コホーテク彗星　81
　チュリュモフ・ゲラシメンコ彗星（67P）　216, 226
　テンペル第1彗星　225, 226
　ハレー彗星　181-185, 205
　ヘール・ボップ彗星　204, 205
水素分子　27, 35
スターダスト計画　212, 216, 224
スポロポレニン　97, 98
スリランカ　xi, 9, 11, 12, 15-17, 20, 24, 68, 75, 89, 101, 157-160, 191
星間芳香族化合物　93
星間有機分子　xiii, 36
成層圏（の粒子/細菌）　175, 200, 212
赤外線天文学　36, 53, 69, 70
セルロース　91-93, 95
セレンディップ　101
全生物共通祖先（LUCA）　236

[タ行]

ダーウィン進化論　187, 235
多環芳香族炭化水素（PAH）　36, 93
多糖類　92, 95, 96, 98, 118, 125

ダブリン・ガーデンズ　197
断続平衡説　237
炭素質隕石　231
炭素塵　41, 44
炭素星　46, 52, 56
ディープ・インパクト計画　226
定常宇宙論　19
ティシント隕石　227, 228
鉄ウィスカ　192, 193, 198, 203
トラペジウム星団　70, 80, 83, 84, 91, 130, 135, 136
トリニティ・カレッジ　6, 13, 16, 17

[ナ行]

日食　11, 12, 22
人間原理　195
ノーベル賞　167

[ハ行]

バイキング（火星探査機）　85, 232
白亜紀から古第三紀における絶滅　100
微化石　3, 143, 146, 226
ビッグバン宇宙論　230
ヒトゲノム（配列研究）　237
氷河期　28, 100, 199, 200, 202
仏教　11
ホイル状態　195
ポリホルムアルデヒド　79, 80
ポルフィリン　50
ホルムアルデヒド　35, 79

[マ行]

マーシャル宇宙飛行センター　227
マーズ・エクスプレス　88
マーチソン隕石　91, 93, 144-146, 226, 227
マクスウェルの電磁方程式　44
マラード電波天文台　19
マルクス主義哲学　8
ミラ型変光星　46
メリーランド大学　52, 55, 123

[ヤ行]

有機重合体　80, 81
　粒子に含まれる――　85
葉緑素　50, 136, 137

[ラ行]
ラングデール　29
粒子の核形成　38
理論天文学研究所（ケンブリッジ）　50, 54
レトロウイルスによる感染　238
レンセラー工科大学　38, 49

連邦奨学金　13, 15, 23, 47
ロゼッタ計画　xiii, 216, 226

[ワ行]
惑星　231
惑星の形成　62

人名索引

[ア行]
アーウィン，ルイス（Irwin, Louis） 140
アープ，H.（Arp, H.） 197
アナクサゴラス（Anaxagoras） 2, 222
アリストテレス（Aristotle） 2
アルヴェーン，H.（Alfven, H.） 63
アルバレス，L.（Alvarez, L.） 100
アルマフティ，S.（Al-Mufti, S.） 130, 132, 133, 163, 189, 214
アレニウス，G.（Arrhenius, G.） 158, 159
アレニウス，S.（Arrhenius, S.） 3
アレン，D. A.（Allen, D. A.） 71
アンドルーズ，C.（Andrewes, C.） 105
イェシュケ＝ボイヤー（Jaeschke-Boyer） 143
ヴァニセク，V.（Vanysek, V.） 80
ウィックラマシンゲ，A. N.（Wickramasinghe, A. N.） 193
ウィックラマシンゲ，D. T.（Wickramasinghe, D. T.） iv, 129, 131, 183
ウィックラマシンゲ，J. T.（Wickramasinghe, J. T.） 209
ウィックラマシンゲ，プリヤ（Wickramasinghe, Priya） v-vii, 54, 55, 68, 89, 99, 108, 139, 157, 180, 194, 213
ウィテット，D.（Whittet, D.） 164
ウィリアムズ，D. A.（Williams, D. A.） 126, 127
ウィルソン，R.（Wilson, R.） 50
ウィルバーフォース主教（Wilberforce, Bishop） 5, 147
ウェインライト，ミルトン（Wainwright, Milton） 214, 215, 224
ウェスタフルト，G.（Westerhout, G.） 55
ウェッソン，P.（Wesson, P.） 234
ウェルズ，H. G.（Wells, H. G.） 206
ヴェンター，J. C. J.（Venter, J. C. J.） 237
ウォリス，J.（Wallis, J.） 227
ウォリス，M. K.（Wallis, M. K.） 164, 189
ウォルポール，ホーレス（Walpole, Horace） 101
ヴリーランド，R. H.（Vreeland, R. H.） 209
ウルフ，N. J.（Woolf, N. J.） 49, 71

ウルフェンデール，A.（Wolfendale, A.） 158, 159, 164
エディントン，A.（Eddington, A.） 10, 12
エドモンズ，M. G.（Edmunds, M. G.） 99
エラスドッティル，A.（Elíasdóttir, Á.） 229
エリエゼル，C. J.（Eliezer, C. J.） 13
エリオット，J.（Eliot, J.） 27
エンゲル，M. E.（Engel, M. E.） 145
オヴァートン，W. R.（Overton, Judge William R.） 156
オーヴァーマン，J.（Overmann, J.） 122
オーシェト，S.（Aaseth, S.） 26
オーロ，J.（Oro, J.） 123
オパーリン，A. I.（Oparin, A. I.） 7
オラヴェセン，トニー（Olavesen, Tony） 95, 126, 130

[カ行]
カークスタイン，M. I.（Kalkstein, M. I.） 112
カウリング，T. G.（Cowling, T. G.） 22
カノ，R. J.（Cano, R. J.） 209
カリム，L.（Karim, L.） 163
ガンジー，ラジーブ（Gandhi, Rajiv） 162
カント，イマヌエル（Kant, Immanuel） 62
キーリング，P. J.（Keeling, P. J.） 236, 237
キッセル，J.（Kissel, J.） 185
ギブソン，C. H.（Gibson, C. H.） 222, 231, 237
キャラハン，J.（Callaghan, J.） 96
ギョーム，C.（Guillaume, C.） 47
キング，マーティン ルーサー（King, Martin Luther） 67
クラーク，A. C.（Clarke, A. C.） viii, xi, 87, 88, 158, 160-162
クラウス，G.（Claus, G.） 143, 144
グリーンスタイン，J. L.（Greenstein, J. L.） 27
グリーンバーグ，J. メイヨ（Greenberg, J. Mayo） v, 38, 49, 50, 61, 123, 164, 170, 184
グリーンブラット，C. L.（Greenblatt, C. L.） 209
クリスティ，ジュリー（Christie, Julie） 90

262

クリック，F.（Crick, F.） 25
グリフィス，ケン（Griffiths, Ken） 26
クリューブ，V.（Clube, V.） 200
クレイトン，C.（Creighton, C.） 105
クローリー（Crawley） 173
クロス，シド（Cross, Mr and Mrs Sid） 29
クロトー，H.（Kroto, H.） 164, 165
ゲーレルス，T.（Gehrels, T.） 158
ケルヴィン卿（Kelvin, Lord） 187, 207
ゴースタッド，J. E.（Gaustad, J. E.） 49, 70, 71
コード，A. D.（Code, A. D.） 49
ゴールド，T.（Gold, T.） 19, 122
コパル，Z（Kopal, Z.） 95, 158

[サ行]

坂田朗 93
サッチャー，マーガレット（Thatcher, Margaret） 68, 123, 191
サンガー，F.（Sanger, F.） 25
シートン，M. J.（Seaton, M. J.） 127
シールド，R. E.（Schild, R. E.） 231
ジーンズ，ジェイムズ（Jeans, James） 11
シヴァジ，S.（Shivaji, S.） 224
ジェイムズ，S. T. G.（James, S. T. G.） 96
ジェイン，R.（Jain, R.） 236
ジャービル，N. L.（Jabir, N. L.） 163
ジャヤワルダナ，J. R.（Jayawardene, J. R.） viii, 89, 157, 160, 162
シュッツ，B.（Schutz, B.） 163
シュミット，ブライアン（Schmidt, Brian） 230
シュルツェ＝マルフ，D.（Schulze-Maluch, D.） 140
ショー，G.（Shaw, G.） 98
ステッヒャー，T. P.（Stecher, T. P.） 49
スペットナー，リー M.（Spetner, Lee M.） 171, 172
ソロモン，P（Solomon, P.） 98, 99, 158, 164, 165

[タ行]

ダーウィン，C.（Darwin, C.） 5, 6
ターナー，M. P.（Turner, M. P.） 214
ダニエルソン，R. E.（Danielson, R. E.） 49
ダルトン，B.（Dalton, B.） 177

チピオンカ．H.（Cypionka, H.） 122
チャリグ，A. J.（Charig, A. J.） 174
チャンドラセカール，S（Chandrasekhar, S.） 167
デクラーク，F. W.（Klerk, F. W. de） 194
デ グロート，N. G.（De Groot, N. G.） 238
ディラック，P.（Dirac, P.） 13, 18, 160
ティンダル，J.（Tyndall, J.） 3, 187
テプリッツ，H. I.（Teplitz, H. I.） 229
デューリー，W. W.（Duley, W. W.） 126, 130
ドジソン，ケン（Dodgson, Ken） 95
ドム，シリル（Domb, Cyril） 171
ドン，B.（Donn, B.） 50, 51, 52, 55, 56, 169, 170

[ナ行]

ナピエ，W. M.（Napier, W. M.） 200, 216, 226, 234
ナリカール，J. V.（Narlikar, J. V.） iv, viii, 18, 19, 25, 26, 61, 158, 196, 197, 213, 214
ナンディ，K.（Nandy, K.） 42, 72, 89
ニュートン，アイザック（Newton, Isaac） 16
ネイギー，B.（Nagy, B.） 143-145, 158, 159
ノーターデム，P.（Noterdaeme, P.） 229

[ハ行]

パース，L. A.（Pars, L. A.） 48
ハーバーライン，エルンスト（Habelein, Ernst） 171
バービッジ，G.（Burbidge, G.） 24, 29, 167, 196, 197
バービッジ，M.（Burbidge, M.） 24, 29, 167
パーマー，J. D.（Palmer, J. D.） 236, 237
パールマッター，ソール（Perlmutter, Saul） 230
パウエル，イーノック（Powell, Enoch） 67
ハウズ，ヴィヴ（Howes, Viv） vi, 68
パウンド，エズラ（Pound, Ezra） 21
パストゥール，L.（Pasteur, L.） 2, 3
ハックスリー，T.（Huxley, T.） 5
ハリス，M. J.（Harris, M. J.） 214
ビーヴァン，C. W. L.（Bevan, C. W. L. "Bill"） vii, 76, 77, 95, 108, 130, 139, 146, 189

人名索引　263

ヒース，エドワード（Heath, Edward） 67
ビッグ，K.（Bigg, Keith） 158，159
ファウラー，W. A.（Fowler, W. A.） 24，28，29，46，52，66，167
ファンデフルスト，H. C.（Van de Hulst, H. C.） 37，38，50，79
フーヴァー，R. B.（Hoover, R. B.） 176，226
フォークナー，J.（Faulkner, J.） 26
フッカー，J. D.（Hooker, J. D.） 6
プフェニング，N.（Pfennig, N.） 122
プフルーク，H. D.（Pflug, H. D.） 142，146，159，164，175，227
ブラウン，E. W.（Brown, E. W.） 10
ブラウンリー，D. E.（Brownlee, D. E.） 174
プラット，J. R.（Platt, J. R.） 51
ブラッドリー，J. P.（Bradley, J. P.） 174
フラムスティード，J.（Flamsteed, J.） 48
ブルーノ，ジョルダーノ（Bruno, Giordano） 222
ブルックス，J.（Brooks, J.） 97
ブレス，R. C.（Bless, R, C.） 49
プレマダーサ，R.（Premadasa, R.） 162
フロス，C.（Floss, C.） 175
フロンドルフ，P.（Fraundorf, P.） 174
ペイリー，W.（Paley, W.） 6
ヘルムホルツ，H. フォン（Helmholtz, H. von） 3
ペンジアス，A.（Penzias, A.） 50
ホイル，バーバラ（Hoyle, Barbara） vi，21，28，68
ボウエン，E. G.（Bowen, E. G. "Taffy"） 102
ホエーリング，R.（Whaling, R.） 167
ホーネック，G.（Horneck, G.） 209
ホープ＝シンプソン，E.（Hope-Simpson, E.） 113，181
ホールデン，J. B. S.（Haldane, J. B. S.） 7，8
ボーレン，C. F.（Bohren, C. F.） 116
ポストゲート，J（Postgate, J.） 121
ボトー，L.（Boto, L.） 236
ボナムペルマ，C.（Ponnamperuma, C.） 123，158
ボルッキ，M.（Borucki, M.） 209
ボンディ，H.（Bondi, H.） 18，19

[マ行]

マーラー，R.（Mahler, R.） 105
マーロウ，C.（Marlowe, C.） 21
マグラッシ，F.（Magrassi, F.） 107
松岡健太 230
マッケイ，D. S.（Mckay, D. S.） 206
マドクス，J.（Maddox, J.） 168，186，187，198
マンデラ，ネルソン（Mandela, Nelson） 194
ミー，G.（Mie, G.） 44
ミクル，W. P. S.（Meikle, W. P. S.） 193
ミラー，スタンリー（Miller, Stanley） 25，221
ミリコフスキー，C.（Mileikowsky, C.） 208
ムーア，M. H.（Moore, M. H.） 169，170
メステル，L.（Mestel, L.） 18
メンディス，A.（Mendis, A.） 158
モッタ，V.（Motta, V.） 229

[ヤ行]

藪下信 110
ユーリー，H.（Urey, Harold.） 221
ユーロプ，D. L.（Europe, D. L.） 143

[ラ行]

ライル，M.（Ryle, M.） 19，20，25，59
ラウフ，K.（Rauf, K.） 228
ラジャラトナム，P.（Rajaratnam, P.） 214
ラシュディ，サルマン（Rushdie, Salman） 191
ラッセル，バートランド（Russell, Bertrand） 16
ラプラス（Laplace） 62
ラマドゥライ，S.（Ramadurai, S.） 214
リース，アダム（Reiss, Adam） 230
リトルトン，R. A.（Lyttleton, R. A.） 17
レヴィン，ギル（Levin, Gil） xiv，87，232
レディッシュ，V.（Reddish, V.） 61
ロイド，D.（Lloyed, D.） 206，214，225
ローゼンツヴァイク，W. D.（Rosenzweig, W. D.） 209
ローレンス，スティーブン（Lawrence, Stephen） 202
ロブソン，R.（Robson, Dr. R.） 16

[ワ行]

ワーズワース，W.（Wordsworth, W.） 16
ワインスタイン，L.（Weinstein, L.） 107

ワトキンズ，J.（Watkins, J.） 105, 181, 238
ワトキンズ，R. S.（Watkins, R. S.） 173
ワトソン，J.（Watson, J.） 25

ワトソン，ギャリー（Weston, Gary） 139
ワン，X.（Wang, X.） 238

監修者・訳者紹介

松井孝典(まつい　たかふみ)
1946 年生まれ．1970 年，東京大学理学部卒業，1976 年，理学博士(東京大学大学院理学系研究科)．現在，東京大学名誉教授，千葉工業大学惑星探査研究センター所長．一般社団法人 ISPA 理事長．政府の宇宙政策委員会の委員長代理．専門は，アストロバイオロジー，地球惑星物理学，文明論．
著書に，『文明は〈見えない世界〉がつくる』(岩波新書，2017 年)，『宇宙誌』(講談社学術文庫，2015 年)，『銀河系惑星学の挑戦』(NHK 出版新書，2015 年)，『天体衝突』(講談社ブルーバックス，2014 年)，『スリランカの赤い雨』(角川学芸出版，2013 年)他多数．

所　源亮(ところ　げんすけ)
1949 年生まれ．1972 年，一橋大学経済学部卒業．世界最大の種子会社パイオニア・ハイブレッド・インターナショナル社(米国)国際部営業本部長を歴任し，1986 年，ゲン・コーポレーションを設立．1994 年，旭化成と動物用ワクチンの開発企業の日本バイオロジカルズ社を設立，2009 年に売却．2009 年～2015 年，一橋大学イノベーション研究センター特任教授．2014 年，一般社団法人 ISPA(宇宙生命・宇宙経済研究所)を松井孝典博士，チャンドラ・ウィックラマシンゲ博士とともに設立．医療・薬業如水会名誉会長，京都バイオファーマ製薬株式会社代表取締役社長．2017 年より University of Ruhuna(スリランカ)客員教授．訳書に，『彗星パンスペルミア』(恒星社厚生閣，2017 年)．

宇宙を旅する生命
―フレッド・ホイルと歩んだ 40 年―

2018 年 4 月 25 日　初版 1 刷発行

チャンドラ・ウィックラマシンゲ　著
松井孝典　監修　　所　源亮　訳

発　行　者　片　岡　一　成
印刷・製本　株式会社シナノ

発　行　所　株式会社恒星社厚生閣
〒 160-0008　東京都新宿区三栄町 8
TEL：03(3359)7371／FAX：03(3359)7375
http://www.kouseisha.com/

(定価はカバーに表示)

ISBN978-4-7699-1617-8　C0044

JCOPY　<(社)出版者著作権管理機構　委託出版物>
本書の無断複写は著作権上での例外を除き禁じられています．複写される場合は，その都度事前に，(社)出版社著作権管理機構(電話 03-3513-6969，FAX03-3513-6979，e-mail:info@jcopy.or.jp)の許諾を得て下さい．

好評既刊書

彗星パンスペルミア
生命の源を宇宙に探す

チャンドラ・ウィックラマシンゲ 著
松井孝典 監修　所 源亮 訳

　宇宙には生命が満ち溢れており、何らかの方法で地球に生命が運ばれてきたとするパンスペルミア説。アストロバイオロジーという言葉が広まる以前から宇宙の生命に着目し、彗星によるパンスペルミアについて科学的検証を試みたのがフレッド・ホイルとチャンドラ・ウィックラマシンゲである。

　本書は、彼らが提唱してきた彗星パンスペルミア説をはじめ、インフルエンザなどのウイルスは宇宙からもたらされたとするウイルス飛来説、生物の進化そのものがウイルスによって引き起こされたとするウイルス進化説などについてまとめ、さらにホイル亡き後の最新の研究結果と監修者・訳者の補注も加えて、より詳しく一般向けに解説したものである。

A5 判／ 244 頁／定価(本体 1,900 円＋税)　ISBN 978-4-7699-1600-0

恒星社厚生閣